灾害与防灾减灾

李益敏　编著

气象出版社
China Meteorological Press

内容简介

本书系统地介绍了地球上发生的主要自然灾害和人为灾害,深入浅出地展现了当前人类社会面临的主要灾害类型、灾害场景及防灾减灾措施。本书内容主要包括地质灾害、气象灾害、地震、火山、海啸、生物灾害、天文灾害、火灾、交通事故、踩踏事件等不同灾害类型的发生原因、机理、危害、灾害的前兆特征、灾害过程、避险常识、灾害后果、自救互救常识、灾害预防措施等知识。

本书既可作为高等院校本科生教材,也可作为公众了解灾害与防灾减灾的科普读物。

图书在版编目(CIP)数据

灾害与防灾减灾/李益敏编著. —北京:气象出版社,2011.10
ISBN 978-7-5029-5326-3

Ⅰ.①灾… Ⅱ.①李… Ⅲ.①灾害防治-普及读物②减灾管理-普及读物 Ⅳ.①X4-49

中国版本图书馆 CIP 数据核字(2011)第 219429 号

出版发行:气象出版社
地　　址:北京市海淀区中关村南大街 46 号　　　　邮政编码:100081
总 编 室:010-68407112　　　　　　　　　　　　发 行 部:010-68409198
网　　址:http://www.cmp.cma.gov.cn　　　　　　E-mail:qxcbs@cma.gov.cn
责任编辑:蔺学东　吴晓鹏　　　　　　　　　　　终　　审:方益民
封面设计:博雅思企划　　　　　　　　　　　　　责任技编:吴庭芳
印　　刷:北京京科印刷有限公司
开　　本:720 mm×960 mm　1/16　　　　　　　印　　张:19
字　　数:375 千字
版　　次:2012 年 3 月第 1 版　　　　　　　　　印　　次:2012 年 3 月第 1 次印刷
定　　价:38.00 元

前　言

　　自人类诞生那一刻起,灾害就伴随在人类左右。洪水、干旱、火山、地震时时威胁着人类的生命和财产安全。1976 年 7 月 28 日唐山地震造成 24 万余人死亡的悲剧让我们记忆犹新,2004 年 12 月 26 日印度洋地震海啸、2008 年汶川地震、2011 年日本地震海啸灾害造成的重大人员伤亡和经济损失,又一次告诉我们,灾害是客观存在和频繁发生的。如此惨痛的灾害,留给我们的不仅仅是痛苦,而应该是强烈的防灾意识。

　　一些灾害是不可避免的,具有人力不可抗拒的客观必然性。一些灾害是由于人们的疏忽以及对环境破坏等因素造成的,这类灾害则是完全可以避免的。当灾害发生后,人们如果具备了必要的灾害应急知识,灾害损失也是可以减轻的。一次重大灾害造成的损失程度,不仅取决于其本身的破坏力,在很大程度上还取决于公众的灾害应对意识,取决于受灾人的承灾能力和受灾社会的综合抗灾能力。因此,普及公众防灾减灾的知识是非常必要和重要的。对于每一个人来说,生命是宝贵的也是渺小的,要想化险为夷,只有强健的体魄是不够的,还必须具备一定的灾害意识和知识,必须学习和掌握避险自救的本领。

　　每个人的生命只有一次,面对突发的灾害,唯有做好充分的准备,才能获得最大的生存机会。因此,增强灾害意识,提高灾害应急知识对我们每个人来说是非常必要的。

　　灾害已成为世界各国生存与发展面临的重大问题,防灾减灾是全人类的共同使命。"国际减轻自然灾害十年"指出,教育是减轻灾害计划的中心,知识是减轻灾害成败的关键。2006—2007 年国际减灾日主题确定为:"减灾工作始于学校!"很多国家对灾害教育非常重视,在幼儿园到大学阶段都开设灾害课程。中国是世界上灾害最严重的国家之一,但灾害教育十分薄弱。因此,加强灾害教育,提高全民的减灾意识已成为我国目前防灾工作中面临的一项最为紧迫的任务。国内开设灾害课程的学校很少,相关的教科书也较少,在这样的背景下,作者在云南大学为本科生开设一门全校性素质选修课《灾害与防灾减灾》,自开课以来,选课的学生非常多。本书就是在这些课程讲义的基础上修改完善后形成的。本书可作为大学本科素质教学教材,也可作为公众了解灾害与防灾减灾的科普读物。

　　本书较为系统地讲授全球的主要灾害问题及防灾减灾的措施。内容包括不同灾害类型,灾害发生的原因、机理、危害,灾害的前兆特征,灾害的过程,避险常识,灾害的后果,自救互救常识,灾害的预防措施等知识。本书深入浅出地展现了当前人类社会面临的主要灾害类型,灾害场景及其防灾减灾措施,以期望读者阅读后产生强烈的灾害意识,掌握一些灾害应急自救知识,以达到防灾减灾的目标。本书选择了很多有代表性的案例,通过案例,增加书籍的可读性。并通过一些具体案例分析,提高读者阅读的兴趣,培养读者应对灾害的能力,提高防灾减灾意识。

　　由于作者水平有限以及时间的关系,书中还有许多缺点和不足,希望各位读者不吝批评指正,以便在以后的再版中修改完善。

作者

2012 年 1 月

目　录

第 1 章　地球与自然灾害

1.1　地球

1.1.1　地球的结构

　　地球是人类居住的家园,地球上有郁郁葱葱的崇山峻岭、奔腾咆哮的江河大海,也有生机勃勃的生物界,这一切给人类提供生存环境的同时,也给人类带来灾难。了解地球及其环境,保护地球,避免自然灾害,是人类始终追求的目标之一。

　　地球是太阳系中一个具有板块结构的行星。研究地球内部结构对于了解地球的运动、起源和演化,探讨其他行星的结构,以至于整个太阳系的起源和演化问题,都具有十分重要的意义。

　　地球不是一个均质体,具有明显的圈层结构,其平均半径为 6370 km 左右。地球每个圈层的成分、密度、温度等各不相同。地球圈层分为地球外圈和地球内圈以及地球外圈和地球内圈之间的一个软流圈。软流圈是地球外圈与地球内圈之间的一个过渡圈层,位于地面以下平均深度约 150 km 处。地球内圈可划分为地壳、地幔、地核三个圈层。

　　地球外圈可进一步划分为四个基本圈层,即大气圈、水圈、生物圈和岩石圈。对于地球外圈中的大气圈、水圈和生物圈,以及岩石圈的表面,一般用直接观测和测量的方法进行研究。而地球内圈,目前主要用地球物理的方法,如地震学、重力学和高精度现代空间测地技术观测的反演等进行研究。

　　地球的分层结构就像鸡蛋的蛋壳、蛋清和蛋黄,具体可表述为:

地球结构 $\begin{cases} 地球外圈:大气圈、水圈、生物圈和岩石圈 \\ 软流圈 \\ 地球内圈:地壳、地幔、地核(液体外核圈和固体内核圈) \end{cases}$

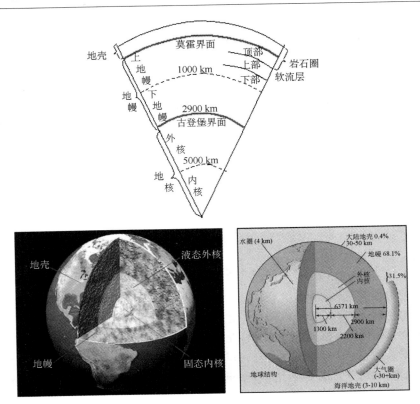

图 1-1 地球结构(来源:http://www.edu-dili.com)

1.1.1.1 地球内圈

"莫霍面"和"古登堡面"把地球分为地壳、地幔和地核三个圈层。

地壳与地幔的分界面被称之为莫霍洛维奇不连续面(简称莫霍面)。莫霍面是前南斯拉夫地震学家莫霍洛维奇在研究 1909 年的一次地震时发现的。在该界面附近,纵波的速度从 7.0 km/s 左右突然增加到 8.1 km/s 左右;横波的速度也从 4.2 km/s 增至 4.4 km/s。该不连续面被称为莫霍面,莫霍面的深度在大陆之下平均为 33 km,在大洋之下平均为 7 km,平均深度为 17 km。

地幔、地核的分界面被称之为古登堡面。1914 年,美国学者古登堡(Gutenberg)发现地下 2885 km 处存在地震波速的间断面,在此界面附近纵波由 13.6 km/s 突然降低为 7.98 km/s,而横波则突然消失了。并且在该不连续面上地震波出现极明显的反射、折射现象,该不连续面被称为古登堡面,是地核与地幔的分界层。古登堡面以上到莫霍面之间的地球部分称为地幔(mantle);古登堡面以下到地心之间的地球部分称为地核(core)。

地壳　地球球层结构的最外层。大陆地壳的厚度一般为 35~45 km,喜马拉雅山区的地壳厚度可达 70~80 km。大陆地壳一般分为上地壳和下地壳,上地壳较硬,是主要承受应力和易发生地震的层位,下地壳较软。海洋地壳较薄,一般只有一层,且比大陆地壳均匀。

地幔　地壳和地核之间的中间层。平均厚度为 2800 多 km。地幔又分为上地幔(350 km 深度以上)和下地幔。上地幔中存在一个地震波的低速层,低速层之上为相对坚硬的上地幔的顶部。通常把上地幔顶部与地壳合称为岩石圈。全球的岩石圈板块组成了地球最外层的构造,地球表层的构造运动主要在岩石圈的范围内进行。

地核　地球的核心部分,主要由铁、镍元素组成,半径为 3480 km。1936 年,I. 莱曼根据通过地核的地震纵波走向,提出地核内还有一个分界面,将地核分为外地核和内地核两部分,即外核液体圈和固体内核圈。由于外地核不能让横波通过,因此,推断外地核的物质状态为液态。它位于地面以下约 2900~5120 km 深度。地球圈层中最靠近地心的就是固体内核圈了,它位于 5120~6371 km 地心处,为固态。

1.1.1.2　软流圈

在距地球表面以下约 100 km 的上地幔中,有一个明显的地震波的低速层,这是古登堡在 1926 年最早提出的,现代观测和研究已经肯定了这个软流圈层的存在。正是软流圈的存在,将地球外圈与地球内圈区别开来了。据推测,软流圈的温度约 1300℃左右,压强有 3 万个大气压,已接近岩石的熔点,因此形成了超铁镁物质的塑性体,在压力的长期作用下,以半黏性状态缓慢流动,故称软流圈。板块构造理论的地幔对流运动就是在软流圈中进行的。岩石圈板块就是在软流圈之上漂移的。

1.1.1.3　地球外圈

大气圈　地球外圈中最外部的气体圈层,它包围着海洋和陆地。大气圈没有确切的上界,在 2000~16000 km 高空仍有稀薄的气体和基本粒子。在地下,土壤和某些岩石中也有少量空气。大气圈由 5 部分组成,由下至上依次是:对流层、平流层(又称同温层)、中间层、热层和逸散层。地球大气的主要成分为氮、氧、氩、二氧化碳和不到 0.04% 比例的微量气体。地球大气圈气体的总质量约为 5.136×10^{21} g,相当于地球总质量的百万分之 0.86。由于地心引力作用,几乎全部的气体集中在离地面 100 km 的高度范围内,其中 75% 的大气又集中在地面至 10 km 高度的对流层范围内,这也是对流层中化学反应十分丰富的原因。因此,一般的大气污染物会在对流层发生化学变化。

图 1-2　地球外部圈层示意图(来源:http://www.edu-dili.com)

水圈　包括海洋、江河、湖泊、沼泽、冰川和地下水等,它是一个连续但不规则的圈层。从离地球数万千米的高空看地球,可以看到地球大气圈中水汽形成的白云和覆盖地球大部分的蓝色海洋,它使地球成为一颗"蓝色的行星"。地球水圈总质量为 $1.66×10^{24}$ g,约为地球总质量的 1/3600,其中海洋水质量约为陆地(包括河流、湖泊和表层岩石孔隙和土壤中)水的 35 倍。如果整个地球没有固体部分的起伏,那么全球将被深达 2600 m 的水层所均匀覆盖。大气圈和水圈相结合,组成地表的流体系统。

生物圈　由于存在地球大气圈、地球水圈和地表的矿物,在地球上这个合适的温度条件下,形成了适合于生物生存的自然环境。人们通常所说的生物,是指有生命的物体,包括植物、动物和微生物。据估计,目前生存的植物约有 40 万种,动物约有110 多万种,微生物至少有 10 多万种。据估计,在地质历史上曾生存过的生物约有5~10 亿种,在地球漫长的演化过程中,绝大部分生物灭绝了。现存的生物生活在岩石圈的上层部分、大气圈的下层部分和水圈的全部,构成了地球上一个独特的圈层,称为生物圈。生物圈是迄今为止太阳系所有行星中仅在地球上存在的一个独特圈层。

岩石圈　对于地球岩石圈,除表面形态外,是无法直接观测到的。它主要由地球的地壳和地幔圈中上地幔的顶部组成,从固体地球表面向下穿过地震波在近 33 km处所显示的第一个不连续面(莫霍面),一直延伸到软流圈为止。岩石圈厚度不均匀,平均厚度约为 100 km。由于岩石圈及其表面形态与现代地球物理学、地球动力学有着密切的关系,因此,岩石圈是现代地球科学中研究得最多、最详细、最彻底的固体地球部分。海洋占据了地球表面总面积的 2/3,而大洋盆地约占海底总面积的 45%,平均水深为 4000~5000 m,大量发育的海底火山就是分布在大洋盆地中,其周围延伸着广阔的海底丘陵。因此,整个固体地球的主要表面形态可认为是由大洋盆地与大陆台地组成,对它们的研究构成了与岩石圈构造和地球动力学有直接联系的"全球构造学"理论。地球表层的构造运动主要在岩石圈内进行。

1.1.2　地球的运动

地球的表面形态是极其复杂的,有绵亘的高山,有广袤的海盆。导致地表形态发生变化的力量主要来自两个方面,一是内力作用,二是外力作用。内、外力作用对地表形态的影响有的是经过漫长时期缓慢进行的,有的却是在瞬间完成的。例如,地震和火山爆发就是瞬间完成了对地表形态的影响。

1.1.2.1　地球的外部运动——自转与公转

地球自转　地球绕自转轴自西向东的转动。地球自转是地球的一种重要运动形式,自转的平均角速度为 7.292×10^{-5} 弧度/秒,在地球赤道上的自转线速度为465 m/s。一般而言,地球的自转是均匀的。但精密的天文观测表明,地球自转存在着 3 种不同的变化。地球自转一周耗时 23 h 56 min,约每隔 10 年自转周期会增加或者减少千分之三至千分之四秒(表 1-1)。

地球公转　地球自西向东环绕太阳逆时针运动。像地球的自转具有其独特规律性一样,由于太阳引力场及自转的作用,而导致地球的公转。同地球一起环绕太阳转动的还有太阳系的其他天体,太阳是它们共有的中心天体,故这种转动被称为“公”转。地球在公转过程中所经过的路线上的每一点都在同一个平面上,而且构成一个封闭曲线。这种地球在公转过程中所走的封闭曲线,叫做地球轨道。如果我们把地球看成为一个质点的话,那么地球轨道实际上是指地心的公转轨道。地球绕太阳公转 1 周所需要的时间,就是地球公转周期。笼统地说,地球公转周期是 1“年”。

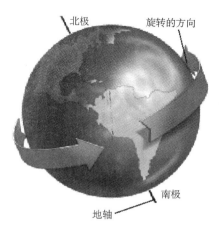

图 1-3　地球自转示意图

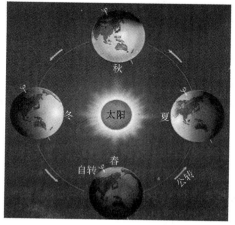

图 1-4　地球公转示意图

(来源:http://baike.baidu.com)

表 1-1　地球自转和公转

地球运动	方向	周期	速度	特点
自转(绕地轴)	自西向东	23 时 56 分 4 秒	15°/h	地轴指向不变
公转(绕太阳)	自西向东	365 日 6 时 9 分 10 秒	59′/h 30 km/s	地轴相对于黄道倾斜成 66°34′夹角

1.1.2.2　地球的内部运动

地表的各种形态主要是内力造成的,它们来源于地球的内部运动。关于地球内部的运动,目前有三种比较成熟的理论:大陆漂移理论、海底扩张理论、板块构造理论。

大陆漂移理论　1910 年,德国气象学家魏格纳(Alfred Lothar Wegener,1880—1930)偶然发现大西洋两岸的轮廓极为相似。此后经研究、推断,他在 1912 年发表《大陆的生成》,1915 年发表《海陆的起源》,提出了大陆漂移学说。他根据拟合大陆的外形、古气候学、古生物学、地质学、古地极迁移等大量证据,提出在古生代后期(约3 亿年前)地球表面存在一个泛大陆,相应地也存在一个"泛大洋"。后来,在地球自转离心力和天体引潮力作用下,泛大陆的花岗岩层分离并在分布于整个地壳中的玄武岩层之上发生漂移,逐渐形成了现代的海陆分布。

大陆漂移学说合理地解释了许多地理现象,例如,大西洋两岸的轮廓问题;非洲与南美洲发现相同的古生物化石及现代生物的亲缘问题;南极洲、非洲、澳大利亚发现相同的冰碛物;南极洲发现温暖条件下形成的煤层等。但它有一个致命弱点:动力,即大陆漂移的驱动力来源于何处? 当时的物理学家立刻开始计算,利用大陆的体积、密度计算陆地的质量。再根据硅铝质岩石(花岗岩层)与硅镁质岩石(玄武岩层)摩擦力的状况,算出要让大陆运动应需要多么大的力量。物理学家发现,日月引力和潮汐力实在是太小了,根本无法推动广袤的大陆。因此,大陆漂移学说在兴盛了十几年后就逐渐销声匿迹了。

海底扩张理论　到 20 世纪 50 年代,地理学家们利用先进的技术测绘出海底世界。测绘结果显示:海洋探测的发展证实海底岩层薄而年轻(最多二、三亿年,而陆地有数十亿年的岩石);海底有座相当高耸的海洋"山脊",形成了一道水下"山脉",绵延约 83683 km,穿过世界上所有的海洋,海洋底部的"山脊"也叫断裂谷,断裂谷里不断地冒出岩浆,岩浆冷却后,在大洋底部造成了一条条蜿蜒起伏的新生海底山脉。1956 年开始的海底磁化强度测量发现大洋中脊两侧的地磁异常是对称的。据此,美国学者赫斯(H. H. Hess)提出海底扩张学说,认为地幔软流层物质的对流上升使海岭地区形成新岩石,并推动整个海底向两侧扩张,最后在海沟地区俯冲沉入大陆地壳下方。

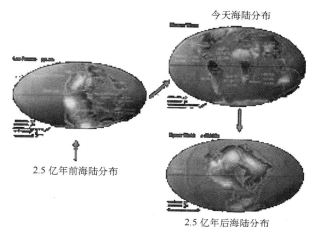

今天海陆分布

2.5 亿年前海陆分布

2.5 亿年后海陆分布

图 1-5　大陆漂移示意图(来源:人民网)

板块构造理论　指构成地球固态外壳的巨大板块的运动学说。该学说是在大陆漂移学说和海底扩张学说的基础上提出的。正是海底扩张学说的动力支持,加上新的证据(古地磁研究等)支持大陆确实很可能发生过漂移,从而使复活的大陆漂移学说(板块构造学说也称新大陆漂移学说)开始形成。

板块构造,又叫全球大地构造。所谓板块指的是岩石圈板块,包括整个地壳和莫霍面以下的上地幔顶部,也就是说地壳和软流圈以上的地幔顶部。新全球构造理论认为,不论大陆壳或大洋壳都曾发生并还在继续发生着大规模水平运动。但这种水平运动并不像大陆漂移说所设想的,发生在硅铝层和硅镁层之间,而是岩石圈板块整个地幔软流层上像传送带那样移动着,大陆只是传送带上的"乘客"。

1968 年,法国地球物理学家勒皮雄(X. Le Pichon)将全球岩石圈划分为 6 大板块:欧亚板块、非洲板块、印度洋板块(或称大洋洲板块、印度—澳大利亚板块)、太平洋板块、美洲板块和南极洲板块(图 1-6)。此后,在上述 6 大板块的基础上,人们将原来的美洲板块进一步划分为南美板块、北美板块及两者之间的加勒比板块;在原来的太平洋板块西侧划分出菲律宾板块;在非洲板块东北部划分出阿拉伯板块;在东太平洋中隆以东与秘鲁—智利海沟及中美洲之间(原属南极洲板块)划分出纳兹卡板块和可可板块。这样,原来的 6 大板块便增至 12 个板块。

此外,在上述 12 个大板块之外,有人还划分出许多微板块。这些微板块对于了解板块运动的细节很有帮助。依据区域地质演化历史、古地磁、构造变形和板块运移的特征,还可能恢复地质历史时期各个古板块的位置和范围。

一般说来,在板块内部地壳相对比较稳定,而板块与板块交界处则是地壳比较活动的地带,这里火山、地震活动、断裂、挤压褶皱、岩浆上升、地壳俯冲等频繁发生。

板块构造学说认为：

①地球表层的岩石圈并不是完整一块,而是被断裂带分割为 6 大板块;

②板块漂浮在"软流层"之上相对运动;

③板块内部地壳比较稳定;

④两板块交界处,地壳比较活动,火山、地震多分布在此;

⑤板块移动发生张裂地区,形成裂谷或海洋;

⑥板块相撞挤压处,形成山脉,大洋板块与大陆板块相撞,形成海沟、岛弧、海岸山脉。两个大陆板块相撞,形成巨大山脉。

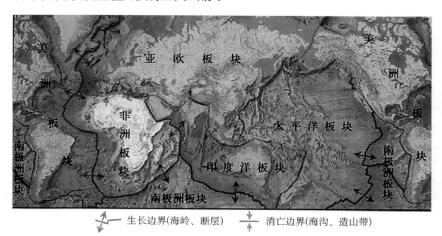

图 1-6　全球岩石圈板块构造图(据 Davidson J P 等,1997)

1.1.2.3　地球的能量

产生地球变化的力量源泉是能量,地球能量按产生方式的不同,又分为内能和外能两种。

地球的内能　指地球本身产生的能量,它主要来自于地球旋转的功能、地球内部的热能和地球的策略能三方面。

如果地球某一区域发生了地震,或者某一地方出现了山体滑坡,实际上都是地球在释放能量。地球释放能量,有时是在局部强烈爆发,有时则是在大范围内缓慢进行。不管是天翻地覆的巨变,还是沧海桑田式的演化,总之,地球在其形成的 46 亿年历史中,始终是在不停地运动和变化着。

地球是太阳系的八大行星之一,它除了围绕太阳进行公转外,本身还在不停地自转,地球自转产生的惯性离心力,能够给予地球体巨大的能量,这种能量就称为旋转能,或叫动力能,有人计算这种能为 2.1×10^{29} J,如果换算成电能,它相当于全球发电总量的数亿倍。

地球内部是一个巨大的热库,它储藏着惊人的热能,地球从地面至地心,随着深度的增加,温度也在不断地提高,地下 2900 km 处的温度可达 3700℃,而地心的温度则高达 4500℃。地下热能的来源主要是由于地球内部放射性元素蜕变而产生的。

地球的策略能,主要是指地心引力给予地球体本身的能量,重力能可转换成热能,也可以转化为动力能。

地球的外部能量　主要有太阳的辐射能和日、月的引力能。太阳辐射能是地球表面最主要的能源,也是地表水和大气运动的主要动力,它能使地球表面发生风化,剥蚀而改变原来的外貌。日、月的吸引可以对地球产生作用力,作用力本身也可转化为能量。另外,地球上有数以万计的河流,不停地奔腾流淌着,有的河流把本流域的大量泥沙,冲向异处。同时我们人类为了得到各种矿产资源,而大规模开采矿藏,为此,每年都有数亿立方米的矿物被搬动,结果它同样可改变区域性地壳平衡,并产生一定的能量。

由于地球受到以上各方面的影响,所以地球的能量,就不断产生和积累着,当能量积累到一定程度时,就要释放出来。当然,能量释放有多种形式,而且不同形式的能量也是可以互换的,如重力能可转换成热能,热能又可转换成动能等。不管地球能量以何种方式释放出来,它都要产生相应的后果。而这种后果对人类及所有生命的影响是多方面的,有时它会造成巨大的破坏力,改变地球的生态;有时通过地壳运动变化,产生新的矿产资源。

地球能量的产生与释放都是人类不可抗拒的,但人类可对它进行分析研究,从而加强适应自然的意识。

地球能量积累到一定程度时,就要释放出来,释放的形式有以下几种:

①地壳运动。这是在地球动力能的作用下,使构成地壳的岩石形态、位置发生变化,我们在野外常常看到岩层出现弯曲、破裂或错断等现象,地质学中称为褶皱和断层。这些现象的发生都是由于地球内部应力释放所造成的。地壳运动可分为垂直运动、水平运动及组合类型。运动的结果可造成高山深谷和海陆位置的变迁。例如,喜马拉雅山原来是一片海洋,它的崛起是由于组成地壳的两个巨大岩石体相互水平挤压,其中的一个插到另一个岩体之下将其抬升,成为今天的世界最高峰,至今这种挤压还在进行着,同样喜马拉雅山的抬升也在继续。

②岩浆作用。也是地球能量释放的重要方式之一。当地球体的部分区域所承受的压强达到一定程度时,地下的岩浆就会沿着地壳的薄弱带上升,喷出地表形成火山爆发。而岩浆冷凝成岩石,就造成了对周围岩石的侵入。不管岩浆喷发还是侵入,都能够使地球内部积聚的部分热能得到释放,从而形成新的平衡。岩浆作用可以给人类带来灾难,也可以留下美丽的火山景观,还可以形成与岩浆有关的各种矿床。

③地震。是局部岩石圈的破裂,而突然释放地球内部能量的一种现象。地壳运动、火山作用、重力、塌陷等都可以诱发地震。地震是自然界一种经常发生的地质现象。一次地震的持续时间很短,一般仅几秒到几分钟。据不完全统计,地球上每年发生大大小小500万次地震,能给地面建筑物造成一定破坏的强震不超过1000次。其中能对一个地区造成巨大灾难的大地震10次左右,地震的发生,能使地球内部能量得到不同程度的释放。

地球能量释放的几种主要方式通常会相互伴生,有时也会同时进行。我们居住的地球,在不断地运动和变化着,同时也在不停地积累和释放着能量,而能量的积累和释放,总是在平衡与不平衡之间循环往复着。正因为地球能量不断地释放,从而改变和破坏了地球原有的面貌,而随着地球新面貌的出现,我们也会发现和得到新的景观、新的矿床。总之,地球能量释放,是不可阻止的,它给人类带来了灾害,也带来了开发的新希望。

地球是个活动的星球,它每时每刻都在变化,运动和变化的能量来源于外部的太阳能和内部的地热能,正是由于这些变化,特别是一些快速的变化才造成了自然灾害。

1.2 灾害及灾害类型

1.2.1 灾害综述

联合国灾害管理培训教材把灾害明确地定义为:自然或人为环境中对人类生命、财产和活动等社会功能的严重破坏,引起广泛的生命、物质或环境损失;这些损失超出了受影响社会靠自身资源进行抵御的能力。按成灾条件,灾害可分为自然灾害和人为灾害两大类。自然灾害是自然环境自身演变及其与人类社会相互作用的产物,如地震、风暴潮;以人为影响为主因产生的灾害称之为人为灾害,如人为引起的火灾和交通事故。

自然灾害形成的过程有长有短,有缓有急。有些自然灾害,当致灾因素的变化超过一定强度时,就会在几天、几小时甚至几分钟、几秒钟内表现为灾害行为,像火山爆发、地震、洪水、飓风、风暴潮、冰雹等,这类灾害称为突发性自然灾害。还有一些自然灾害是在致灾因素长期发展的情况下,逐渐显现成灾的,如土地沙漠化、水土流失、环境恶化等,这类灾害通常要几年或更长时间的发展,称之为缓发性自然灾害。

许多自然灾害,特别是等级高、强度大的自然灾害发生以后,常常诱发出一连串的其他灾害发生,这种现象叫灾害链。灾害链中最早发生的起主导作用的灾害称为原生灾害;而由原生灾害所诱导出来的灾害则称为次生灾害。如地震原生灾害是指地震时由于地震的作用而直接造成建筑物的破坏、倒塌及由此引起的人员伤亡及财产损失。地震次生灾害是指因地震诱发而导致的其他灾害,例如,地震时大坝溃裂,酿成水灾;火源失控引起火灾;建筑物倒塌砸坏剧毒气体容器,造成毒害,高层建筑破坏引起的油库、火药爆炸、燃烧;地震引发的滑坡、海啸、泥石流等次生灾害。

1.2.2　灾害类型

1.2.2.1　灾害分类

灾害一般分为自然灾害和人为灾害。我国自然灾害种类繁多,但分类原则和方法目前尚不统一。

本书主要介绍其中对我国影响较大、破坏严重的自然灾害和人为灾害。

地质灾害　由岩石圈活动所引起的灾害。具体地说,在地壳某个薄弱的地方突然发生剧烈变形、位移及地表物质运动,给生活和工作在这一区域的人们带来突如其来的灾难,称为地质灾害。根据 2004 年国务院颁发的《地质灾害防治条例》规定,地质灾害包括滑坡、崩塌、泥石流、地裂缝、地面沉降、地面塌陷、冻融灾害等灾害。

气象灾害　由大气圈变异活动引起的对人类生命财产和国民经济及国防建设等造成的直接或间接损害。我国气象灾害种类繁多,不仅包括台风、暴雨、冰雹、大风、雷暴、暴风雪等天气灾害,还包括干旱、洪涝、持续高温、雪灾等气候灾害。

海啸灾害　海底地震、塌陷、滑坡、火山喷发等引起的特大海洋长波袭击海岸地带所造成的灾害。

地震灾害　因地震的破坏而引起的一系列灾害,具有突发性和不可预测性,以及频度较高、并产生严重次生灾害、对社会也会产生很大影响等特点。

火山灾害　火山是一个由固体碎屑、熔岩流或穹状喷出物围绕着其喷出口堆积而成的隆起的丘或山。地球内部充满着炽热的岩浆,在极大的压力下,岩浆便会从薄弱的地方冲破地壳,喷涌而出,造成火山爆发。

生物灾害　在生物圈内,由于各种生物活动(包括动物、植物和微生物活动)对人类生命和生存环境引发的重大伤亡和破坏称为生物灾害,包括动物灾害、植物灾害和微生物灾害。

世界上的许多生物都是相互联系、相互制约、相互依存的,从而构成一个不可分割的统一体,科学家们称之为"生态系统"。把生态系统里的这种相对稳定的平衡阶段叫做"生态平衡"。一旦失去了平衡,就会酿成自然灾害。

天文灾害　指空间天体或其状态,如太阳表面、太阳风、磁层、电离层和热层瞬时或短时间内发生异常变化,如强的日冕物质抛射、大耀斑、高速太阳风、磁暴、磁层亚暴、电离层突然骚扰等,可引起卫星运行、通信、导航及电站输送网络的崩溃,危及人类的生命和健康,造成经济损失。

人为灾害　人为灾害指主要由人为因素引发的灾害。其种类很多,本书主要介绍火灾、交通事故、踩踏事件、溺水事件等人为灾害。

1.2.2.2　自然灾害的一般特征

潜在性　作为地球系统的一种自发演化过程,灾害在发生之前都有时间长短不一的孕育期,用来积累或转换能量,以打破系统原有的平衡和稳定性。由于灾害的成因机制和涉及的影响因素不同,这一阶段少则只需几天,多则可延续几年到几百年,甚至更长的时间。

突发性　灾害在出现之前常常没有可供直觉感受的前兆或严格的物理规律可循,故通常不易被人们察觉和分辨。而一旦原有的平衡被打破,灾害往往顷刻间爆发出来,然后转瞬即逝,于人们有所感知之际,事件已成为过去。

周期性　相同事件间隔一定的时间后反复发生,是灾害的又一重要特征。例如,冰期和间冰期为千年至几万年;火山爆发、地震和特大干旱为百年尺度;特大洪涝灾害为几十年。台风和风暴潮为每年几次至十几次。

群发性　一些相同或不同类型的灾害还常常接踵而至或是相伴发生,"祸不单行",形成灾害的群发性现象。20 世纪以来世界范围内的各种灾害类型的发生频度居高不下,应可视作一个典型的灾害群发阶段。

复杂性和多因性　自然灾害的复杂性表现在多方面。

其一,灾害的周期性不仅局限在一种时间尺度上,还可以表现出层层嵌套的特异行为。近 500 年来,我国地震有两个百年级别的活跃期,第一次为 1480—1730 年之间,第二次自 1880 年至今。而仅从新中国成立以来至 20 世纪 80 年代中期,我国又经历了 4 次地震活动的高潮,80 年代后期至现在则处于第五次高潮中。平均每一高潮阶段的时间跨度在 10 年左右。在气象灾害中,这种多重尺度的周期现象更为明显。

其二,某种灾害常常与其他灾害组成灾害链,于是牵一发而动全身,引发了一系列相关灾害的出现。

1.2.2.3　主要的自然灾害带

自然灾害的空间分布有的集中呈带状,叫灾害带;有的集中呈面状,叫灾害区。

世界上最大的自然灾害带有两条:

①环太平洋沿岸几百千米宽的自然灾害带。全球活火山和历史火山有 800 多处,其中 75% 分布在这一环形地带;全球 80% 以上的地震,2/3 的台风和海啸、风暴潮,以及大量的地质灾害和海岸带灾害都集中发生在这里。而环太平洋地带又是世界上人口最集中、经济最发达的地区,这就决定了它必然是世界上最严重的自然灾

害带。

②在北纬 20°～50°之间，也是一条环球自然灾害带，世界 90％的大陆地震和大多数大陆火山都集中在这一地带，这一带也是全球潮灾、浪灾、台风最严重的地带；沿这一带地势高差大，地形复杂，因此也是世界上山地地质灾害最严重的地区；由于这一地带受信风强烈影响和地貌复杂，所以雹灾、水旱灾害、大风、冻害等气象灾害和农林灾害也相当严重。

另外，地球的南北向裂谷带，包括东非裂谷、大西洋海岭、东太平洋海岭、印度洋海岭等，也是火山、地震较为严重的地带。还有，南半球的中低纬度带的大陆内部和海岛，也是地震、台风、洪水和山地地质灾害较严重的地区。但上述两个灾害带人口相对稀疏和经济相对薄弱，灾害频度也比较低。

在世界性灾害带之内又可分出若干灾害相对集中的区域，中国及其邻区就是一个典型的灾害集中区。

1.3　我国的自然灾害

1.3.1　空间分布特点

我国自然灾害的空间分布有东西分区、南北分带、亚带成网的特点。

从西向东，大体以贺兰山—龙门山—横断山和大兴安岭—太行山—武夷山—十万大山为界分为三大区。西区是高原山地，地壳变动强烈，地震、冻融、雪灾、冻害、雹灾、泥石流、沙漠化、旱灾较为严重；中区是高原、平原的过渡带，以山地地质灾害、水土流失、旱灾、洪水、雹灾为主；东区则是我国海洋与海岸带灾害、平原地质灾害、旱灾、涝灾、洪水、农作物病虫害最为严重，其中某些地带也是强震易发地带。

从北向南，阴山—天山、秦岭—昆仑山、南岭—喜马拉雅山等巨大的山系横贯我国大陆。沿着这些山系，地质灾害、水土流失等灾害严重。从北向南我国纵贯寒带、温带和热带，气象条件复杂，山系两侧诸大江河流域气象灾害严重，所以这些地带是我国洪水、旱、涝、平原地质灾害、土壤沙化和农作物病虫害最为严重的地带，由于中国东部地壳南北的差异较大，所以地震活动差别也很大，华北和东南沿海是强震区。

以上诸区、带中，各种自然灾害的分布均可进一步分出若干亚区或亚带。由于它们的空间分布直接或间接地受气候带、地质构造、山系、水系方向的控制，所以亦常具有一定的方向性，主要为东西、南北、北东、北西向，有时交织一起形成网状分布。

东北地区的主要自然灾害　主要为地震、农业气象灾害和农作物病虫害、森林病虫害和森林火灾。其中地震是最严重的灾害。除上述灾害外，辽宁、吉林及黑龙江等地尚有旱涝、夏季冷害、冰雪等气象灾害和恶性杂草的危害。

华北地区的主要自然灾害　主要有洪涝、干旱、地震、盐碱和农作物病虫害等灾害。黄河流域洪涝灾害十分严重。此外,海河、淮河也是历史上多次发生水患的流域。例如,1975 年 8 月的河南特大暴雨造成淮河流域的特大洪水,受灾农田 1700 万亩[①],经济损失达 60 亿元,粮食损失达几十亿斤[②]。黄淮海平原是我国范围最广、强度最大和灾情最重的干旱中心。此外,华北平原又是多地震地区。

西北地区的主要自然灾害　我国西北地区以广大的西北黄土高原区和风沙干旱区为特色,黄土高原区灾害类型很多,如旱灾、水土流失、暴雨、滑坡、地裂缝、病虫、鼠害及地震等。平均 2~3 年就有一次较大旱灾发生。西北地区滑坡也很多。黄土高原区也是多地震区,从宁夏的石嘴山、银川到中宁、中卫,直到海原、天水是著名的南北地震带的北段。另外,祁连山、天山、阿尔泰山、帕米尔高原等也是强震发育区,历史震害十分严重。

华东地区的主要自然灾害　主要是洪涝、干旱、台风及风暴潮、地震及海啸等。华东大部分地区多涝,其中东部沿海、淮河流域平均 2~3 年就发生 1 次洪涝灾害。黄淮平原是全国干旱最重的地区之一;台风登陆以台湾、福建居多;台湾是我国地震活动强烈地区。此外,长江下游地区的冻害经常使越冬小麦、油菜、柑橘、茶树遭受重大损失;黄淮平原的盐碱化、黄河与淮河的滩地及入海口滩涂共 1600 万亩蝗虫适生区,都严重地影响着农业生产的发展。华东地区的地面沉降问题也日益凸现。

中南地区的主要自然灾害　主要是洪涝、台风及风暴潮、水土流失、干旱等灾害。中南大部分地区多涝,其中华南地区、两湖盆地平均 2~3 年发生 1 次洪涝。中南大部分地区近 30 年发生干旱 20~25 次,平均每年受旱 30 天。

西南地区主要的自然灾害　主要是山地地质灾害、地震、干旱、洪涝、水土流失等。云贵川和西藏东部是崩塌、滑坡、泥石流分布密集区。西藏南部、云南西南部地震活动强度大、频度高,西藏北部、四川西部、云南北部和中部地震活动性仅次于前一地区。西南干旱中心在云南中部和北部及四川西昌一带,四川盆地东北部受旱天数最多,平均每年接近 90 天。洪涝主要发生在四川盆地西部。

此外,青藏高原的冰川、雪崩、暴风和冻害也对生产、交通构成威胁。

1.3.2　我国自然灾害特点

我国的自然灾害具有以下几个主要特点。

(1)成因背景复杂

我国地处欧亚板块、太平洋板块、印度洋板块的交绥地区,新构造运动十分活跃,

---

① 1 亩＝0.0667 hm²,下同。

② 1 斤＝0.5 kg,下同。

地形和地质构造复杂,我国地势西高东低,且呈阶梯状下降;地貌类型复杂多样,尤其风沙、黄土、岩溶地貌分布地区,成为各种地质、地貌灾害多发地区。

我国大部分领土位于受季风控制下的气候不稳定地带,冬、夏季风时空变异复杂;平均每年遭热带气旋侵袭次数达 6～7 次,寒潮入侵 3～4 次。

我国人口众多,开发历史悠久。区域经济水平相差甚大,防、抗、救灾能力各地不一。

(2)灾害种类多

我国突发性自然灾害主要有:洪涝、台风、冰雹、霜冻、雪灾等气象灾害,地震灾害,滑坡、泥石流、地面沉降、地裂缝等地质灾害,病虫害等生物灾害,森林、草场火灾等。

(3)分布地域广

我国各省(区、市)均不同程度受到自然灾害影响,70%以上的城市、50%以上的人口分布在气象、地震、地质、海洋等自然灾害严重的地区。三分之二以上的国土面积受到洪涝灾害威胁。东部、南部沿海地区以及部分内陆省份经常遭受热带气旋侵袭。东北、西北、华北等地区旱灾频发,西南、华南等地的严重干旱时有发生。各省(区、市)均发生过 5 级以上的破坏性地震。约占国土面积 69%的山地、高原区域因地质构造复杂,滑坡、泥石流、山体崩塌等地质灾害频繁发生。

(4)灾害频率高、强度大

我国灾害频率高、强度大。我国是地震频发的国家。20 世纪以来,全球共发生 7 级以上大地震 1200 余次,其中十分之一发生在我国,20 世纪我国大陆地震占全球大陆地震的 29.5%,3 次 8.5 级特大地震有 2 次在我国。我国城市的 46%及许多重大工程设施分布在地震带。登陆我国台风平均每年 6～7 次,居同纬度大陆东部首位。2155 年中(公元前 206—公元 1945 年)发生水旱灾害 1750 次,其中大旱灾 1000 多次,大水灾 600 多次,平均约 81%的年份都经受不同程度的水、旱灾害。每年大小崩塌、滑坡数以百万计,有泥石流沟 10000 多条,现在全国受泥石流威胁的城市有 70 多个。我国有 20 多个城市,包括天津、上海、宁波、常州、嘉兴、西安、太原、北京等都发生了不同程度的地面沉降,沉降速度最大可达每年 188 mm,其中有 200 个县、市发现了地裂缝。干旱威胁着我国大部分地区,现在我国已有 236 个城市缺水,今后全国缺水可能超过 300 亿 m³,部分农村饮用水也面临危机。土地风蚀沙化面积局部控制,整体扩展,目前沙漠化土地扩展速率每年仍在 1000 km² 以上。

(5)灾害群发

我国历史上灾害群发非常突出,还导致严重的社会动荡。例如,1625—1658 年,气候恶劣,灾害群发,大旱、大涝、地震频发,蝗灾遍地,瘟疫蔓延,人民痛不堪生,终于导致了农民大起义,明朝灭亡。1877—1879 年,晋冀鲁豫四省连年大旱,虫、疫等灾害群发,造成 1300 多万人死亡。2008 年,汶川地震、南方冰冻雨雪灾害,损失惨重。

(6)灾害地域分异明显

根据历史和现代自然灾害发生的时空分布规律,虽然各类灾害在地区上交织发生,但各地区仍然显现相对某一主导灾害为核心,伴生其他自然灾害的格局。如旱灾主要分布在黄淮海平原和黄土高原;水灾多出现在七大流域中下游沿河两岸;台风多见于东南沿海;雪灾、寒潮大风主要分布于青藏高原和内蒙古高原;沙尘暴多发生在西北地区;地震主要发生在华北、西北、西南三大地震带上;滑坡、泥石流集中分布在地貌二级阶地上且以西南地区最盛。生态脆弱带(沿海、长江中上游、北方农牧交错带)环境灾害严重,见表 1-2。

表 1-2 我国灾害的地域分异与主要成因

灾害类型	地域分异	原 因
旱灾	黄淮海平原、东北平原为多发区	季节降水和年际降水的时空分布不均衡
洪涝	长江中下游平原、黄淮海平原为多发区	受夏季风的影响大,受西太平洋副热带高压势力的大小、雨带进退快慢的影响
地震	台湾、华北、东北、西南为多发区	台湾位于亚欧板块和菲律宾板块交界区;西南区位于地中海—喜马拉雅地震带上;华北、东北区位于环太平洋构造带上
滑坡、泥石流	西南地区为多发区	西南地区地形崎岖,地质构造复杂,大斜坡多,降水历时长
低温冷害	东北地区为多发区	纬度高、气温低,接近冬季风源地
台风	东南沿海地区为多发区	濒临西北太平洋

(7)灾害多发与少发交替

我国 20 世纪 50 年代、80 年代多水灾;60 年代,水灾、寒潮、雪灾、霜冻多;70 年代多旱灾。根据气候变化规律,20 世纪末至 21 世纪初将是气象灾害与气候灾害相当严重的时期。唐山地震后我国大陆一度平静,但从 20 世纪 80 年代中期开始,地震活动又趋频繁。根据我国地震活动的时序规律推测,1988—2020 年期间将有两个地震活跃发生。CO_2 及其他气体含量的增高,使"温室效应"对环境影响更加明显,未来气候变暖,不仅使海平面上升,淹没沿海滩涂及其他资源,而且使区域水热配置关系重新组合,使一些地区的自然灾害进一步加重。

1.3.3 灾害损失

灾害给人们的生命财产安全带来巨大威胁。近年来,中国自然灾害种类多,分布地域广,发生频率高,损失非常严重。自然环境日趋恶化,自然灾害日渐飙升,且有越演越烈之势,长此以往,地球还有未来吗?每年都有不同程度、不同性质的自然灾害发生,而近几年以来,几乎每年都会有大的自然灾害发生。特别是由于受到全球气候变化影响,极端天气气候事件时常发生;另外,由于地壳运动的结果,发生地震的风险也有所提高。

新中国成立以来,我国有 50 多万人因灾死亡,各种自然灾害造成的直接经济损失高达 25000 多亿元,平均每年造成的损失大约占 GDP 的 3%～6%,财政收入的 30% 左右,是发达国家的数十倍,是世界上因灾死亡人口和受灾最严重的国家之一。

干旱、洪涝灾害为我国自然灾害之首,在洪涝灾害的影响下,新中国成立以来,农业年均受灾面积达 1.3 亿亩,直接经济损失约占自然灾害总损失的 40% 以上。洪涝灾害主要威胁着我国东部经济发达地区。干旱也是中华民族的"心腹之患"。新中国成立以来,因为干旱,每年平均有 3 亿亩土地受灾,因此造成的粮食减产占全国因灾粮食减产总量的一半。持续的干旱还引发土地荒漠化、地面沉降等多种自然灾害。

当前和今后一个时期,在全球气候变化背景下,极端天气气候事件发生的几率进一步增大,降水分布不均衡、气温异常变化等因素导致的洪涝、干旱、高温热浪、低温雨雪冰冻、森林草原火灾、农林病虫害等灾害可能增多,出现超强台风、强台风及风暴潮等灾害的可能性加大,局部强降雨引发的山洪、滑坡和泥石流等地质灾害防范任务更加繁重。随着地壳运动的变化,地震灾害的风险有所增加。

造成人口死亡最多的自然灾害是地震。自然灾害中经济损失增长最快的是台风。台风及其引起的暴雨、风暴潮等灾害对沿海地区带来巨大危害,由此造成的损失呈直线上升趋势,从 20 世纪 50 年代的年均 1 亿元到 70 年代的约 6 亿元,从 80 年代的数十亿元到 1997 年的 300 多亿元。另外,农作物生物灾害每年平均造成粮食减产 22 亿 kg,棉花 400 万担①。

1.3.4　我国自然灾害多发的原因

我国是一个自然灾害最严重的国家之一,这是由多方面原因造成的。

一是我国幅员辽阔,环境条件复杂,所以致灾因素和灾种比较多。我国大陆地处中纬度,东濒太平洋,西为世界地势最高的青藏高原,海陆大气系统形成复杂的反馈关系。大气中极地高压与副热带高压的消长、季风的影响、太平洋环流海温的巨变及厄尔尼诺现象对大气环流和风暴源的作用都严重影响着我国的大气环境;地处强烈宏大的环太平洋构造带与地中海—喜马拉雅构造带交汇部位,地壳现代活动剧烈,地形变化复杂,所以这里是世界上地震与地质灾害最严重的地区之一;生态环境多样,具有多种病、虫、鼠、草害滋生和繁衍的条件。

二是我国是世界上人口最多的国家,但人口和经济密度区在地理分布上又很不平衡,全国约有 70% 以上的大城市,一半以上的人口和 55% 的国民经济收入分布在

---

①　1 担＝50 kg,下同。

气象灾害、海洋灾害、洪水灾害、地震和平原地质灾害严重的沿海地区和平原地区,所以灾害的损失程度就较大,见表1-3。

三是我国是发展中国家,又是一个农业大国,经济实力较弱,对灾害的防御能力和承受能力均较低,灾后重建恢复速度也较慢。以上原因致使我国成为世界上自然灾害很严重的少数国家之一。

表 1-3　1998—2010 年中国自然灾害损失情况

年份	受灾人口 （万人次）	死亡（失踪） 人口（人）	紧急转移 人口（万人次）	农作物受灾 （万 hm²）	农作物绝收 （万 hm²）	倒塌房屋 （万间）	直接经济 损失（亿元）
1998	35215.5	5511	2082.4	50145.0	7614.0	821.4	3007.4
1999	35319.0	2966	664.8	49980.0	6800.0	174.5	1962.4
2000	45600.0	3014	467.1	54690.0	10150.0	147.3	2045.3
2001	37255.9	2538	211.1	52150.0	8215.0	92.2	1942.2
2002	42798.0	2384	471.8	45214.0	6433.0	189.5	1637.2
2003	49745.9	2259	707.3	54386.3	8546.4	343.0	1884.2
2004	33920.6	2250	563.2	37106.0	4360.0	155.0	1602.3
2005	40653.7	2475	1570.3	38818.2	4597.4	226.4	2042.1
2006	43453.3	3186	1384.5	41091.3	5408.9	193.3	2528.1
2007	40000.0	2325	1499.0	4899.0	574.7	146.0	2363.0
2008	47000	88928	2682.2	3999.0	403.2	1097.7	11752.4
2009	48000	1528	709.9	4721.4	491.8	83.8	2523.7
2010	43000.0	7844	1858.4	3742.6	486.3	273.3	5339.9

资料来源:中国减灾中心信息部、民政部等。

1.4　防灾减灾

1.4.1　公众防灾减灾的重要性

1976 年 7 月 28 日唐山 7.6 级地震导致 24 万余人死亡、2004 年 12 月 26 日印度洋地震海啸造成的人员惨重伤亡和经济损失的悲剧我们记忆犹新,2008 年 5 月 12 日四川汶川 8 级地震又一次告诉我们,灾害是客观存在的。如此频繁的灾难,留给人们的不应该仅仅是痛苦,而应该是有强烈的灾难意识。

灾害可能随时发生,待在家里,地震有可能发生,匪徒有可能光顾;出门在外,车祸、翻船、空难也有可能降临。对于每一个人来说,生命都是宝贵的,也都是渺小的。要想化险为夷,平平安安地度过一生,只有强健的体魄是不够的,还必须学习和掌握避险自救的本领。在遇到危险时,每一个人都有求生的欲望。当我们具备了一定的灾害应急知识,存活的几率就大一些。

一个民族有无灾难意识,有无自救观念,能否对全体公民坚持开展有针对性的灾难知识的培训和宣传教育,其应对灾害的结果将是大不相同的。

2004 年印度洋海啸发生时,英国一位和父母旅游的四年级小学生利用自己学过的知识,通过海水退去的异常现象判断海啸即将发生,并立即告知游人迅速向高处撤退,挽救了上百人的性命,小女孩因而成为家喻户晓的人物,这也反映了英国学校减灾教育的成功。

美国"9·11"事件中纽约世贸大厦的死亡人数比预计的要少得多,其中一个很重要的原因,就是众人普遍具备较强的防灾避险意识,能够主动采取自救互救措施。在飞机撞击 1 号楼后,保安立即通知和组织人员疏散,每个人得到一个口罩、一条湿毛巾和两瓶矿泉水。几乎所有人都听从指挥,按顺序步行下楼。虽然救生楼梯很窄,仅容两个大人勉强通过,但是逃生的人们还是自动排成一行往下走,留出通道让消防队员上去救人。面对突如其来的灾难,人们保持了冷静和正确应对,相互鼓励、相互搀扶,为保护自身生命安全争取了时间和机会。如果现场发生骚乱,人们争先恐后地逃命,容易出现盲目跳楼、拥挤踩伤、压死、堵塞救生楼梯等混乱现象,必然会造成更大的灾难,后果不堪设想。

我国是灾害频发区,但防灾减灾知识贫乏、意识淡薄,提高公众的防灾减灾知识和意识显得非常重要和迫切。防灾减灾是涉及亿万民众的事业,不是少数人的努力可以奏效的。如果大众缺乏防灾减灾意识,那么,防灾减灾就失去了基础。目前我国的防灾工作中暴露出一个重要问题就是公众防灾意识淡薄。在山区生活的很多居民在房屋选址及民宅建设中大多没有充分考虑地质灾害防治的因素,更为突出的是在强降雨来临前甚至在强降雨使地质灾害隐患点出现临灾前兆,组织撤离时,群众不肯撤离或撤离后返回家中取财物而遇难的情况多次出现。因此,加大防灾减灾宣传教育和培训非常重要。

1.4.2　校园防灾减灾的重要性

学校教育在灾害知识教育和宣传中起着重要的作用。世界上很多国家都把灾害知识作为一种系统的教育形式对待,使防灾教育贯穿学生学习的全过程。许多国家从幼儿就开始向孩子灌输安全知识,教孩子在面对突发性灾害时怎样自我保护和应对灾害。例如,美国一些幼儿园就经常举行突发灾害的应对演习,还有的幼儿园每学期都安排有一个消防周,让孩子参观消防站,看消防员做消防演习,让孩子学会如何在紧急情况下逃生,掌握应对自然灾害的能力。欧美等国的大、中、小学不同的学习阶段也有不同的安全教材或指南。早在 20 年前,日本就开始出版针对中小学校园内安全的教材,并按照每一年级不断变化其中的内容。有关自然灾害的教育在墨西哥、罗马尼亚、新西兰等国也是中小学的必修课。另外,巴西、委内瑞拉、古巴等国家都非常重视中小学的防灾教育。

　　校园具有的一些特点,如校园是社会的缩影,校园安全教育的高效性,使得国际社会对学校的防灾减灾教育非常重视。2006 年的国际减灾日主题为"减灾始于学校",以促进各国把减灾内容编入普通教育的教学大纲并改善学校安全。中国教育忽略防灾减灾,防灾减灾教育几乎处于空白。

1.4.3　防灾减灾的主要措施

　　(1)科技投入。如气象卫星、地震仪器。为了防灾减灾,许多国家把最先进的高科技装备用于军事领域以外的气象行业。

　　(2)灾害的预报、预警。通过了解灾害发生原因、机理,做好灾害预报预警,以减少灾害损失。

　　(3)灾害的治理。灾害与人类活动有直接关系,对这类灾害采取治理手段可以达到减轻灾害的目的。

　　(4)加强监管,防止人为造成地质灾害。依法积极推进矿山地质环境评价和建设用地地质灾害危险性评估工作,对在建的工程,按照"谁破坏,谁负责"的原则,督促业主依法履行地质灾害防治的义务,维护好已开挖边坡的稳定,防止灾害事故的发生。通过强化监督管理,防止和减少人为造成的地质灾害事故发生。

　　(5)公众防灾减灾意识的提高。通过各种方式广泛、长期地进行有关灾害的科学知识普及教育,对公众要广泛宣传灾害标志、预警信号及应采取的措施和履行的义务。真正做到社会各界和公民的高度重视和广泛参与,增强公民的防灾意识和自我保护、自我救灾能力,把防灾减灾工作变成自觉的社会化行动。改变过去"无灾不讲灾,有灾不知灾"状况,有些灾害几年或几十年才发生一次,容易造成疏忽和失误。要相信科学技术,避免因不懂科学所产生的恐慌和混乱。提高防灾意识的途径主要是加强防灾减灾的宣传和教育。

1.4.4　"国际减灾日"的来历及历年主题

　　1989 年 12 月,第 44 届联合国大会经济及社会理事会关于"国际减轻自然灾害十年"决议,决定从 1990—1999 年开展"国际减轻自然灾害十年"活动,规定每年 10 月的第二个星期三为"国际减少自然灾害日"(International Day for Natural Disaster Reduction)。每年有一个主题(表 1-4)。2001 年联大决定继续在每年 10 月的第二个星期三纪念国际减灾日,并借此在全球倡导减少自然灾害的文化,包括灾害防御、减轻和备战。

表 1-4　历年"国际减灾日"主题

时间	主题
1991 年	减灾、发展、环境——为了一个目标
1992 年	减轻自然灾害与持续发展
1993 年	减轻自然灾害的损失,要特别注意学校和医院
1994 年	确定受灾害威胁的地区和易受灾害损失的地区——为了更加安全的 21 世纪
1995 年	妇女和儿童——预防的关键
1996 年	城市化与灾害
1997 年	水:太多、太少——都会造成自然灾害
1998 年	防灾与媒体——防灾从信息开始
1999 年	减灾的效益——科学技术在灾害防御中保护了生命和财产安全
2000 年	防灾、教育和青年——特别关注森林火灾
2001 年	抵御灾害,减轻易损性
2002 年	山区减灾与可持续发展
2003 年	面对灾害,更加关注可持续发展
2004 年	总结今日经验,减轻未来灾害
2005 年	利用小额信贷和安全网络,提高抗灾能力
2006 年	减灾始于学校
2007 年	减灾始于学校(于 2006 年同一主题)
2008 年	减少灾害风险,确保医院安全
2009 年	让灾害远离医院
2010 年	建设具有抗灾能力的城市:让我们做好准备!
2011 年	让儿童和青年成为减少灾害风险的合作伙伴

　　"国际减轻自然灾害十年"行动的目的是:通过一致的国际行动,特别是在发展中国家,减轻由地震、风灾、海啸、水灾、土崩、火山爆发、森林大火、蚱蜢和蝗虫、旱灾和沙漠化以及其他自然灾害所造成的生命财产损失和社会经济的失调。其目标是:增进每一国家迅速有效地减轻自然灾害影响的能力,特别注意帮助有此需要的发展中国家设立预警系统和抗灾机构。考虑到各国文化和经济情况不同,制定利用现有科技知识的方针和策略;鼓励各种科学和工艺技术致力于填补知识方面的重点空白点;传播、评价、预测和减轻自然灾害的措施有关的现有技术资料和新技术资料;通过技术援助与技术转让、示范项目、教育和培训等方案来发展评价、预测和减轻自然灾害的措施,并评价这些方案和效力。

　　国际行动纲领要求所有国家的政府都要做到:拟订国家减轻自然灾害方案,特别是发展中国家,将之纳入本国发展方案内;在"国际减轻自然灾害十年"期间参与一致的国际减轻自然灾害行动,同有关的科技界合作,设立国家委员会;鼓励各国政府采取适当步骤为实现"国际减轻自然灾害十年"的宗旨作出贡献;采取适当措施使公众进一步认识减灾的重要性,并通过教育、训练和其他办法,加强社区的备灾能力;注意自然灾害对保健工作的影响,特别是注意减轻医院和保健中心易受损失的活动,以及注意自然灾害对粮食储存设施、避难所和其他社会经济基础设施的影响;鼓励科学和技术机构、金融机构、工业界、基金会和其他有关的非政府组织,支持和充分参与国际社会,包括各国政府、国际组织和非政府组织拟订和执行的各种减灾方案和减灾活动。

1.4.5　中国"防灾减灾日"

2008 年 5 月 12 日发生的四川汶川特大地震,造成了重大人员伤亡和财产损失,给我国人民带来巨大伤痛。我国政府决定,自 2009 年起,每年 5 月 12 日为我国"防灾减灾日"。"防灾减灾日"的设立,有利于推动全民防灾减灾知识和避灾自救技能的普及推广,最大限度地减轻自然灾害的损失。

延伸阅读

20 世纪全球十大自然灾害

北美黑风暴(图 1-7)

1934 年 5 月 11 日凌晨,美国西部草原地区发生了一场空前未有的黑色风暴。大风整整刮了 3 天 3 夜,形成一个东西长 2400 km,南北宽 1440 km,高 3400 m 的迅速移动的巨大黑色风暴带。风暴所经之处,溪水断流,水井干涸,田地龟裂,庄稼枯萎,牲畜渴死,成千上万的人流离失所。黑风暴使 27 个州受到严重影响。1417 万 hm² 耕地毁坏,4049 万 hm² 农田的全部或部分表土丧失,5061 万 hm² 土地迅速失去表土。

这是大自然对人类文明的一次历史性惩罚。由于开发者对土地资源的不断开垦,森林的不断砍伐,致使土壤风蚀严重,连续不断的干旱,更加大了土地沙化现象。在高空气流的作用下,尘粒沙土被卷起,股股尘埃升入高空,形成了巨大的灰黑色风暴带。《纽约时报》在当天头版头条位置刊登了专题报道。

黑风暴的袭击给美国的农牧业生产带来了严重的影响,使原已遭受旱灾的小麦大

图 1-7　北美黑风暴

片枯萎而死,引起当时美国谷物市场的波动,冲击经济的发展。同时,黑风暴一路洗劫,将肥沃的土壤表层刮走,露出贫瘠的沙质土层,使受害之地的土壤结构发生变化,严重制约了灾区农业生产的发展。

北美黑风暴灾难的发生向世人揭示:人类在向自然界索取的同时,还要自觉地做好人类生存环境的保护,否则将会自食恶果。

秘鲁大雪崩(图 1-8)

秘鲁位于南美洲西部,北与厄瓜多尔和哥伦比亚接壤,东同巴西毗连,南与智利交界,东南与玻利维亚毗连,西濒大西洋。海岸线长 2254 km。全境从西向东分为三个区域:西部沿海区为狭长的干旱地带,有断续分布的平原;中部高原区主要为安第斯山中段,平均海拔约 4300 m,亚马孙河发源地;东部为亚马孙林区。科罗普纳峰和萨尔坎大山海拔都在 6000 m 以上,瓦斯卡兰山海拔 6768 m,为秘鲁最高点。主要河流为乌卡亚利河和普图马约河。拥有长达 3000 多 km 海岸线。它又是一个多山的国家,山地面积占全国总面积的一半,瓦斯卡兰山峰,山体坡度较大,峭壁陡峻。山上常年积雪,"白色死神"常常降临于此。

图 1-8　秘鲁大雪崩

1970 年 5 月 31 日 20 时 30 分,在秘鲁安第斯山脉的瓦斯卡兰山区,因地震引发世界上最大最悲惨的雪崩灾害。此时,在寒冷的地区,不少人都已沉睡于梦乡之中。地震诱发山峰上的岩石震裂、震松、震碎,地震波又将山上的冰雪击得粉碎。瞬时,冰雪和碎石犹如巨大的瀑布,紧贴着悬崖峭壁倾泻而下,几乎以自由落体的速度塌落了 900 m 之多。刚遭受地震袭击的容加依城,人们惊魂未定,又被随之而到的冰雪巨龙席卷,大多数人被压死在冰雪之下,快速行进中的冰雪巨龙又使许多人窒息而死。这是迄今为止世界上最大最悲惨的雪崩灾祸。大雪崩将瓦斯卡兰山峰下的容加依城全部摧毁,造成约两万居民死亡。

孟加拉国特大水灾(图 1-9)

1987 年 7 月,孟加拉国经历了有史以来最大的一次水灾。连日暴雨,狂风肆虐,这突如其来的天灾使毫无任何准备的居民不知所措。短短两个月间,孟加拉国 64 个县中有 47 个县受到洪水和暴雨的袭击,造成 2000 多人死亡,2.5 万头牲畜淹死,200 多万吨粮食被毁,20000 km 道路及 772 座桥梁和涵洞被冲毁,千万间房屋倒塌,大片农作物受损,受灾人数达 2000 万人。

孟加拉国位于孟加拉湾以北,属于恒河平原的东南部,其西为东高止山脉,东为阿拉干山脉,北为喜马拉雅山脉。境内有河流 230 条,每年的河水泛滥都使孟加拉国蒙受巨大的损失。加之这里地处季风区,印度洋上吹来的西南季风带着温暖而又饱和的水汽向低压区袭来。当受到山脉的阻挡时,立即降雨。这就使得地势平坦低洼的孟加拉国难逃水灾的侵袭。水灾给人民带来的不仅是贫困、饥饿,同时也滋生了大量的细菌。各种疾病在受灾区流行,约有 80 万人染上痢疾,近百人丧生。这无疑又使孟加拉国人民的生活雪上加霜。

　　如何摆脱水灾带来的沉重灾难,如何使这个南亚穷国的危机有所缓和,已成为孟加拉国政府有待解决的一大难题,也引起了全世界的关注。水灾的发生加剧了人民的贫困程度,联合国就此展开了两项粮食供给计划。仅一项计划的实施每年就要耗资 2000 万美元。

图 1-9　孟加拉国水灾

印度鼠疫大流行

　　1994 年 9—10 月间,印度遭受了一场致命的鼠疫,30 万苏拉特市民逃往印度的四面八方,同时也将鼠疫带到了全国各地。不到两周时间,这种可怕的瘟疫已扩散到印度的 7 个邦和新德里行政区。鼠疫的降临,对毫无准备的印度来说,无疑是当头一棒。印度卫生部不得不向世界卫生组织和其他国家请求支援,以解燃眉之急。鼠疫的流行引起人们的极度恐慌。这种恐惧犹如大火一样,迅速蔓延到世界各地。许多国家中止了同印度的各项往来。这对印度来说,经济方面的损失是难以估计的。据有关方面统计,用于治疗和预防鼠疫方面的费用就高达数百亿美元。

　　人们不禁要问,销声匿迹多年的鼠疫为何再度在印度广为流行呢?专家们一致认为,鼠疫的爆发是极为肮脏的环境所致。据说,苏拉特市是印度最脏的城市,贫民窟、集市、街头巷尾,垃圾成堆,臭味熏天。鼠疫流行期间,每天清出的垃圾多达1400 t。遍地的垃圾成为老鼠繁衍滋生的温床。

喀麦隆湖底毒气

喀麦隆的帕梅塔高原,是个美丽而令人陶醉的地方。1986 年 8 月 21 日晚,人们正在酣睡之中,突然一声巨响划破了长空。不少人还没等弄清发生了什么事,就被夺去了宝贵的生命。帕梅塔高原上的一个火山湖——尼奥斯火山湖,突然从湖底喷发出大量的有毒气体。次日清晨,喀麦隆高原美丽的山坡上,水晶蓝色的尼奥斯河突然变得一片血红,尼奥斯湖畔的村落里,房舍、教堂、牲口棚完好无损,街上却没有一个人走动,而屋里全部都是死人! 据不完全统计,在这场灾祸中,至少有1740 人被毒气夺去了生命,大量的牲畜丧生,加姆尼奥村靠火山湖最近,受灾也最为严重。全村 650 名居民中,仅有 6 人幸存。喷毒事件发生后,引起了各国的极大关注。日本、英国、美国、法国、意大利等国家都迅速地派出了紧急救援队。后来专家终于查出了"杀人凶手"——喀麦隆湖底突然爆发的毒气二氧化碳,而恶臭则来自硫化氢。人们在向自然界征服和索取的同时,也遭到了大自然无情的报复,让人类尝到了苦果。

伦敦大烟雾(图 1-10)

素有世界"雾都"之称的英国伦敦,每当春秋之交,经常被浓雾所笼罩,像是披上一层神秘的面纱。据统计,伦敦的雾天每年可高达七八十次,平均 5 天之中就有一个"雾日"。每当浓雾降临,弥漫的浓雾不仅影响交通,酿成事故,还直接危害人们的健康,甚至威胁人们的生命。1952 年 12 月 4 日,英国伦敦连续的浓雾将近一周不散,工厂和住户排出的烟尘和气体大量在低空聚积,整个城市为浓雾所笼罩,陷入一片灰暗之中。雾云在城市上空悬浮了 5 天,逐步变得更脏和更有毒,有 4700 多人因呼吸道疾病而死亡,其中多数是年长者;大雾散去以后又有 8000 多人死于非命,"雾都劫难"震惊世界。

烟雾的主要起因是机动车等所排放的废气污染。那时候,伦敦有燃煤发电厂,离市中心不远处有许多工厂,大多数居民用烧煤来取暖,以煤为动力的蒸汽机车拉着一节节列车开进首都,对小汽车和卡车产生的废气几乎没有控制措施。像洛杉矶、墨西哥城等大城市内,烟雾一直悬浮在空中。使用无铅汽油和安装机车排气催化转化器,有助于减少受这种污染而损害健康的危险。但是,这仍是一个有待解决的严重问题。

图 1-10　伦敦的交通几乎瘫痪,一辆双层巴士只能借助于雾灯缓慢地在市区行驶

百慕大地区神秘灾难

在 20 世纪海上发生的神秘事件中,最著名而又最令人费解的,当属发生在百

慕大三角的一连串飞机、轮船失踪案。所谓百慕大三角是指北起百慕大群岛，南到波多黎各，西至美国佛罗里达州这样一片三角形海域(图1-11)，面积约100万km²。由于这一片海面失踪事件迭起，世人便称它为"地球的黑洞"、"魔鬼三角"。据说自从1945年以来，在百慕大这片地区已有数以百计的飞机和船只神秘失踪，失踪仿佛是在一瞬间完成，就像天空破了一个洞，飞机一下掉进洞里而无声无息了，或者大海突然张开大口，把船只吞噬。所有试图对百慕大三角地区失踪事件作出合乎逻辑解释的人都遇到了无法摆脱的矛盾。1979年，美国和法国科学家组织的联合考察组，在百慕大海域的海底发现一个巨大的水下金字塔。根据美国迈阿密博物馆名誉馆长查尔斯·柏里兹派人拍下的照片，可以看到这个水下金字塔比埃及大金字塔还要巨大。塔身上有两个黑洞，海水从洞中高速穿过。水下金字塔的发现，使百慕大三角谜变得更为神秘莫测，它到底是人造的还是自然形成的？它与百慕大海域连续发生的海难和空难有什么关系？这些都有待于人们进一步探讨。百慕大这个黑洞，至今还没有看见底。

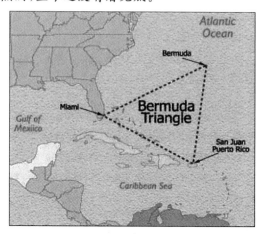

图1-11　百慕大三角区域

通古斯大爆炸(图1-12)

　　通古斯位于前苏联西伯利亚的贝加尔湖附近。1908年，这里发生过一次极其猛烈的大爆炸，其破坏力相当于500枚原子弹和几枚氢弹的威力。1908年6月30日早晨，一团巨大的火球划破苍茫的夜空，迅猛闯入地球大气层，风驰电掣般向着遥远的北半球冲去。不久，西伯利亚的通古斯地区传来了一声震天撼地的巨响，一团蘑菇状的浓烟直冲到12英里①的高空。大地颤动，狂风咆哮，飞沙走石，西伯

①　1英里＝1.609 km，下同。

利亚天空北部突然裂成两半,林区上边的整个北部天空被火焰覆盖。大火烧毁了周围数百英里内的原始森林,灼热的气浪此起彼伏地席卷着整个浩瀚的泰加森林,熊熊林火连日焚烧。据说 70 km 外的人也被严重灼伤,还有人被巨大的声响震聋了耳朵。不仅附近居民惊恐万状,而且还涉及其他国家。英国伦敦的许多电灯骤然熄灭,一片黑暗;欧洲许多国家的人们在夜空中看到了白昼般的闪光;甚至远在大洋彼岸的美国,人们也感觉到大地在抖动。爆炸的成因有"陨星说"、"外星人核爆炸说"、"宇宙黑洞说"等,但都还缺少足够的证据。直到今天,通古斯大爆炸之谜仍未解开。

图 1-12　通古斯大爆炸现场

智利大海啸

　　智利是太平洋板块与南美洲板块互相碰撞的俯冲地带,处于环太平洋火山活动带上。特殊的地质结构,造成其地表极不稳定,自古以来,火山不断喷发,地震、海啸频频发生。1960 年 5 月 21 日凌晨开始,厄运又笼罩了这个多灾多难的国家,在智利的蒙特港附近海底,突然发生了世界地震史上罕见的强烈地震。震级之高、持续时间之长、波及面积之广均属少见,在前后一个月中,共先后发生不同震级的地震 225 次。震级在 7 级以上的竟有 10 次之多,其中 8 级的有 3 次。这次地震是世界上震级最高、最强烈的地震。震级高达 8.9 级,烈度为 11 度,影响范围在 800 km 长的椭圆区域内。地震过后引发了大海啸。海啸波以每小时几百千米的速度横扫了太平洋沿岸,把智利的康塞普西翁、塔尔卡瓦诺、奇廉等城市摧毁殆尽。造成智利死亡 5700 多人,200 多万人无家可归。此外,夏威夷死亡 56 人,日本死亡失踪 138 人。

唐山大地震(图 1-13)

　　北纬 40°线被人们称为"不祥的恐怖线"。这里发生了诸如美国旧金山、葡萄牙里斯本、日本十胜近海等无数次大地震。1976 年 7 月 28 日 03 时 42 分,地震又一次突袭了北纬 39.6°——中国唐山成为它的牺牲品。此次地震能量比日本广岛爆炸的原子弹强烈 400 倍。河北省唐山市,一座上百万人口的工业城市,在这场没有预报的特大地震中成为废墟。地震总共死亡 24.2 万多人,重伤 16.4 万多人。直接经济损失在 100 亿元以上。

图 1-13　唐山大地震大量房屋倒塌

(来源:http://cms.jjtang.com/kepu/guojiadili/ziranzaihai/20080109/)

思 考 题

1. 地球以什么方式释放能量?
2. 灾害的大小与灾害发生的频度之间有什么关系?
3. 如何有效保护地球家园?
4. 学习和研究防灾减灾有什么意义?
5. 公众防灾减灾的重要性是什么?
6. 学校防灾减灾的重要性是什么?

第 2 章　地震灾害

2.1　地震概述

地球在整个地质时期都经受过地震,文字记载可追溯到过去几千年。在我国,学者们从很早以前的历代王朝文献、文学作品及其他来源都可以得到地震证据。《竹书纪年》是我国最早的编年史书,其中载有公元前 1831 年山东泰山的一次地震,而更早的地震记录包括象形文字记载是在中东和阿拉伯地区。历史上的一些大地震导致了一些最重大的灾难,在瞬间造成巨大的破坏。古代世界的七大奇迹都毁于地震灾害:埃及的大金字塔(The Great Pyramid of Giza),巴比伦的空中花园(Hanging Gardens of Babylon),亚历山大灯塔(The Lighthouse of Alexandria),阿特米斯(月亮女神)庙(The Temple of Artemis at Ephesus),卡里亚王陵(The Mausoleum at Halicamassus),阿波罗青铜巨像(The Colossus of Rhodes),奥林匹亚宙斯雕像(The Status of Zeus at Olympia)(引自陈颙等著《自然灾害》)。

据统计,地球上每年大约发生 500 多万次地震,其中,人能感觉到的有 5 万次左右,造成破坏的约有 800 次,7 级以上造成严重灾害的有 10 次左右。

我国是个多地震的国家,也是受地震灾害最深重的国家之一。从 1966—1976 年的 10 年间,我国大陆地区共发生了 14 次 7 级以上地震,其中 12 次发生在华北北部和西南的川滇地区,强烈地震给我国人民生命财产和社会发展造成了严重的损失。例如,1976 年 7 月 28 日发生在河北唐山的 7.8 级大地震,死亡人数达 24.2 万之众;2008 年 5 月 12 日发生在四川汶川的 8.0 级地震,造成了重大人员伤亡和财产损失,截至 2008 年 9 月 25 日,汶川地震已确认遇难 69229 人,失踪 17923 人,374645 人受伤,直接经济损失超过 8451 亿元。

2.1.1　地震发生原因及活动特点

2.1.1.1　发生原因

什么是地震？这是人们一直在思考、探索的问题。现在，多数人认为地震是由地下岩石的突然断裂而造成的。地球内部的不断运动造成地壳大规模变形是地震根源，地表岩石的大规模迅速错动是强烈地动的原因。由于地球不断运动和变化，逐渐积累了巨大的能量，在地壳某些脆弱地带造成岩石突然发生破裂，或者引发原有断层的错动，就发生了地震。地震绝大部分发生在地壳中。

尽管科学家们到目前为止仍无法给出确定的答案，但经过100多年的不懈努力，也产生了一些著名的地震模型，弹性回跳模型即是其中之一。1911年，瑞德（Reid）根据1906年旧金山地震前后的大地测量资料的分析，提出了地震弹性回跳理论，认为当断层两侧的应变力大于岩石所能承受的程度时，即产生破裂而发生地震。

最早对地震的科学认识始于我国东汉公元132年张衡候风地动仪的出现（图2-1）。候风地动仪是基于这样一种对于地震的本质性的科学理解，即地震是一种远方传过来的地面震动。而这一概念建立了地震和地震波的直接联系，这一概念直到18世纪才被西方科学家所重新确认。候风地动仪的出现以及它所基于的这样一种科学思想实际上代表了地震科学的开始。而现代地震学则开始于19世纪末精密地震仪的出现。1906年发生的美国旧金山大地震，为理解什么是地震提供了直接的观测资料。旧金山大地震发生在美国加州圣安德烈斯断层上，地震时，断层两盘发生了3～4 m的右旋错动（站在断层的一盘上，观测另一盘的运动，向右就叫做右旋运动，向左叫做左旋运动），垂直于断层的农场的篱笆明显被错开了3～4 m的距离。

地震和地球深部结构有关，大陆新生代挤压区、拉张裂陷区和稳定大陆具有不同的地壳上地幔结构，与之相应的不同地区有不同的地震活动特征。人们推测在一些地震多发区的地壳下面存在着异常地幔。在拉张盆地的上地壳中广泛分布着铲状断裂和大地震后地面大规模塌陷，表明地壳上地幔中存在着垂直力源。因此，在盆地中分布和发生的地震很难用断层弹性回跳理论解释。

大地震发生在10 km以下的地壳深处，岩石如何能快速移动呢？地壳介质尽管存在裂纹，但摩擦力很大，裂纹不会扩展。只有存在流体，减少了摩擦，形成近似自由面，才能发生断裂现象。因此，探讨震源流体机制、流体的来源和分布是研究地震成因的关键。

将地球内部流体研究作为重大的科学问题提出是最近10年的事情。研究表明，流体在地球演化过程中扮演了十分重要的角色，地震流体主要来自震源下部的地壳和上地幔。地下介质的不均匀性是地震发生的重要条件。地壳和上地幔存在着含水岩石和流体包裹体,高浓度含多种重金属元素的卤水;还有大量喷出的热流体及非生物成因的天然气体,另外,冰山和岩浆演化中的挥发流体也都属于地震流体。

图 2-1　张衡候风地动仪(来源:http://hanyu.iciba.com/wiki/uploads)

　　根据地壳深部构造和深部流体的研究,科学家们提出了新的地震成因模型,岩体势—动转换模型,简称地震流体成因说。认为当地壳内存在分布不均匀的流体时,弹性应变能或重力势能的突然释放使错动的岩体获得较大的加速度和动能而发生地震,用此模型可以解释前震、余震和地震的迁移,大地震的流体活动前兆等现象,以及不同构造地区地震分布发生的规律。

　　2.1.1.2　地震的活动性特点

　　地震活动性是指在一定时间、空间范围内地震发生的强度、频度、时间和空间等方面的分布规律和特征。

　　全球地震活动在空间上的分布是有规则的,表现出地震发生与地质构造有密切的关系。世界地震活动存在三大地震带,一是环太平洋地震带,二是欧亚地震带,三是在各大洋中绵延数万千米的海岭地震带,与海区大破裂带相依附。

　　地震的深度变化可以从几千米到 700 余 km,地震的深浅与地质构造也密切相关。深度达几百千米的深源地震通常都分布在岛弧区。

　　地震发生的频次与地震的大小密切相关,震级越小的地震,发生的次数就越多。

据统计,全球平均每年发生 7.8 级以上地震约 2 次,7.0~7.7 级地震约 17 次,6.0~6.9 级地震约 100 次,5.0~5.9 级地震 800 余次,4.0~4.9 级地震 6000 余次,3.0~3.9 级地震 5 万余次。

　　我国是全球大陆地震活动最活跃的地区。20 世纪我国发生 7 级以上地震 116 次,约占全球地震的 6%,其中大陆地震 71 次,约占全球大陆地震的 29%(图 2-2)。

　　我国最早的地震记录可追溯到公元前 1831 年,至今共记录有 6 级以上强地震 800 多次,遍布于除浙江、贵州以外的所有省份。就浙江、贵州两省而言,也都发生过 5~6 级的中强震。自有记载以来,我国 8 级以上的特大地震共发生 21 次,其中台湾有 2 次 8 级地震,其余的 19 次均发生在大陆地区。20 世纪全球发生 8.5 级以上的特大地震仅 3 次,分别为 1920 年我国宁夏海原 8.6 级、1950 年我国西藏察隅 8.6 级和 1960 年智利 8.5 级地震。

　　我国地震活动具有时、空分布不均匀性特点。我国的强地震活动在时间上具有活跃—平静的交替出现的特征。活跃期和平静期的 7 级以上地震年频度比为 5:1。1901—2000 年的 100 年间,我国大陆经历了 5 个地震活动相对活跃期和 4 个地震活动相对平静期,其时段划分大致为:1901—1911 年、1920—1937 年、1947—1955 年、1966—1976 年和 1988—2000 年为相对活跃期,1912—1919 年、1938—1946 年、1956—1965 年和 1977—1987 年为相对平静期。台湾地区强震活动与大陆地区地震活跃期发展进程具有准同步性。

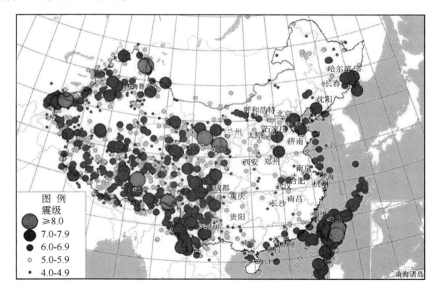

图 2-2　20 世纪我国破坏性地震分布图(来源:www.xinan.gov.cn)

　　我国地震活动空间不均匀性最明显的特征是强震活动分布相对集中。台湾地区是我国地震活动最为强烈的地区。20 世纪台湾发生 7 级以上地震 41 次,占我国 7 级以上地震总数的 35％。在大陆地区,以东经 107°为界,以西地区由于直接受到印度洋板块的强烈挤压,地震活动的强度和频度均大于东部地区。20 世纪我国大陆发生 7 级以上浅源地震 64 次,其中东经 107°以西地区 56 次,占 87.5％,其释放的地震能量占 95％以上。

　　此外,我国地震还有震源浅的特点。除东北和台湾一带少数中、深源地震外,绝大多数地震的震源深度在 40 km 以内,尤其是东部地区,震源更浅,一般都在 10～20 km 的深度范围。

2.1.2　地震相关概念

　　示意图如图 2-3 所示。

　　震源:指地球内部发生地震的地方。

　　震源深度:将震源视为一点,此点到地面的垂直距离,称为震源深度。

　　震中:震源在地面上的投影点,称为震中。

　　极震区:地面上受破坏最严重的地区。

　　震中距:从震中到地面上任何一点的直线距离。

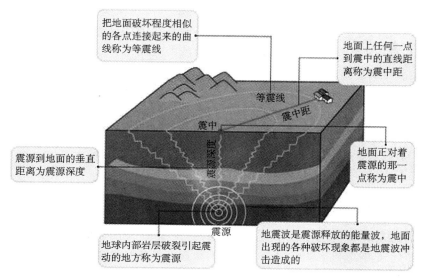

图 2-3　地震相关概念示意图(资料来源:普通高中课程标准实验教科书)

　　主震:地震系列中最大的一次地震。

　　前震:主震前的一系列小地震。

余震：主震后的一系列地震。

主震型：有突出主震的地震序列。

震群型：没有突出的主震，主要能量通过多次震级相近的地震释放出来。

孤立型：只有极少前震或余震，地震能量基本上通过主震一次释放出来。

地震波：地震波是由地震震源发出的在地球介质中传播的弹性波。地震波是目前我们所知道的唯一能够穿透地球内部的波。

地震发生时，地下岩层断裂错位释放出巨大的能量，激发出一种向四周传播的弹性波，这就是地震波。震源发出的地震波会通过地球介质向各个方向传播，因此，我们可以在世界各地通过地震仪记录到地震。人们对地球内部的认识就是从地震波得来的。

地震波主要分为体波和面波。体波可以在三维空间中向任何方向传播，又可分为纵波和横波。纵波（又称 P 波）指振动方向与波的传播方向一致的波，到达地面时人感觉颠动，物体上下跳动。横波（又称 S 波）指振动方向与波的传播方向垂直的波，到达地面时人感觉摇晃，物体会来回摆动。纵波在地球内部传播速度大于横波，所以地震时，纵波总是先到达地表。这样，发生较大的地震时，一般人们先感到上下颠簸，过数秒到十几秒后才感到有很强的水平晃动。当体波到达岩层界面或地表时，会产生沿界面或地表传播的幅度很大的波，称为面波。

纵波是推进波，地壳中传播速度为 5.5～7.0 km/s，最先到达，它使地面发生上下振动，破坏性较弱。横波在传播时，质点的运动方向与横波的传播方向互相垂直，介质中产生剪切应力，为剪切波。由于流体不能承受剪切应力，因此，横波只能在固体传播，不能在液体和气体中传播。纵波和横波的速度由介质的密度和弹性常数决定。横波在地壳中的传播速度为 3.2～4.0 km/s，第二个到达，它使地面发生前后、左右抖动，破坏性较强。面波是由纵波与横波在地表相遇后激发产生的混合波，其波长大、振幅强。面波是沿地球表面附近传播的一种弹性波，面波传播的速度比体波慢，是造成建筑物强烈破坏的主要因素。最重要的面波有两种：Rayleigh 波（R 波）和 Love波（L 波），它们的命名是为了纪念发现者，即英国科学家 Lord Rayleigh 和 A. E. H. Love。

2.1.3　地震波的应用

利用地震波的一个重要方面是地震勘探。地震勘探的历史可以追溯到 19 世纪中叶。在 1845 年马利特就曾用人工激发的地震波来测量地壳中弹性波的传播速度，而在第一次世界大战期间，交战双方都曾利用重炮后坐力产生的地震波来确定对方的炮位，这些可以说是地震勘探的萌芽。由于地震勘探具有其他地球物理勘探方法所无法达到的精度和分辨率，所以在石油和其他矿产资源的勘探中，用地震波进行勘探是最主要和最有效的方法之一。各种矿产资源在构造上都会具有某种特征，如石油、天然气只有在一定封闭的构造中才能形成和保存。地震波在穿过这些构造时会产生反射和折射,通过分析地表上接收到的信号,就可以对地下岩层的结构、深度、形态等做出推断,从而可以为以后的钻探工作提供准确的定位。

利用地震波还可以为国防建设服务。如监测地下核爆炸。地下核爆炸和地震一样也会产生地震波,会在各地地震台的记录上留下痕迹。而地下核爆炸和天然地震的记录波形是有一定差异的,因此,根据其波形不仅可以将它与天然地震区分开来,而且可以给出其发生时间、位置、能量等。

2.1.4　地震类型

引发地震的原因是多方面的,因此地震的类型也是多样的,但一般分为 5 类:即构造地震、火山地震、塌陷地震、诱发地震和人工地震。

构造地震　在构造运动作用下,当地应力达到并超过岩层的强度极限时,岩层就会突然产生变形,乃至破裂,将能量一下子释放出来而引起的大地震动。构造地震是地下深处岩层错动、破裂所造成的地震。全世界地震中,90%以上是构造地震。构造地震破坏性最大,影响范围较广。

火山地震　火山爆发后,由于大量岩浆损失,地下压力减少或地下深处岩浆来不及补充,出现空洞,引起上覆岩层的断裂或塌陷而产生的地震。只有在火山活动区才可能发生火山地震,火山地震数量不多。现代火山带如意大利、日本、菲律宾、印度尼西亚等较容易发生火山地震。

陷落地震　由于地下溶洞或矿山采空区的陷落引起的局部地震。陷落地震是重力作用的结果,规模小,次数更少。1935 年,广西百寿县曾发生塌陷地震,崩塌面积约 40000 m²,地面崩落成深潭,声闻数十里,附近屋瓦出现震动。1972 年 3 月,在山西大同西部煤炭采空区大面积顶板塌落引起了地震,其最大震级为 3.4 级,震中区建筑物有轻微破坏。

诱发地震　由于水库蓄水、油田注水等活动而引发的地震。由于水库蓄水量的增加,造成应力分布不均和局部压力增大,致使岩层承受不住外部附加的压力发生断裂、错动造成地震。如我国的新丰江水库、丹江口水库曾发生过中小地震。其中,最大震级是新丰江水库 1962 年的地震,达到 6.1 级。

人工地震　地下核爆炸、炸药爆破等人为引起的地面震动。

地震分类还可按以下几个方面进行划分。

(1)按震源深度不同分类

浅源地震:震源深度小于 70 km;

中源地震:震源深度为 70～300 km;

深源地震:震源深度大于 300 km。

全世界 90％的地震震源深度都小于 100 km,仅有 3％的地震是深源地震。

(2)按震级大小不同分类

微震:1 级≤震级<3 级的地震;

小[地]震:3 级≤震级<4.5 级的地震;

中[地]震:4.5 级≤震级<6 级的地震;

强[地]震:6 级≤震级<7 级的地震;

大[地]震:震级≥7 级的地震;

特大地震:震级≥8 级的大地震;

有感地震:震中附近的人能够感觉到的地震;

破坏性地震:造成人员伤亡和经济损失的地震;

严重破坏性地震:造成严重的人员伤亡和财产损失,使灾区丧失或部分丧失自我恢复能力的地震。

(3)按震中距大小不同分类

地方震:震中距小于 100 km;

近震:震中距 100～1000 km;

远震:震中距 1000 km 以上。

2.1.5　地震震级和烈度

表示地震大小基本有两种方法,一种是利用地震震级表示地震的大小;另一种是根据地震造成的破坏程度确定地震的大小的烈度表示。

地震作为一种自然现象,它有大有小,大可以大到山崩地裂、房倒屋塌,小可以小到人体根本感觉不到,只有灵敏的仪器才能记录到。如何表示地震的大小呢?用地震所释放的能量来表示地震的大小,用地震的震级 M(magnitude)表示地震所释放的能量的大小,震级大的地震,释放的能量就多。

地震发生后,人们首先关心的问题是:这是多大的地震? 如果回到几百年前,我们肯定得不到像"×级地震"的类似答案,而是一系列关于地震破坏的宏观描述,犹如明史中记载的陕西华县地震:"……地裂泉涌,中有鱼物,或城郭房陷入地中……官吏、军民压死八十三万有奇。"也就是说,那个时候,我们只能根据地震的破坏程度——烈度来估计地震的大小。烈度不仅受人的主观影响,还与震区的地质、建筑条件等因素有关,因此,烈度并不能定量地度量地震大小。

2.1.5.1　震级

震级是指地震大小,地震愈大,震级数字也愈大。目前,世界上最大的震级为9.5 级。

(1)地震的几种不同震级

虽然表征地震大小的震级只有一个,但由于震级标度不一致,因此,经常看到同一个地震有几个震级。

国际地震界均采用大写字母 M 加小数点后一位数字的方式来发布震级,以便于公众理解和媒体发布。

常用的表示震级标度的有:里氏震级(M_L)、面波震级(M_S)、体波震级(M_b)及矩震级(M_w)。

里氏震级 M_L 是里克特在 1935 年提出来的。它是以地震仪所记录到的地震波振幅为基础。当地震震源大小一定时,距离震源愈远震波的振幅就愈小;当与震源的距离一定时,则震波的振幅与震源的大小成正相关。

里氏震级被定义为:一台标准地震仪(当时叫做伍德—安得生(Wood-Andersion)式地震仪,自由周期 0.8 s,倍率 2800 倍,阻尼常数 0.8),在距离震中 100 km 处所记录的最大振幅 A(以 μm 计)的对数值:

$$M_L = \log(A) \tag{2-1}$$

显然,100 km 外发生地震,地震仪记录真实地动为 1 μm,则该地震为零级地震。同样,从里氏震级的定义可以知道,如果地震和台站之间距离不变,地震震级大 1 级,地震产生的震动的振幅大 10 倍;震级大 2 级,振幅大 100 倍;震级大 3 倍,振幅大 1000 倍,依次类推。

但是地震并非都发生在距离测站 100 km 处,因此,在计算地震震级时,我们必须考虑震中距 Δ(即震中与台站之间的距离,以度为单位)的修正,则式(2-1)可以修正为:

$$M_L = \log(A) + 2.56\log(\Delta) - 5.12 \tag{2-2}$$

里氏震级的出现,第一次把地震大小变成了可测量、可相互比较的量,为地震学的定量化发展奠定了基础。时至今日,伍德—安德森地震仪早已绝迹,成为博物馆的陈列品。但人们为了保持地震记录的对比和延续性,很多小地震仍会通过仪器的模拟仿真,计算出里氏震级。

伍德—安德森地震仪是一种短周期地震仪(周期为 0.8 s),它可以较好地记录短周期地震波。但地震波在传播过程中,由于高频地震波(即短周期波)的衰减速度要远远大于低频地震波,当地震仪距离震中较远时,这种地震仪的记录能力变得有限。1945 年,地震学家古登堡发明了面波震级 M_S,M_S 可以远距离记录地震,这就弥补了里氏震级的不足。其中,s 表示面波(surface wave),它是根据周期约为 20 s 的面波大小确定的地震震级。1966 年,苏黎世国际地震学会上进一步扩展了里氏震级,计算面波震级(M_S)时,应考虑最大振幅之外,还须考虑周期 T 和震中距离:

$$M_S = \log(A/T) + 1.66\log(\Delta) + 3.3 \tag{2-3}$$

但当地震的震源深度较深的时候,激发的面波不显著。所以,古登堡还发明了体波震级 M_b,b 表示体波(body wave),它是根据地震波的体波(通常是 P 波)的大小确定的地震震级。几乎所有的地震,无论距离远近、震源深度,还包括核爆炸,都可以在地震图上较清楚地识别 P 波,因此 M_b 具有广泛的应用,美国地质调查局(USGS)对外公布的很多震级就是 M_b。

1977 年,加州理工学院的金森博雄(Hiroo Kanamori)教授发展出由地震矩(M_0)计算地震的矩震级 M_W 的方法。该标度能更好地描述地震的物理特性,如地层错动的大小和地震的能量等。其中 $M_0 = uAD$(u 是剪切模量,A 是破裂面的面积,D 是地震破裂的平均位错量)。从公式看,地震破裂面面积越大,位错量越大,释放的能量也就越多。正因为如此,矩震级不会像其他震级一样存在饱和问题。这种发展基于两个原因:第一,里氏震级是一种测量震级,而矩震级则是考虑地震机理的物理震级;第二,里氏震级难以测量特大地震。当 $M_W < 7.25$ 时,矩震级 M_W 的测量结果与用里氏面波测量的震级 M_S 的测量结果基本一致;但当 $M_W > 7.25$ 时,面波震级 M_S 开始出现"饱和",也就是测量出的面波震级 M_S 低于能反映地震真实大小的矩震级 M_W。而当 $M_W = 8.0 \sim 8.5$ 时,M_S 达到完全饱和,也就是此时无论 M_W 如何增大,测量出的面波震级 M_S 不再跟着增大。所以,当测定大地震的震级时,如果采用 M_W 以外的其他震级标度,则会由于震级饱和而低估地震的震级。

目前,矩震级已成为世界上大多数地震台网和地震观测机构优先推荐使用的震级标度。不过,由于世界各国有各自的震级研究历史和计算公式,各国对外公布的震级标度还未统一。我国对外公布的震级大多是面波震级而不是矩震级。如 2011 年 3 月日本大地震,我国公布的是面波震级 8.6 级,美国公布的是矩震级 9.0 级。

2004 年 12 月 26 日,印度尼西亚苏门答腊以西海域 $M_S 8.7$ 级地震,引发海啸,冲击了印度尼西亚、斯里兰卡、印度、泰国、孟加拉国、马尔代夫、索马里、马来西亚、缅甸、坦桑尼亚、塞舌尔、肯尼亚等印度洋及其沿岸十几个国家,死亡人数超过 28 万。世界各大媒体争相报道,各著名地震研究机构纷纷发表评论,其中很引人注目的一条消息来自美国地质调查局:按照矩震级 M_W 排序,这次特大地震为 20 世纪以来,名列 1960 年智利 9.5 级,1964 年阿拉斯加威廉王子海湾 9.2 级,1957 年阿拉斯加安德烈诺夫岛 9.1 级地震之后,与 1952 年堪察加 9.0 级地震并列第四。比如 1960 年智利大地震,测定的矩震级 $M_W = 9.5$,而面波震级已经饱和,仅为 8.5。

(2)为什么要修订震级

理论上,一次地震,同一震级标度的震级只有一个。实际上,除了经常出现不同的国家、机构所报道的震级不一致现象外(如 2001 年中国昆仑山口西地震,中国的测定结果是 $M_S = 8.2$,而美国的测定结果是 $M_S = 8.0$),还经常有修订震级的情况发生(如 USGS 对 2011 年 3 月 11 日日本地震测定的矩震级,先从 8.8 修正到 8.9,3 月

14 日又修正为 9.0)。

　　不同的国家、机构所利用的台站资料是有差别的,这都会影响震级测定结果。台站资料的差别主要包括:①由于台站的台基、所使用仪器不同,震级相差是可能的;②由于地震产生的地震波辐射具有方向性,处于不同方位、震中距的地震台站测得的震级也会有较大差别。针对 2011 年 3 月 11 日的日本地震,我国使用的是中国地震台网,它们全都分布在日本的西侧,震中距也有限;而美国利用的是全球地震台网(GSN),它们分布在全球各地,覆盖得更合理、均匀,因此,理论上美国的震级测定相对准确。

　　地震发生后,几乎所有人都希望快速了解地震概况,各机构抢在第一时间向政府和公众报告,这样所做的地震速报,要求时间性强,利用的台站数量往往有限。随着研究工作的开展,更多台站加入到震级计算的阵营中,台站分布也变得更均匀、合理,研究人员也有更充裕的时间去挑选优秀的地震波,进行更细致的计算,震级的测定因此也随时间的推移而不断修正。一般修正过程会持续半年、甚至一年,直到全球的资料汇集后测定,才算最终结果。例如,日本气象厅对 2011 年 3 月 11 日的大地震在几次修订震级后,仍然在 9.0 级时说明这是"interim value"(临时数据)。

　　(3)地震释放的能量 E 与震级 M 的关系

　　地震释放的能量 E 与震级 M 的关系式为:

$$\log E = 11.8 + 1.5M \tag{2-4}$$

　　因此,震级每增大一级,地震的能量就大 $10^{1.5}$(约 31.6)倍,震级每增大两级,地震的能量就大 10^3(1000)倍。

　　地震的能量到底处于什么数量级上呢? 我们可以来做几个比较。如果把 1945 年美国投在日本广岛的原子弹(相当于 2 万 t 标准 TNT 炸药)埋在地下十几千米处让它爆炸,相当的震级是 5.5 级;而唐山地震则相当于 2800 颗这样的原子弹在地下爆炸。由表 2-1 可见,地震作为地球上的一种自然现象,它的能量对于人类社会乃至整个自然界的影响都是相当大的。

表 2-1　地震震级和能量

震级	相当能量的 TNT 炸药量(万 t)	相当于 2 万 t 标准 TNT 炸药量的原子弹的数目
5.5	2	1
6.0	12	6
7.0	360	180
7.8	5600	2800
8.0	11200	5600

2.1.5.2　地震烈度

地震烈度是指地面及房屋等建筑物受地震破坏的程度。对同一个地震,不同的地区其烈度大小是不一样的。距离震源近,破坏就大,烈度就高;距离震源远,破坏就小,烈度就低。包括中国在内的大多数国家采用 12 级烈度表(表 2-2)。

表 2-2　地震烈度表

Ⅰ度	人无感觉,只有仪器能记录到
Ⅱ度	
Ⅲ度	夜深人静时人有感觉
Ⅳ度	睡觉的人惊醒,吊灯摆动
Ⅴ度	
Ⅵ度	器皿倾倒、房屋轻微损坏
Ⅶ度	房屋破坏,地面裂缝
Ⅷ度	
Ⅸ度	房倒屋塌,地面破坏严重
Ⅹ度	
Ⅺ度	毁灭性的破坏
Ⅻ度	

汶川地震的震级达到 8.0 级,属于特大地震,震中烈度达到 11 度,属于毁灭性的破坏程度。1976 年唐山地震,震级为 7.8 级,属于大地震,震中烈度为 11 度,属于毁灭性的破坏程度。受唐山地震的影响,天津市地震烈度为 8 度,北京市烈度为 6 度,而石家庄、太原等地为 4~5 度。

2.1.6　地震活动带

全球主要地震活动带有 3 个,如图 2-4 所示。

2.1.6.1　环太平洋地震带

即太平洋的周边地区,包括南美洲的智利、秘鲁,北美洲的危地马拉、墨西哥、美国等国家的西海岸,阿留申群岛、千岛群岛、日本列岛、中国台湾、琉球群岛,以及菲律宾、印度尼西亚和新西兰等国家和地区。这个地震带是地震活动最强烈的地带,全球约 70% 的地震发生在该地带。

2.1.6.2　欧亚地震带

该地震带从欧洲地中海经希腊、土耳其、中国的西藏延伸到太平洋及阿尔卑斯山,也称地中海—喜马拉雅地震带。这个带全长 20000 多 km,跨欧、亚、非三大洲,占全球地震的 15%。其地震分布的特点是比较分散,不像环太平洋地震带那么集中、规则。

2.1.6.3 洋脊地震带

沿着各大洋洋中脊分布,约占 5% 左右。

全球还有 10% 的地震不是那么有规律,而是分布在这些地震带之外,离板块边界相当远的地方。就是所谓的"板内地震"。

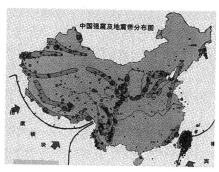

图 2-4　全球地震分布(来源:http://image.baidu.com)

我国位于世界两大地震带——环太平洋地震带与欧亚地震带之间,受太平洋板块、印度洋板块和菲律宾海板块的挤压,地震断裂带十分发育。20 世纪以来,我国共发生 6 级以上地震近 800 次,遍布除贵州、浙江两省和香港特别行政区以外所有的省、自治区、直辖市。是世界上多地震的国家,也是受地震灾害最严重的国家之一。

我国地震活动频度高、强度大、震源浅、分布广,是一个震灾严重的国家。1900年以来,我国死于地震的人数达 55 万之多,占全球地震死亡人数的 53%;1949 年以来,100 多次破坏性地震袭击了 22 个省(区、市),其中涉及东部地区 14 个省份,造成27 万余人丧生,占全国各类灾害死亡人数的 54%,地震成灾面积达 30 多万 km²,房屋倒塌达 700 万间。地震及其他自然灾害的严重性构成中国的基本国情之一。

我国的地震活动主要分布在 5 个地区的 23 条地震带上。这 5 个地区是:①台湾省及其附近海域;②西南地区,主要是西藏、四川西部和云南中西部;③西北地区,主要在甘肃河西走廊、青海、宁夏、天山南北麓;④华北地区,主要在太行山两侧、汾渭河谷、阴山—燕山一带、山东中部和渤海湾;⑤东南沿海的广东、福建等地。

我国大陆中部有一条纵贯南北的地质构造带,被统称为贺兰—川滇南北构造带,也称中国南北地震带。所谓南北地震带,是一条纵穿我国大陆、大致南北方向的地震密集带,从宁夏经甘肃东部、四川西部,直至云南省。这一地震带一直受到地震地质学界的关注。历史上高强度的大地震在这一地震带频发,7 级以上的地震非常多。1921 年发生在宁夏海原的 8.6 级大地震就发生在这一地震带上,地震直接和间接导致的死亡人数达 24 万之多。这一地带之所以频发大地震,是因为它处于两大构造域之间,即处于太平洋构造域与青藏构造域之间。这条带上集中了我国有历史记录以来一半的 8 级以上大地震。2008 年 5 月 12 日 14 时 28 分,四川省汶川县发生的 8.0 级地震就发生在这个带上。

2.1.7　地震过程

尽管人们所感觉到地震往往发生在转眼之间,但实际上,地震从孕育、发生到震后的调整通常都要经历一定的时间过程。可以按其物理性质的差异,将它们划分为孕震、临震、发震和余震四个阶段。

孕震阶段——即地应力的积累阶段。这一阶段中,孕震地区的岩石地球物理性质将会发生一系列异常变化,岩石中会出现微弱的变形和变位。

临震阶段——震源区的应力积累已经极为接近失稳状态。此时可出现地形变异常、地震波速异常、地磁和地电异常,以及地下水和动物活动异常等各种现象。

发震阶段——震源区的岩石将出现大规模破裂,或地震断层的闭锁段突然断开并发生弹性回跳,同时释放出大量应变能,引起地壳的强烈颤动。

余震阶段——在此阶段的前期,剩余的应变能还将继续释放,岩石进一步破裂并产生一些小震;至其后期,地震活动将逐渐趋于平静,地磁、地电、地下水等活动也将恢复正常。

延伸阅读

汶川大地震爆发的地质背景——板块运动造成汶川地震

专家认为,印度洋板块向亚洲板块俯冲,造成青藏高原快速隆升。高原物质向东缓慢流动,在高原东缘沿龙门山构造带向东挤压,遇到四川盆地之下刚性地块的顽强阻挡,造成构造应力能量的长期积累,最终在龙门山北川—映秀地区突然释放,爆发了罕见的汶川特大地震。

汶川地震震中区映秀镇的灾情如图 2-5a 所示,三分之二的房屋垮塌,全镇 1.6 万常住人口中死亡 6566 人、失踪 4432 人(资料来源 http://s11.sinaimg.cn)。

龙门山的位置刚好是在四川盆地边缘。从龙门山断裂带构造位置图上(图 2-5b)可以看出,龙门山在这个地方,形成一个"Y"字形,而汶川地震就发生在这个"Y"字形的交点。由于印度洋板块不断向西推进,迫使青藏高原的物质向东和向东南运移,而四川盆地正是一块刚体,阻隔着物质的东流。汶川地震就处在"Y"字形的腹地。这一条龙门山大断裂在历史上也是地震频频发生的地方,在龙门山地震刚好是地壳强烈变化的地带,这里是几条断裂带相交的部分,所以非常复杂。

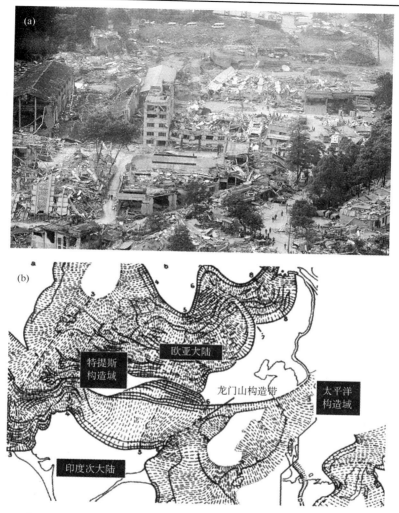

图 2-5　汶川地震震中区映秀镇(a);汶川地震位于龙门山构造带(b)
(资料来源:www.chla.com.cn)

地震成因

　　印度洋板块向亚洲板块俯冲,造成青藏高原快速隆升导致地震。高原物质向东缓慢流动,在高原东缘沿龙门山构造带向东挤压,遇到四川盆地之下刚性地块的顽强阻挡,造成构造应力能量的长期积累,最终在龙门山北川—映秀地区突然释放。逆冲、右旋、挤压型断层地震。四川特大地震发生在地壳脆—韧性转换带,震源深度浅,持续时间较长,因此破坏性巨大。

地震类型

汶川大地震为逆冲、右旋、挤压型断层地震。

震源深度

南段较深,达 20 km,北段较浅,为 10 km。

影响范围

包括震中 50 km 范围内的县城和 200 km 范围内的大中城市。北京、上海、天津、宁夏、甘肃、青海、陕西、山西、山东、河北、河南、安徽、湖北、湖南、重庆、贵州、云南、内蒙古、广西、海南、香港、澳门、西藏、江苏、浙江、辽宁、福建、台湾等全国多个省(区、市)有明显震感。其中以陕、甘、川三省震情最为严重。甚至泰国首都曼谷,越南首都河内,菲律宾、日本等地均有震感。

专家详析:汶川地震破坏性

汶川大地震是新中国成立以来破坏性最强、波及范围最大的一次地震,地震的强度、烈度都超过了 1976 年的唐山大地震。我国地震研究及地质灾害研究专家分析了汶川地震破坏性强于唐山地震的主要原因。

首先,从震级上,唐山地震是 7.8 级,汶川地震是 8.0 级,汶川地震稍强。

其次,从地缘机制断层错动上看,唐山地震是拉张性的,是上盘往下掉。汶川地震是上盘往上升,要比唐山地震影响大。

第三,唐山地震的断层错动时间是 12.9 s,汶川地震是 22.2 s,错动时间越长,人们感受到强震的时间越长,也就是说,汶川地震建筑物的摆幅持续时间比唐山地震要长。

第四,汶川地震波及的面积、造成的受灾面积比唐山地震要大。

第五,汶川地震诱发的地质灾害、次生灾害比唐山地震大得多。因为唐山地震主要发生在平原地区,汶川地震主要发生在山区,次生灾害、地质灾害的种类都不太一样,汶川地震引发崩塌、滑坡、泥石流等灾害,比唐山地震的次生地质灾害要严重得多。

2.2 地震灾害

2.2.1 地震灾害分类

地震灾害主要分为:地震破坏造成的直接损失,如建筑物的破坏、地表的破坏、海啸;地震破坏造成的间接损失(也称地震的次生灾害),如火灾、毒气污染、细菌污染、放射性污染等;地震破坏造成的第三次灾害,如经济影响、社会影响(心理性的次生灾害)及人畜伤亡。

2.2.1.1　直接灾害

由地震的原生现象如地震断层错动,以及地震波引起的强烈地面震动所直接造成的灾害损失。主要有以下几种。

地面破坏　如地裂缝、地塌陷、地面沉降等。例如,1605 年 7 月 13 日海南岛琼山 7.5 级地震时,琼山附近海岸 70 多个村庄被海水淹没。1976 年唐山地震时,天津市汉沽付庄全村沉陷 2.6 m,最深处达 3 m。村南池水大量流入村庄,水深可行船,严重影响村民的生活。

建筑物与构筑物的破坏　如房屋倒塌、桥梁断落、水坝开裂、铁轨变形等。

山体等自然物的破坏　如山崩、滑坡等。1970 年 5 月 31 日秘鲁安卡休州发生一次 7.6 级地震,附近的法斯卡山峰因地震发生岩崩,形成了巨大的泥石流,被泥石流淤埋的死亡人数至少有 1.8 万人,连同因地震造成建筑物倒塌而死亡的人数达 7 万人。

海啸　海底地震引起的巨大海浪冲上海岸,可造成沿海地区的破坏。例如,2004 年 12 月 6 日在印度尼西亚附近海域发生的大地震,引发了近 40 年来最大的海啸,导致印度洋沿岸地区十几万人死亡。

2.2.1.2　次生灾害

次生灾害是指直接灾害发生后,破坏了自然或社会原有的平衡、稳定状态,从而引发出的灾害。例如,河水倾溢、水坝崩塌等引起的水灾,易燃、易爆物、剧毒品等设备受损引起的燃、爆、污染,以及细菌传播、水源污染、瘟疫等,造成的间接损失。有时次生灾害所造成的伤亡和损失比直接灾害还大。强烈地震还可能导致某些机构的瘫痪,造成社会秩序的混乱,给国家和人民带来巨大的损失。主要的次生灾害有以下几种。

火灾　例如,1923 年日本关东发生的 7.9 级大地震,仅东京就有 136 处起火,使 44 万幢房屋化为灰烬,这次地震死亡人数达 14.3 万人,其中 90% 以上是被火烧死或浓烟窒息而死的。

水灾　由水坝决口或山崩壅塞河道等引起。例如,1786 年 6 月 1 日发生在我国康定南的 7.5 级地震,因山崩使大渡河截流,10 日后决口,造成几十万人死亡。

毒气泄漏　因建筑物或装置破坏等引起。

瘟疫　由震后生存环境的严重破坏引起。

2.2.2　地震灾害特点

（1）突发性。由于地震预报还处于研究阶段，绝大多数地震还不能做出临震预报，地震的发生往往出乎预料。地震的突发性使得人们在地震发生时不仅没有组织和心理等方面的准备，而且难以采取人员撤离等应急措施进行应对。强烈的地震可以在几秒或几十秒的短暂时间内造成巨大的破坏，严重的顷刻之间可使一座城市变成废墟。尤其发生在夜间的地震，后果更为严重。如唐山大地震发生在凌晨 03 时 42 分，当时人们正在酣睡，事先毫无警觉，结果伤亡惨重。

（2）破坏性大。发生在人口稠密和经济发达地区的大地震往往可造成大量人员伤亡和巨大经济损失。据有关资料记载：1556 年我国陕西华县地震死亡 83 万人；1737 年印度东部地震死亡 30 万人；1976 年我国唐山 7.8 级地震死亡 24.2 万人。

（3）影响面广。一个 7 级以上的大地震，能造成数千平方千米被破坏，一个 8 级地震，则能造成上万平方千米甚至几十万平方千米的破坏，不但人员伤亡惨重，经济损失巨大，严重影响人们的正常生活和经济活动，而且对人们的心灵也造成巨大创伤，这种创伤不是短时间能愈合的。

（4）多发性。多种续发序列在时间上和空间上构成复杂的灾害系统，形成了破坏作用在时间上和空间上的多发性。从时间上看，一次大震之后，在一段较长的时期内，灾区都受到其他多种灾害的影响，如地震的间接损失或灾害、天气异常等。从空间上看，一个强烈地震，往往在一个大范围内，造成多种灾害的破坏。

（5）破坏作用的继发性（连锁性）。地震所造成的破坏会诱发出多种灾害序列，不同环境条件下的地震灾害具有不同的形式和内涵。例如，山区地震的破坏作用往往会诱发出山崩、泥石流等灾害；平原地区震后容易受到水灾等影响；海边城市震后易受海啸袭击。另外，季节和时令对灾害序列也有影响。例如，冬季地震容易发生冻伤、火灾，夏季地震容易发生传染病、水灾。

2.2.3　影响地震破坏程度的重要因素

影响震灾大小的因素，主要来自地震本身和受震体两个方面。

（1）地震本身。由于形成震害的三要素是地震强度、频谱特性、持续时间，所以地震本身主要指以下几方面：震级、震中距离、震源深度、地震发生时间、地震类型等。

（2）地震受体因素。主要包含天然环境因素、人工环境因素和社会环境因素。天然环境因素包括地理环境、地质环境、场地环境等；人工环境主要包括居民住宅、工业建筑、各类公共设施、生命线工程以及其他人工建筑物等；社会环境主要包括城市、农村，社会文明程度，人们的知识水平、抗灾意识、应变能力、科学管理水平，震区人口密度、经济发展程度等。

2.3　防震减灾

我国是地震灾害损失最惨重的国家之一,其严重的主要原因有:

(1)全球地震大多数发生在海洋上,而对人类造成灾害的主要是发生在大陆的那些地震。我国陆地面积仅占全球的 1/14,但大陆地震占全球大陆地震的 1/3~1/4,是大陆强震最多的国家。

(2)与美国、日本相比,由于经济实力等因素,我国的建筑质量差,抗震级别低。地震时人员伤亡主要是由建筑物倒塌造成的。高质量的建筑物能够有效地减少人员伤亡。

(3)灾害意识差,依赖思想严重。增强公民的防震减灾意识,提高公民在地震灾害中的自救、互救能力十分重要。日本也是强震最多的国家,我国公民抗震意识的薄弱,是我国与日本等国最大的区别。

我国地震灾害如此严重,防震减灾任务艰巨。我国的防震减灾必须走预防为主、综合减灾的道路。预防应该包括提高抗御地震的能力,科学地开展监测预报工作,提高全社会防震减灾的意识等。

2.3.1　建筑物的抗震设防

2.3.1.1　主要工作及国外经验

所有的地震灾难基本上都是因为建筑物的抗震设防标准不足、设计不当、施工不良和使用维护不善,以及没有防灾意识造成的。因此,做好建筑物的抗震设防至关重要。主要做好以下四条工作。

一是做好抗震设防的各项基础工作。

二是提高建设工程抗震设防的监管力度。建设工程特别是重大工程在选址、设计、施工等环节上,有关主管部门严格把关,把抗震设防作为工程质量管理的重要内容。例如,对三峡工程、大亚湾核电、西气东输、青藏铁路等一系列重大工程和可能产生严重次生灾害的工程开展地震安全性评价工作。

三是地震重点监视防御区积极开展抗震能力较弱建筑物的加固工作,使抗震能力明显提高。

四是加强对农民建房和村镇公共设施抗震设防的指导。通过宣传教育,提供技术咨询等推动村镇抗震设防工作。

抗震建筑是减少地震损失最直接有效的方法。从全球的重大地震灾害调查中可以发现,95%以上的人员伤亡都是因为建筑物受损或倒塌所致,因此,提高建筑物的抗震能力非常重要。

　　国外的经验对我们的防震工作有借鉴意义。日本也是地震频发的国家,由于防震减灾意识强,日本建筑物的抗震性能普遍较高。但随着时间的推移,建筑的抗震性能会有所下降,所以日本人还十分注意定期为建筑进行"体检"。

　　日本抗震构造协会以《建筑基准法》有关条款为基础,制定了《抗震建筑的维护管理基准》,要求由在该协会注册的专业技术人员对抗震建筑进行"体检"。"体检"大致分为4类,即竣工时检查、定期检查、应急检查和详细检查。尤其值得一提的是定期检查:技术人员除每年检查抗震层外,在建筑竣工后第5年、第10年及之后每10年都对建筑进行一次全面检查,检查内容包括抗震材料的性能、抗震层外围有无阻碍建筑水平移动的物体、设备管线有无损伤等。

　　公共设施使用者众多,一旦出现问题,可能导致重大人员伤亡,所以日本尤其注意定期检查公共设施,建立了"特殊建筑定期调查报告制度"。一定规模的剧场、影院、超市、医院、学校、体育馆、美术馆和宾馆等均属特殊建筑。根据《建筑基准法》,特殊建筑需要定期由高级建筑师或经国土交通省认定的专业人员进行检查,检查的主要内容包括:建筑用地是否出现地基下沉等状况;地基、柱子、梁、墙壁、外墙、屋顶等处的构造强度是否出现老化;避难设备和避难场所的安排与维护管理状况等。

　　日本专家指出,让建筑保持其抗震性能没有一劳永逸的办法,有关方面需要长期坚持"定期体检",注意维护管理,发现问题后及时采取措施。只有这样,才能指望抗震建筑能够经受住重大地震的考验。

　　一些伊朗地震专家认为,建筑物的防震能力不仅与该建筑物的结构和地基等宏观因素有关,而且也和微观设计因素有关,如窗户玻璃的防护、书架和柜子的摆设及吊灯的设计等,必须综合考虑各种因素,才能把地震灾害减少到最低限度。

　　此外,对于办公楼以及校舍等人群较为集中的地方,伊朗有关部门也制订了一些安全措施,例如,装饰性的摆设及灯具等悬挂物体须定期检查、固定和维修;不要在文件柜等物体上放置重的或尖的物品;喇叭等内部通信系统须保证有效,以便在发生险情时尽快安排人员撤离;灭火器等消防设备须保证有效,以便在地震引发火灾时使用;应配备标明建筑物内所有房屋位置及逃生线路的地图。

2.3.1.2　建筑物抗震设防

　　我国的建筑物抗震性能不高,施工中的偷工减料导致的"豆腐渣"工程,房屋装修中对原有的房屋结构进行改造的现象都是导致建筑物倒塌的因素,会增加地震灾害的人员伤亡和损失。或许近年的大地震能给中国建房、装修敲响警钟。我们应该反思一下,我国地震损失中天灾是多少? 人为是多少?

　　地震是造成人员伤亡和财产损失最严重的灾害,因此,加强地震防震减灾非常重要,做好以下防震减灾措施非常重要。地震难以预测,区划标准也难以统一,但抗震标准可以提高,从规划、设计建造到建筑质量验收,一系列环节的监管都可以提升,管理到位才能减轻灾害造成的生命财产损失。

建筑物抗震设防就是在工程建设时设立防御地震灾害的措施。

(1)房屋结构与抗震性的关系

钢结构抗震级别　★★★★★

钢结构是以钢材为主要结构材料。钢材的特点是强度高、重量轻,同时由于钢材料的匀质性和强韧性,可有较大变形,能很好地承受动力荷载,具有很好的抗震能力。钢结构建筑的造价相对较高,目前应用不是非常普遍。

剪力墙结构抗震级别　★★★★

剪力墙指在框架结构内增设的抵抗水平剪切力的墙体。因高层建筑所要抵抗的水平剪力主要是地震引起,故剪力墙又称抗震墙。剪力墙结构在高层(10 层及其以上的居住建筑或高度超过 24 m 的建筑)房屋中被大量运用。

框架结构抗震级别　★★★

由钢筋混凝土浇灌成的承重梁柱组成骨架,再用空心砖或预制的加气混凝土、陶粒等轻质板材作隔墙分户装配而成。墙主要是起围护和隔离的作用,由于墙体不承重,所以可由各种轻质材料制成。

砖混结构抗震级别　★★

砖混结构中的"砖",是指一种统一尺寸的建筑材料,也包括其他尺寸的异型黏土砖、空心砖等。"混"是指由钢筋、水泥、沙石、水按一定比例配制的钢筋混凝土配料,包括楼板、过梁、楼梯、阳台。这些配件与砖做的承重墙相结合,所以称为砖混结构。砖混结构住宅抗震性能比起上述三者相对弱一些。

居家装修也要防震,在装修中要特别注意,有些地方是坚决不能改动的,否则一旦破坏房屋的整体防震设计,在遇到地震时就极为危险。

装修中,砸掉承重墙是极其危险的做法。承重墙指支撑着上部楼层重量的墙体,在工程图上为黑色墙体,打掉会破坏整个建筑结构;承重墙上凿洞也有损于房屋的抗震性。如果在砸墙过程中看到墙体里面有钢筋就说明这面墙是剪力墙,是不允许改动的。另外,不管是房间什么墙上的门窗尺寸也不能随意拆改,扩大原有门窗尺寸或者另建门窗,也会造成楼房局部裂缝以致严重影响抗震能力,从而缩短楼房使用寿命。

一般房间与阳台之间的墙上,都有一门一窗,窗以下的墙叫"配重墙",是绝对不能动的。拆改这堵墙,会使阳台的承重力下降,导致阳台下坠。

(2)做好抗震设防三个环节

①抗震设防要求确定:制定区划图、开展地震小区划、开展地震安全性评价;

②抗震设计:按照抗震设防要求和抗震设计规范进行设计;

③抗震施工:按照抗震设计进行施工。

这就是说,在工程建设时设立防御地震灾害的措施,涉及工程的规划选址、工程设计与施工,一直到竣工验收的全过程。

做好地震区划图

地震区划图是以地震烈度或地震动参数为指标,将国土范围划分为不同地震危险程度或抗震设防等级的地图。该图是建设工程抗震设防的依据或要求,也是国家经济建设和国土利用规划不可缺少的基础资料。随着科学技术的不断进步,不同时期的区划图具有不同的内涵。

地震烈度区划图或地震动参数区划图的适用范围:①国家经济建设和国土利用规划的基础资料;②一般工业与民用建筑的抗震设防要求;③制定减轻和防御地震灾害对策的依据。

区划图的要求是一般工业和民用建筑抗震设防的最低标准,经济条件比较好的地区,可以适当提高设防标准,把房子盖得更加结实、牢固。

按抗震设防要求建房

①抗震设防要求是地震部门制定或审定的建设工程必须达到的抗御地震破坏的准则和技术指标。

②抗震设防要求综合考虑地震环境、建设工程的重要程度、允许的风险水平以及国家经济承受能力和要达到的安全目标等因素。

房子的抗震能力取决于以下三个主要环节:

①房子是否达到了抗震设防要求;

②房子是否按国家强制性标准进行了抗震设计;

③房子是否按规范标准要求严格保证施工质量。

抗震设计规范

抗震设计规范是建设工程达到抗震设防要求所遵循的原则和具体技术性规定,是抗震设计必须遵循的强制性技术规程。建设、铁路、交通、民航、水利等各行业都有抗震设计规范。

(3)哪些地方是城镇危险的居住环境

①处于高大建(构)筑物或其他高悬物下的住房:高楼、高烟囱、水塔、高大广告牌等,震时容易倒塌威胁人身安全和房屋安全;

②高压线、变压器等危险物下的住房:震时电器短路等容易起火,常危及住房和人身安全;

③危险品生产地或仓库附近:如果震时工厂受损引起毒气泄露、燃气爆炸等事故,会危及人身安全和住房。

（4）农村和山区建房应该注意的问题

①大力普及建筑抗震知识。

②建造房屋时首先要选择安全的场地,对房屋的地基和基础进行处理。避免在滑坡、滚石常现和可能出现的地方建造房屋;对房屋的地基和基础进行处理,使之坚固,防止房屋产生不均匀沉降。

③建筑物的结构选型特别重要。汶川地震和其他地震震害表明,土结构抗震能力最弱,土木结构和砖木结构抗震能力也比较弱。在农村民居中应该推行砖混结构。

④建筑结构承重体(墙、柱和构件)的合理设置和质量的好坏,是结构抗震能力强弱的关键。对砖混结构而言,其承重墙的砖号、砌块号、砂浆标号、块体砌法、拉结钢筋等必须要有充分的质量保证。墙体的厚度至少应达到 240 mm。构造柱也是砖混结构的承重构件之一,是房屋结构的第二道防线,当承重墙体遭到破坏后,构造柱可以起到支撑上部结构、抵御地震破坏的作用。

⑤承重墙体开门洞、窗洞要适度。农居为了采光,经常把阳面承重的窗户开得过大,致使窗间墙和门窗间墙很窄,这不利于房屋抗震。

⑥房屋非承重隔墙的厚度应在 180 mm 以上,不宜用 120 mm。否则,地震时非承重隔墙倒塌容易造成人员伤亡。

⑦楼板和屋盖板不宜用预制板,应尽可能使用现浇钢筋混凝土楼盖板,后者能使结构的整体性能大大提高。

⑧应该尽量减轻结构的重量,避免结构头重脚轻现象,这样有利于提高结构的抗震能力。

⑨房屋的立面和平面布局、房间布局要尽量规整、均匀、对称、一致,不要出现大的突变。顶层外形和房间发生突然变化的震害例子在地震中很常见,这种破坏和损失在建设中是可以避免的。

⑩把建筑物过度装修的钱,用在加强结构抗震措施方面。

2.3.2　地震的预报和预防

按距离地震发生时间,预报分为中长期预报、短期预报和震前预报。中长期预报主要通过地震和地质情况的调查研究来实施;短期预报既要靠地震和地质情况的调查研究,还要靠各种监测手段;震前预报主要靠各种监测手段。

地震监测主要是利用各种仪器设备去研究岩石中正在发生的各种物理变化。地震仪对微弱震能进行连续记录,分析研究记录,可以推断地震的发震趋势。此外,天气和动物的异常反应,地光、地声的产生,也是地震将要到来的预兆。

地震监测很重要,地震预报目前依然是全人类的未解难题,仍处于探索阶段。我国地震监测预报起步较晚。1966 年邢台地震之后,在周恩来总理的建议下,地震监测预报系统逐步发展,中国的地震工作者成功地预报了 1975 年 2 月 4 日海城 7.3 级地震,这为当时的地震监测预报系统、乃至于整个地震系统都带来了不小的惊喜,被世界科技界称为"地震科学史上的奇迹"。但却没有能预报到一年之后的唐山大地震,可见地震预报是非常困难的。

（1）地震预报是世界性难题

人类社会发展至今,人类可以乘飞机、飞船在太空中遨游,登上距地球 38.4 万 km 的月球;利用太空望远镜可以直接观测到遥远的行星。但是,在地球内部,只能活动在几米深的地下商城;深入到几十米的设施、数千米的矿井。人们能到月球上取回岩石,但还无法得到地球内部数十千米深的岩石。可谓是上天容易入地难。

陈运泰院士曾系统总结和解释过地震预报的主要困难为:地球内部的"不可入性";大地震的"非频发性";地震物理过程的复杂性。

由于地震难以预报,很多国家不太关注地震预报。例如,美国地震大多发生在西海岸山区,那里人口稀少,把房屋建得坚实作为减轻地震灾害的主要措施。一些国家把重点放在建立地震预警机制,主要是利用纵波和横波在地壳中传播速度不同造成的时间差,在地震发生后发出警报,为人们紧急避险赢得宝贵时间。例如,日本于 2006 年 8 月 1 日启用了全国地震预警系统,该系统是利用地震波中纵波和横波在地壳中传播速度不同造成的时间差,在导致破坏的横波传到地表前争取时间,发出警报。由于时间差一般只有几秒至几十秒,目前仅能帮助相关重要部门在地震波到达前采取紧急防御措施,如关闭发电站等生命线工程。该系统也对地震监测的准确性提出更高的要求,否则闪电等干扰因素都有可能导致该系统发出错误警报,并对社会稳定造成很大影响。该预警系统在 2011 年日本 9 级地震中发挥了作用。据有关报道,强震发生后,地震预警系统通过广播、电视和卫星数据传输系统发布地震警报,正常播放的电视节目被响亮的警报声打断,一些订阅了特殊预警服务的人还能通过手机和电子邮件收到警报。

（2）我国地震的监测预报水平

我国第一个地震观测台是 1930 年由著名地震学家李善邦主持建立的,位置在北京鹫峰。经过半个多世纪的奋斗,我国地震台由一个发展到几百个,目前已拥有全国基本台网,大地震速报台网,都可以由地震仪记录下来,并报送到中国地震局分析预报中心,使我国地震观测技术处于世界前列。

我国地震预报的水平和现状大体可以概括为以下几句话:对地震孕育发生的机理、规律有所认识,但还没有完全认识;对某些类型的地震能够作出一定程度的预报,但对大多数地震还不能预报;中长期预报已有一定的可信度,但短临预报的成功率还较低。

具体地说,我国在地震预报的探索方面取得了如下进展:从不同地区的大量震例总结中取得了许多前兆现象,并从中总结提炼了一系列地震预报经验。同时,有些预报经验被运用到某些地震预报的实践中,并取得了成功。较深入地研究了地震预报的判据、指标和方法,以及地震预报的技术程序,把地震预报研究向实用化方向推进了一步,形成了各地区分析预报的实用化软件。在地震预报实践上获得了某些成功,特别是在 1966—1976 年,对海城地震、龙陵地震、松潘平武地震等作出较好的预报,有效地减轻了灾害。尽管如此,目前的地震预报水平仍然是很低的,在较短的时期内,特别是短临预报仍不可能完全过关。但是,通过进一步监测预报实践和科学研究,尤其是短临预报工作,对某些破坏性地震在其发生之前作出一定程度的预测还是有可能的。

2.3.3 普及抗震救灾知识

地震危害性这么大,如何减少地震造成的损失呢? 抗震建筑是减少地震损失最直接的方法。提高公众的防灾减灾知识是最有效的方法。

多年来,美国地质调查局及教育部门一直对在校学生普及地震知识及地震灾害中自我保护的知识。加州的中小学在每个学期开始时,都要求学生准备一个地震应急包交给学校统一保管,内容包括必要的药品、干粮及与家长和外地亲属的联系方式等,以备万一。

伊朗全国的中小学每年都要举行为期一天或两天的应对地震的培训活动,深入了解有关地震的理论和实践知识。这样的培训活动由学校统一安排,一般安排在校园或公园里举行。此外,学校的所有教职员工也要接受相关的地震知识教育。

日本学校专门开设课程,教授灾害来临时应如何行动等应急常识。一些小学经常举行防震演习,教育孩子们一旦发生地震不要慌乱,要保护好头部,从容有序地躲避;有的学校还会让孩子们利用模拟地震晃动的"体验车"感受地震。

在未雨绸缪、提前预警的机制下,日本人已形成强烈的危机意识。由于地震可能引发燃气管道破裂甚至火灾,因此,一旦觉察到大地摇动,日本人就会立即关闭厨房火源,打开可出逃的门窗。

日本经常会开办一些防灾救灾展览和研讨会,有时还借助专门的防灾设施,让市民体验灾害发生时的感受,练习如何逃生和自救。东京消防厅防灾馆内有一个模拟地震室,可以逼真地模拟地震时房屋摇晃的情景。教员会向前来参观的观众讲授正确的避难方法,比如在可能的情况下先关闭煤气开关,然后采取正确姿势迅速钻到桌子下。讲解完毕,每个人都可以进入地震"现场"体验并练习自救。

9 月 1 日是日本的防灾日。每到这一天,全国各地都会组织大规模的防灾演习,其中的一项内容是演练当东京这样的大都市发生强震时,各地应如何组织或参加救灾。警钟长鸣,时常练习,地震来临时很多日本人能沉着自救,脱离险境。

　　2008 年汶川地震让我们认识了四川安县桑枣中学和校长叶志平。从 2005 年开始,桑枣中学每学期在全校组织一次紧急疏散的演习。等到特定的一天,课间操或者学生休息时,学校会突然用高音喇叭喊:全校紧急疏散! 每个班的疏散路线都是学校规划好的,每间教室有前后两个门,前几排的学生从前门撤离,后几排的学生从后门撤离,疏散时两个班合用一个楼梯,每班必须排成单列,每列走哪条通道,每个班级疏散到操场上的位置也是固定的。为了防止在楼梯间造成人流积压拥挤,堵塞逃生通道,发生意外,要求低楼层教室里的学生要跑得快些,在高楼层的学生要跑得慢些。

　　叶志平校长对老师的站位也有要求。老师不是上完课就走,而是在适当的时候要站在适当的位置,他认为适当的时候是:下课后、课间操、午饭晚饭,放晚自习和紧急疏散时——都是教学楼中人流量最大的时候;他认为适当的位置是:各层的楼梯拐弯处。拐弯处最容易发生意外,需要老师维持秩序。

　　由于平时的多次演习,汶川地震发生后全校师生经受了大地震的"实战"考验,全校 2200 多名学生、上百名老师从不同的教学楼和不同的教室,全部冲到操场,以班级为单位站好,毫发无损,用时 1 分 36 秒。

2.3.4　防患于未然应急避险场所不可少

　　资料表明,我国有 70％以上的大城市、半数以上的人口,分布在洪水、地震等灾害严重的沿海及东部地区。然而,一些城市的灾害应急能力比较脆弱,不少城市基本没有应急避险场所。一些地方即使建有应急避险场所,但大多数量过少,规模过小,或宣传不到位,市民不知如何使用,形同虚设。为了防患于未然,我国应尽快建起应急避险场所,使人民群众的生命财产安全多一份保障。

　　加强应急避险场所建设,是国际上通行的应对和预防自然灾害的有效措施。在日本,抗震性和安全性是其建设公路、铁路和公园等基础设施的重点。许多城市都有政府指定的避难"缓冲地带",一些城中绿地和街心公园的入口处都插着"地震避难所"的牌子。

　　日本很多大楼内都有避难引导图,引导图标示出自己现在所处的位置、发生灾害的逃生路线、实在出不去躲在什么地方等待救援,灭火器在什么位置。

　　东京的 23 个区都有自己的防灾计划,在什么地方避难、什么地方有水源、走在哪条街上应注意上面可能落下破碎玻璃等,也都在避难引导图上标示得清清楚楚。

　　日本人平时具有较强的防灾意识。到了一个陌生的地方,都会先观察周围环境,观察好安全通道。这样才可以做到遇事不慌,冷静应对各种灾害。

　　日本家庭都会准备"防灾袋",它结实耐用,有的具有一定的防火防水功能,里面装有水、压缩饼干、手电筒、口罩、手套、药品等多种应急用品。

延伸阅读

新西兰强震：一场不死人的 7.1 级强震

2010 年 9 月 4 日凌晨 04 时 35 分，一场 7.1 级强震在人们熟睡之际袭击了新西兰南岛最大城市克赖斯特彻奇。地震震中位于克赖斯特彻奇以西约 30 km，深度约 20 km，属浅层地震。地震持续约 40 s，之后陆续发生 29 次强度 3.7～5.4 级的余震，整个南岛以至位于北岛的首都惠灵顿都感受到震动。这次地震是新西兰近 80 年来最严重的地震，地震造成广泛破坏，多座建筑物损毁，道路桥梁严重破坏，却无人因地震而死亡，仅有两人受重伤，一人是被倒下的烟囱砸中，另一人则是被飞溅的玻璃严重割伤，堪称奇迹。相比较于一些国家强震动辄几十上百甚至更多的伤亡数字，强震不死人已经不是奇迹，而是神话。以 2010 年发生地震的国家来说，1 月遭遇 7 级强震的海地，死亡人数至少 22 万；2 月袭击智利的 8.8 级大地震，导致 500 多人丧命；4 月中国玉树 7.1 级地震，夺走 2000 多人的性命。但愿这种零死亡的事实让我们有所思考！

新西兰地处太平洋和印—澳板块之间，平均每年会发生 1 万多次地震，但一年少于 10 次会造成破坏，且一年只有约 150 次是有感地震，甚少造成伤亡。上一次发生有人死亡的地震已是在 1968 年，当时南岛的西岸发生 7.1 级地震，造成 3 人丧生。新西兰的上一次强震发生在 2009 年 7 月 16 日，当时南岛的峡湾区发生 7.8 级地震，把新西兰这个最南端地区向澳洲移了近 12 英寸①，但同样未造成人员伤亡。

一场做了 79 年准备的强震

决定新西兰强震无人死亡奇迹的原因是新西兰政府实施的严格建筑管制条规。发生于 1931 年的新西兰霍克湾 7.8 级大地震，造成 256 人丧命的灾难，让新西兰吸取了沉痛教训。也因为这场强震，新西兰政府制定了严格的建筑条规。所以，这次地震并未造成更大破坏，这无疑是个非常重要的因素。在发展中国家，楼房往往经不起晃动，一震就倒塌，可是在克赖斯特彻奇，只有郊区一些老旧的房子损毁，而大多数的房子建筑结构还是完整的。无疑，这是新西兰自 1931 年后全力防震的一次最好、最成功的验证。

虽然这起地震给南岛特别是克赖斯特彻奇市的基础设置带来了巨大的破坏，波及家家户户，包括自来水和污水处理系统、公路、大桥及供电设备，但这次地震却创造了"零死亡"奇迹，这主要归功于新西兰政府实施的严格建筑管制条规，政

---

① 　1 英寸＝2.54 cm，下同。

府对建筑物的安全标准和抗震能力规定得非常严格,对"豆腐渣"工程等质量不合格的现象都有极其严厉的惩罚措施。尽管有烟囱和房屋外墙倒塌,但建筑物的基本格局都保存完整。

新西兰无人员死亡除了该国地广人稀的自然优势外,最主要得益于该国通过不断摸索得出的一整套行之有效的抗震减灾体系。新西兰在一些重要的建筑物及桥梁上,甚至市内许多历史建筑物都加装了结构隔震减震装置。圣公会大教堂在强震中,损坏轻微,就是因为采取了这项防范措施。地震发生时,隔震装置能够有效降低地震造成的损害。

新西兰政府也十分重视对公民的防灾、减灾教育,让普通民众大都清楚地震发生后如何应对,最大限度地减少地震带来的损失。

新西兰六大经验力保"零死亡"

①隔震技术:重要建筑物均有隔震装置。新西兰隔震技术处于世界领先水平。科研人员早在20世纪60年代末70年代初就已将特制的橡胶垫用于基础隔震。目前,新西兰在一些重要的建筑物及桥梁上均采用了结构隔震减震装置。

②抗震建材:倡导木架大玻璃轻型建筑。新西兰建筑研究协会是专门研究抗震建筑的机构,其设计的木框架大玻璃轻型建筑造价不高,较能被居民广泛接受,而且这种建筑的优越抗震性能在1987年南岛里氏6.7级地震中得到充分证明。其后,在新西兰政府的大力倡导下,轻型木结构建筑方式得以全面推广,目前新西兰低层和多层住宅主要采用这种建筑方式。

③房屋质量:建筑物质量追责体系完善。新西兰政府在房屋建筑方面加强立法,严把质量关。新西兰在《建筑法》和建筑规范中对投资者、设计师以及设计图都做了具体规定,建筑师和设计师都可以监督施工。对于建筑工程的审查,《建筑法》规定投资者委托设计师进行图纸设计后,要送交有关专业部门审核,建筑物出现问题要追究建筑商、设计师、政府审查人员的责任,以促使相关人员确保安全。

④防灾教育:民众基本都知道如何避震。政府重视对公民的防灾、减灾教育。多年来,新西兰国家民防部都会印制防御各种具体灾害的宣传品,其内容包括灾害的识别、预防,以及如何自救、互救等,所有公民人手一套。经过长期的宣传普及,新西兰普通民众普遍掌握地震发生后如何应对的常识。

⑤防御机制:国家设立三级政府应急制。新西兰政府重视灾害防御工作,灾害防御机制行之有效。政府对各种自然灾害实行综合管理,专门设立了政府民防部,从中央政府到地区、地方三级政府均设有防灾减灾机构。一旦发生全国性重大自然灾害,国家进入紧急状态,国家民防总指挥部就会立即启动,地区和地方的民防指挥中心也立即投入工作。

　　⑥地震保险:被誉为最成功的灾害保险。新西兰地震保险制度被誉为全球运作最成功的灾害保险制度之一,其主要特点是国家以法律形式建立符合本国国情的多渠道巨灾风险分散体系,以政府与市场相结合的方式来尽可能分散巨灾风险。这一地震风险应对体系由三部分组成,包括地震委员会、保险公司和保险协会,分属政府机构、商业机构和社会机构。一旦灾害发生,地震委员会负责法定保险的损失赔偿;保险公司依据保险合同负责超出法定保险责任部分的损失赔偿;而保险协会则负责启动应急计划。

　　(资料来源:http://blog.sina.com.cn/gravediggersince1991)

对比中国青海玉树、云南宁洱地震

　　2010 年 4 月 14 日的青海玉树 7.1 级地震和 2007 年 6 月 3 日云南宁洱 6.4 级地震同属震中靠近城镇的中强地震。这两次地震的相关情况如表 2-3 所示。

表 2-3　云南宁洱与青海玉树地震对比

地震参数	宁洱 6.4 级地震	玉树 7.1 级地震
发震时间	2007 年 6 月 3 日 05 时 34 分	2010 年 4 月 14 日 07 时 49 分
发震地点	北纬 23.0°,东经 101.1°	北纬 33.1°,东经 96.7°
震源深度	5 km	14 km
极震区烈度	宁洱县城 8 度,县城附近的少数村庄烈度达到 9 度	玉树县城 9 度强

　　两次地震相似之处:

　　时间　两次地震都发生在凌晨时分,大多数当地居民都在睡梦中。

　　地点　两次地震的震中都靠近县城。宁洱地震的震中距离县城仅 2 km。玉树地震的震中虽然距离县城结古镇 39 km,但是玉树地震的发震断裂延伸到了县城附近。

　　区域　地震发生区域均为少数民族地区。宁洱县为哈尼族彝族自治县,而玉树为藏族自治州。

　　震害　两次地震都造成县城建筑物和城市基础设施的严重破坏,都出现了供水、供电、通信中断的震害现象。

　　两次地震差异之处:

　　人员伤亡情况　两次地震造成的人员伤亡差异较大。截至 2010 年 4 月 25 日 17 时,玉树地震造成 2220 人死亡,70 人失踪,12135 多人受伤。而宁洱地震只造成 3 人死亡,313 人受伤。

震级　玉树地震为 7.1 级,宁洱地震为 6.4 级,两者相差 0.7 级,玉树地震释放的地震波能量是宁洱地震的 13 倍左右。

民居结构　玉树土坯结构和空心砖结构房屋居多,宁洱多为木架瓦房结构。对比宁洱和玉树两次地震,除了地震破坏力大小不同外,两地居民的防震减灾意识、建筑结构形式、民居传统习惯等方面也存在着不同程度的差异。分析研究这些差异,对我国其他地区的县城如何进行防震减灾工作是具有参考意义的。

居民建筑和结构形式

玉树县地处青藏高原东部,境内平均海拔 4493.4 m,气候寒冷,是一个以牧为主、农牧结合的藏族自治县,藏族人口占全县总人口的 96％以上。玉树农村地区大部分为土坯结构和空心砖结构房屋,为了御寒屋顶普遍较重,在我国属于抗震性能最差的一类。据中国地震局现场应急工作队初步调查,极灾区结古镇的这类结构房屋几乎全部倒塌或严重破坏。

宁洱县是普洱茶的故乡,茶马古道的起点,森林资源丰富,植被覆盖率较高,气候较炎热。宁洱哈尼族的房屋一般为 2 层的木架瓦房结构,外墙为砖墙或者土坯墙。相比于玉树地区的民居,宁洱地区的木架结构房屋抗震性能良好。2007 年宁洱地震时,这类房屋的主体结构木架基本保持屹立不倒,震害主要是屋顶出现溜瓦、土坯外墙倒塌。由于木架的保护作用,土坯墙均向房屋外面倒塌,避免了向内倒塌伤人现象。房顶的瓦片主要砸落在二层,而当地居民习惯睡在楼下(一楼凉爽),二楼只是堆放一些杂物。这些都是宁洱地震伤亡较少的客观原因。

防灾意识和地震演习

宁洱县属于地震较活动的地区,平均每隔 10 年左右就会发生一次 5～6 级左右的地震。频繁的地震活动也极大地提高了当地居民的防震意识。宁洱 6.4 级地震发生的半年前,当地曾举办过地震演习,特别是中小学校开展了这类活动。如宁洱县的同心乡中学,地震发生后,住校的学生按照演习方案,在没有老师带领的情况下,自己有序地全部撤到学校操场。学生无一人受到地震伤害,也没有发生由于地震恐慌造成的拥挤现象。

相比之下,玉树地区居民的防震减灾意识则相对薄弱得多,特别是农村地区。当地的房屋结构鲜有采取抗震措施。以空心砖结构为例,这种建筑应该仅作为临时性的房屋使用。如果作为住房,需要加芯柱等抗震措施。遗憾的是,多数当地居民建房时都没有注意这点。值得欣慰的是,汶川地震的经验教训在此次地震中发挥了重要作用。以玉树民族一中为例,4 月 14 日 05 时 39 分发生的第一次 4.7 级地震,学校值班的领导和老师,觉得情况不对,组织在校的学生疏散到了操场上,成功地躲避了 2 h 后的主震袭击。这和该校平时注重安全教育密不可分,学校常常组织学生进行防震演习。

　　比较玉树地震和宁洱地震,可以发现防震减灾意识的强弱对震害程度具有决定性影响。防震减灾意识强,抗御地震灾害的能力强,灾害损失就可能较小,反之则震灾必然加重。坚持不懈的防灾意识是减轻地震灾害的先决条件。

　　(摘自刘爱文《对比玉树、宁洱地震,浅谈近城镇中强地震减灾对策》)

2.4　地震减灾知识

2.4.1　地震前兆宏观异常

　　地震前兆宏观异常现象主要有:地下水异常、生物异常、地声异常、地光异常、电磁异常、气象异常等。

2.4.1.1　地下水异常

　　地下水包括井水、泉水等。主要异常有发浑、冒泡、翻花、升温、变色、变味、突升、突降、井孔变形、泉源突然枯竭或涌出等。人们总结了震前井水变化的谚语:

　　　　　　　　井水是个宝,地震有前兆。
　　　　　　　　无雨泉水浑,天干井水冒。
　　　　　　　　水位升降大,翻花冒气泡。
　　　　　　　　有的变颜色,有的变味道。

2.4.1.2　生物异常

　　许多动物的某些器官感觉特别灵敏,它能比人类提前知道一些灾害事件的发生。例如,海洋中水母能预报风暴,老鼠能事先躲避矿井崩塌或有害气体等。伴随地震而产生的物理、化学变化(振动、电、磁、气象、水氡含量异常等),往往能使一些动物的某种感觉器官受到刺激而发生异常反应。如一个地区的重力发生变异,某些动物可通过它的平衡器官感觉到;一种振动异常,某些动物的听觉器官也许能够察觉出来。地震前地下岩层早已在逐日缓慢活动,呈现出蠕动状态,而断层面之间又具有强大的摩擦力,于是有人认为在摩擦的断层面上会产生一种每秒钟仅几次至十多次、低于人的听觉所能感觉到的低频声波。人要在每秒 20 次以上的声波才能感觉到,而动物则不然。那些感觉十分灵敏的动物,在感触到这种声波时,便会惊恐万状,以致出现冬蛇出洞、鱼跃水面、猪牛跳圈、狗哭狼嚎等异常现象。动物异常的种类很多,有大牲畜、家禽、穴居动物、冬眠动物、鱼类等。

地震前动物异常表现列举如下：

牛、马、驴、骡惊慌不安、不进厩、不进食、乱闹乱叫、打群架、挣断缰绳逃跑、蹬地、刨地、行走中突然惊跑。

猪不进圈、不吃食、乱叫乱闹、拱圈、越圈外逃。

羊不进圈、不吃食、乱叫乱闹、越圈逃跑、闹圈。

狗狂吠不休、哭泣、嗅地扒地、咬人、乱跑乱闹、叼着狗崽搬家、警犬不听指令。

猫惊慌不安、叼着猫崽搬家上树。

兔不吃草、在窝内乱闯乱叫、惊逃出窝。

鸭、鹅白天不下水、晚上不进架、不吃食、紧跟主人、惊叫、高飞。

鸡不进架、撞架、在架内闹、上树。

鸽不进巢、栖于屋外、突然惊起倾巢而飞。

鼠白天成群出洞，像醉酒似的发呆、不怕人、惊恐乱窜、叼着小鼠搬家。

冬眠蛇出洞在雪地里冻僵、冻死、数量增加、集聚一团。

鱼成群漂浮、狂游、跳出水面、缸养的鱼乱跳、头尾碰出血、跳出缸外、发出叫声、呆滞、死亡。

蟾蜍（癞蛤蟆）成群出洞，甚至跑到大街小巷。

动物反常的情形，人们也有几句顺口溜：

　　　　　　震前动物有预兆，群测群防很重要。
　　　　　　牛羊骡马不进厩，猪不吃食狗乱咬。
　　　　　　鸭不下水岸上闹，鸡飞上树高声叫。
　　　　　　冰天雪地蛇出洞，大鼠叼着小鼠跑。
　　　　　　兔子竖耳蹦又撞，鱼跃水面惶惶跳。
　　　　　　蜜蜂群迁闹哄哄，鸽子惊飞不回巢。
　　　　　　家家户户都观察，发现异常快报告。

除此之外，有些植物在震前也有异常反应，如不适季节的发芽、开花、结果或大面积枯萎与异常繁茂等。

然而，并不是动植物异常了就一定会发生地震，这也是地震难以提前预报的原因。

2.4.1.3　气象异常

地震之前，气象现象也常出现反常。主要有震前闷热、人焦灼烦躁、久旱不雨或霪雨绵绵、黄雾弥漫、日光晦暗、怪风狂起等。例如，浮云在天空呈极长的射线状，射线中心指向的位置就是地震中心的位置，这样的射线很容易被观察到。

2.4.1.4　地声异常

地声异常是指地震前来自地下的声音。其声犹如炮响雷鸣,也有如重车行驶、大风鼓荡、狂风怒吼声或山洪咆哮声、兵戈澎湃声、马达轰鸣声、响雷声或闷雷声、大树折断的咔嚓声或履带拖拉机、坦克开动时的吼叫声、撕布声等多种多样。当地震发生时,有纵波从震源辐射,沿地面传播,使空气振动发声,由于纵波速度较大但势弱,人们只闻其声,而不觉地动,需横波到后才有动的感觉。所以,震中区往往有"每震之先,地内声响,似地气鼓荡,如鼎内沸水膨胀"的记载。如果在震中区,3 级地震往往可听到地声。由于声源介质、能量、传播介质、距离、人的经历、精神状态各不相同,再加上不同地形地物的反射折射等,人们描述地声时自然就千奇百怪、各具特色了。掌握地声知识对于紧急避险防灾好处很多。

2.4.1.5　地光异常

地光异常指在地震前或地震同时在地面或在天空中出现的发光现象,形状不同,颜色各异。地震前来自地下的光亮,其颜色多种多样,可见到日常生活中罕见的混合色,如银蓝色、白紫色等,但以红色与白色为主;其形态也各异,有带状、球状、柱状、弥漫状等,也可呈闪电状、火球状、片状、条带状、柱状或探照灯状、散射状等。一般地光出现的范围较大,多在震前几小时到几分钟内出现,持续几秒钟。我国海城、龙陵、唐山、松潘等地震时都出现了丰富多彩的发光现象。地光多伴随地震、山崩、滑坡、塌陷或喷沙冒水、喷气等自然现象同时出现,常沿断裂带或一个区域作有规律地迁移,且与其他宏观微观异常同步,其成因总是与地壳运动密切相关。且受地质条件及地表和大气状态控制。

地光的发光形式不同,可分低空大气发光,电晕放电发光及地下溢出的物质流发光。地光有的不动,也有的在空间运动行走,或随时间延长不断变化。地光和地声一样,也可作为地震即刻到来的一种警报。看到地光后,马上采取果断措施是可以减轻危害的。

地光和地声是地震前或地震时从地下发出的光亮及声音,是重要的临震预报依据之一。临震前,一瞬间地声隆隆,地光闪闪,大震将至,要果断、迅速行动避险。

据报道,1976 年唐山市 7.8 级大震时,从北京开往大连的 129 次直达快车,满载着 1400 多名旅客于 03 时 41 分经过地震中心唐山市附近的古冶车站,司机发现前方夜空像雷电似地闪现出三道耀眼的光束,他果断沉着地使用了非常制动闸,进行了紧急刹车,紧接着大地震发生了,列车却稳稳地停驶下来,避免了脱轨和翻车的危险,保证了列车和广大旅客的安全。

2.4.1.6　地气异常

地气异常指地震前来自地下的雾气,又称地气雾或地雾。这种雾气,具有白、黑、黄等多种颜色,有时无色,常在震前几天至几分钟内出现,常伴随怪味,有时伴有声响或带有高温。

2.4.1.7　地动异常

地动异常是指地震前地面出现的晃动。地震时地面剧烈振动,是众所周知的现象。但地震尚未发生之前,有时感到地面也晃动,这种晃动与地震时不同,摆动得十分缓慢,地震仪常记录不到,但很多人可以感觉得到。最为显著的地动异常出现于1975年2月4日海城7.3级地震之前,从1974年12月下旬到1975年1月末,在丹东、宽甸、凤城、沈阳、岫岩等地出现过17次地动。

2.4.1.8　地表异常

地表异常有地鼓、地裂缝、地陷异常等。地鼓指地面上出现鼓包。1973年2月6日四川炉霍7.9级地震前约半年,甘孜县拖坝区一块草坪上出现一地鼓,形状如倒扣的铁锅,高20 cm左右,四周断续出现裂缝,鼓起几天后消失,反复多次,直到发生地震。与地鼓类似的异常还有地裂缝、地陷等。

2.4.1.9　电磁异常

电磁异常指地震前家用电器如收音机、电视机、日光灯等出现的异常。最为常见的电磁异常是收音机失灵,在北方地区日光灯在震前自明也较为常见。1976年7月28日唐山7.8级地震前几天,唐山及其邻区很多收音机失灵,声音忽大忽小,时有时无,调频不准,有时连续出现噪音。

电磁异常还包括一些电机设备工作不正常,如微波站异常、无线电厂受干扰、电子闹钟失灵等。

一旦发现异常的自然现象,不要轻易作出马上要发生地震的结论,更不要惊慌失措,而应当弄清异常现象出现的时间、地点和有关情况,保护好现场,向政府或地震部门报告,让地震部门的专业人员调查核实,弄清事情真相。

2.4.2　地震的微观异常

人的感官无法觉察,只有用专门的仪器才能测量到的地震异常称为地震的微观异常,主要包括以下几类。

地震活动异常　大小地震之间有一定的关系。大地震虽然不多,中小地震却不少,研究中小地震活动的特点,有可能帮助人们预测未来大震的发生。

地形变化异常　　大地震发生前,震中附近地区的地壳可能发生微小的形变,某些断层两侧的岩层可能出现微小的位移,借助于精密的仪器,可以测出这种十分微弱的变化,分析这些资料,可以帮助人们预测未来大震的发生。

地球物理变化　　在地震孕育过程中,震源区及其周围岩石的物理性质可能出现一些变化,利用精密仪器测定不同地区重力、地电和地磁的变化,也可以帮助人们预测地震。

地下流体的变化　　地下水(井水、泉水、地下岩层中所含的水)、石油和天然气、地下岩层中还可能产生和贮存一些其他气体,这些都是地下流体。用仪器测定地下流体的化学成分和某些物理量,研究它们的变化,可以帮助人们预测地震。

2.4.3　地震避险

如果你已收到可能发生地震的警告,应立即关掉液化气阀门、电源。将大而重的物体从高的搁架上拿走。将瓶子、玻璃、瓷器和其他易碎的东西放进低橱内,橱门应紧闭,移走悬挂物体。准备以下物品以备急用:水、药品和应急食物、手电、口哨、毛巾、灭火器等。

2.4.3.1　室内防震措施

(1)准备一个家庭防震包,内装水、食品、急救药品、哨子、钳子等用品和工具。

(2)高柜要和墙体固定在一起,以免倾倒砸人或堵塞逃生之路。

(3)勿在较高的家具上面堆放笨重物品。

(4)固定底座带轮子的家具或物品,如钢琴等。

(5)固定桌面上的贵重物品,如计算机等。

(6)系紧或加固悬挂物,如灯具、挂钟镜框和厨房用品等。

(7)取下阳台围栏上的花盆、杂物。

(8)卧室,尤其是老人或儿童的卧室,尽量少放家具和杂物,尤其不要放高大物品。

(9)每个家庭成员都要熟悉电、水、气阀门的位置,掌握正确的关闭方法。

(10)不要把易燃、易爆物或农药、有毒物品放在屋内。

2.4.3.2　室外防震措施

(1)正门、楼道、走廊不堆放杂物,以利人员疏散。

(2)选择疏散避震的安全场地。场地应就近、宽敞,应避开高大建筑物、电线杆、砖墙、路灯和变压器。

(3)发布临震预报的地区,应按政府安排,按指定地点修建临时防震棚。在室外期间注意卫生、防火、储备饮用水等,遵守和维护社会秩序。

地震是在一瞬间发生的,只要避险方法正确,脱险的可能性是很大的。破坏性地震突然发生时,采取就近躲避,震后迅速撤离的方法是应急避险的好办法。当然,如果身处平房或楼房一层,可直接跑到室外安全地点。

2.4.3.3　避震要点

(1)可在室内床、桌子、沙发等坚固家具旁就地躲藏,选择小房间、管道较多的地方。

(2)身体应采取的姿势:伏而待定,蹲下或坐下,尽量蜷曲身体,降低身体重心。

(3)保护头颈、眼睛、掩住口鼻,最好把被子、枕头等顶在头上保护头部。

(4)避开人流,不要乱挤乱拥,不要随便点灯火,防止空气中有易燃易爆气体。

(5)不要跳楼,不要在双层床下躲避。要避开墙体薄弱的部位,如门窗附近。

(6)已经撤离楼房的人员,在余震尚存的阶段,不能返回楼内。

2.4.3.4　在学校怎样避震

(1)不要向教室外面跑,应迅速用书包护住头部抱头、闭眼,躲在各自的课桌旁,待地震过后,在老师的指挥下向教室外面转移。

(2)在操场等室外,可原地不动蹲下,双手保护头部。注意避开高大建筑物或危险物。

(3)千万不要回到教室去。

2.4.3.5　在野外和海边怎样避震

(1)在野外,要避开山脚、陡崖和陡峭的山坡,以防山崩、泥石流、滑坡等。

(2)遇到山崩、滑坡,要向垂直于滚石前进方向跑,切不可顺着滚石方向往山下跑;也可躲在结实的障碍物下,或蹲在地沟、坎下。要特别保护好头部。

(3)在海边,要尽快向远离海岸线的地方转移,以避免地震可能产生的海啸袭击。

2.4.3.6　公共场所怎样避震

(1)听从现场工作人员的指挥,不要慌乱,不要拥向出口,要避开人流,避免被挤到墙壁或栅栏处。

(2)在影剧院、体育馆等处,就地蹲下或趴在排椅下;注意避开吊灯、电扇等悬挂物;注意保护头部;等地震过去后,听从工作人员的指挥,有组织地撤离。

(3)在超市、商场、书店、展览馆、地铁等处,选择结实的柜台、商品或柱子边,以及内墙角等处就地蹲下,用手或其他东西护头;避开玻璃窗或柜台;避开高大不稳或摆放重物、易碎品的货架;避开广告牌、吊灯等高耸悬挂物;有序撤离,不慌不择路,避免引发踩踏事件。

(4)在行驶的车内,抓牢扶手以免受伤;降低重心,躲在座位附近;地震过后再下车。

(5)在街道上,要保护好头部,就地选择开阔地避震蹲下或趴下,以免摔倒,要尽量远离狭窄街道、高大建筑、玻璃墙建筑、高烟囱、变压器、电线杆、路灯、广告牌、高架桥和存有危险品、易燃品的场院所。

(6)地震停止后,为防止余震伤人,不要轻易跑回未倒塌的建筑物内。

2.4.3.7 地震时遇到特殊危险怎么办

(1)燃气泄漏时,用湿毛巾捂住口、鼻,千万不要使用明火,震后设法转移。

(2)遇到火灾时,趴在地上,用湿毛巾捂住口、鼻,地震停止后向安全地方转移,要匍匐、逆风而进。

(3)应注意避开危险场所,如生产危险品的工厂,危险品、易燃、易爆品仓库等。遇到毒气泄漏、化工厂着火,不要向顺风方向跑,要绕到上风方向去,并尽量用湿毛巾捂住口、鼻。

特别提示 地震易引发火灾和爆炸事件,请务必关闭电源和煤气等。关闭机会有三次:

第一次机会:在大的晃动来临之前的小的晃动之时迅速关闭。

第二次机会:在大的晃动停息的时候去关闭。

第三次机会:即便发生失火的情形,在 1~2 min 之内,还是可以扑灭的。

2.4.4 大震后自救与互救

地震时被压埋的人员绝大多数是靠自救和互救而存活的。据统计,抢救时间与救活率的关系为:半小时内救活率 95%;第一天救活率 81%;第二天救活率 53%;第三天救活率 36.7%;第四天救活率 19%;第五天救活率 7.4%。

2.4.4.1 怎样找寻和救助被埋压人员

(1)利用救助犬和测定微量二氧化碳气体的方法,可以很方便地对遇险者定位。

(2)注意听被困人员的呼喊、呻吟、敲击声。听的方法是:要卧地贴耳细听、利用夜间安静时听、一边敲打(或吹哨)一边听。

(3)观察废墟叠压的情况,特别是住有人的部位是否有生存空间;也要观察废墟中有没有人爬动的痕迹或血迹。

(4)分析倒塌建筑原来的结构、用处、材料、层次、倒塌状况,判断被压埋人员的生存情况。

2.4.4.2　如果被压怎么办

(1)地震后,余震还会不断发生,你的环境还可能进一步恶化,你要尽量改善自己所处的环境,稳定下来,设法脱险。

(2)设法避开身体上方不结实的倒塌物、悬挂物或其他危险物。

(3)搬开身边可移动的碎砖瓦等杂物,扩大活动空间,注意,搬不动时千万不要勉强,防止周围杂物进一步倒塌。

(4)设法用砖石、木棍等支撑残垣断壁,以防余震时再被埋压。

(5)不要随便动用室内设施,包括电源、水源等,也不要使用明火;闻到煤气及有毒异味或灰尘太大时,设法用湿衣物捂住口鼻。

(6)不要乱叫,保持体力,用敲击声求救。

2.4.4.3　自救原则

(1)要尽量用湿毛巾、衣物或其他布料捂住口、鼻和头部,防止吸入灰尘发生窒息。

(2)尽量活动手、脚,清除脸上的灰土和压在身上的物件。

(3)用周围可以挪动的物品支撑身体上方的重物,避免进一步塌落;扩大活动空间,保持足够的空气。

(4)几个人同时被压埋时,要互相鼓励,共同计划,团结配合,必要时采取脱险行动。

(5)寻找和开辟通道,设法逃离险境,朝着有光亮更安全宽敞的地方移动。

(6)一时无法脱险,寻找水和代用品,尽量延长生存时间,等待救援。

(7)保存体力,不要盲目大声呼救。在周围十分安静,或听到外面有人活动时,用砖、铁管等物敲打墙壁,向外界传递消息。当确定不远处有人时,再呼救。

(8)在山区,还要远离悬崖陡壁,以免山崩、塌方时伤人;还应离开大水渠、河堤两岸,这些地方容易发生较大的地滑或塌陷。

2.4.4.4　互救原则

(1)先救压埋人员多的地方,即"先多后少"。

(2)先救近处被压埋人员,即"先近后远"。

(3)先救容易救出的人员,即"先易后难"。

(4)先救轻伤和强壮人员,扩大营救队伍,即"先轻后重"。

(5)如果有医务人员被压埋,应优先营救,增加抢救力量。

(6)先救"生",后救"人"。唐山地震中,有一个农村妇女为了使更多的人获救,每救一个人,只把其头部露出,使之可以呼吸,然后马上去救别人,结果她一人在很短时间内救出了几十人。

2.4.4.5　扒挖被埋人员时怎样保证他的安全？

(1)使用工具扒挖埋压物,当接近被埋人员时,不可用利器刨挖。
(2)要特别注意不可破坏原有的支撑条件,以免对埋压者造成新的伤害。
(3)扒挖过程中应尽早使封闭空间与外界相通,使被埋人员呼吸到新鲜空气。
(4)扒挖过程中灰尘太大时,可喷水降尘,以免被救者和救人者窒息。
(5)扒挖过程中可先将水、食品或药物等递给被埋压者使用,以增强其生命力。

2.4.4.6　如何施救和护理

(1)首先应使头部暴露,迅速清除口鼻内尘土,防止窒息,然后再暴露胸腹腔,如有窒息,应立即进行人工呼吸。不可用利器刨挖。

(2)对于埋压废墟中时间较长的幸存者,首先应输送饮水,要妥善加强压埋者上方的支撑,防止营救过程中上方重物新的塌落。然后边挖边支撑,注意保护幸存者的眼睛,被救出后要用深色布料蒙上眼睛,避免强光刺激。

(3)埋压时间较长,一时又难以救出时,可设法向被埋压者输送饮用水、食品和药品,以维持其生命。

(4)被压埋者不能自行出来时,要仔细询问和观察,确定伤情;对于颈椎和腰椎受伤的人,施救时切忌生拉硬抬,由三四个人托着伤员的头、背、臀、腿,平放在硬担架或门板上,用布带固定后搬运。

(5)遇到四肢骨折、关节损伤的被压埋者,应就地取材,用木棍、树枝、硬纸板等实施夹板固定。固定时应显露伤肢末端以便观察血液循环情况。

(6)搬运呼吸困难的伤员时,应采用俯卧位,并将头部转向一侧,以免引起窒息。

(7)对于那些一息尚存的危重伤员,应尽可能在现场进行救治,然后迅速送往医院。

2.4.5　卫生防疫工作

在地震发生后,由于大量房屋倒塌,下水道堵塞,造成垃圾遍地,污水流溢;再加上畜禽尸体腐烂变臭,极易引发一些传染病并迅速蔓延。历史上就有"大灾后必有大疫"的说法。因此,在震后救灾工作中,认真搞好卫生防疫工作非常重要。

注意预防肠道传染病,要搞好水源卫生、食品卫生,管理好垃圾、粪便。

(1)饮用水源要设专人保护,水井要清掏和消毒。饮水时,最好先进行净化、消毒;要创造条件喝开水。

(2)搞好食品卫生很重要。要派专人对救灾食品的储存、运输和分发进行监督;救灾食品、挖掘出的食品应检验合格后再食用。对机关食堂、营业性饮食店要加强检查和监督,督促做好防蝇、餐具消毒等工作。

(3)管好厕所和垃圾。震后因厕所倒塌,人们大小便无固定地点,垃圾与废墟分不清,蚊蝇孳生严重。所以震后应有计划地修建简易防蝇厕所,固定地点堆放垃圾,并组织清洁队按时清掏,运到指定地点统一处理。

(4)消灭蚊蝇。蚊蝇是乙型脑炎、痢疾等传染病的传播者。消灭蚊蝇,不仅要大范围喷洒药物,还要利用汽车在街道喷药,用喷雾器在室内喷药,不给蚊蝇留下滋生场所。在有疟疾发生的地区,要特别注意防蚊。晚上睡觉要防止蚊子叮咬。如果发现病人突然发高热、头痛、呕吐、脖子发硬等,就要想到可能得了脑炎,尽快找医生诊治。

(5)保持良好的卫生习惯。应根据气候的变化随时增减衣服,注意防寒保暖,预防感冒、气管炎、流行性感冒等呼吸道传染病。老人和儿童要特别注意预防肺炎。

2.4.6　灾后家园重建

地震特别是大地震发生后,不仅造成重大人员伤亡,还会严重破坏我们居住的家园,因此,地震发生后,灾区面临灾后重建的重任。重建一个更安全、和谐、有特色新家园非常重要。

地震发生后,会对灾区的资源环境、地质构造等人居环境自然系统产生一定的影响,影响到区域人口承载能力,因此,资源环境承载能力评价成为灾后重建规划的重要基础和依据。灾后重建,安全最为重要,需要对人居环境自然系统进行科学评估和规划,应综合考虑区域地质环境、地貌特征和资源环境承载能力,对人居环境适宜性和容量重新进行定性、定位、定量分析,重点加强对城镇和乡村的合理布局规划、基础设施和公共服务设施的建设。震后重建,我们不仅需要怜悯、关切和激情,更需要的是冷静、科学的态度和理性的思考。要以更加开放的胸怀、更具创新性的理念,更广泛地调动各种各样的积极因素来帮助灾区重建家园。

灾后重建,除了帮助灾民走出失去亲人、失去家园的巨大心理阴影,还需要让灾民亲自参与重建家园。谁能比灾民们更热爱自己的家园?谁能比灾民们更知道自己的需要?受灾者理应成为家园重建的生力军,在自力更生中感受到个人力量,树立生活自信,最终慢慢抚平灾难所造成的巨大创伤。各国的重建经验证明,在重建家园的过程中,越是尊重灾民的主体地位,重建工作越是成功。因此,国外重建家园的经验值得我们借鉴。

2.4.6.1　日本:兴建防灾公园

1995 年 1 月 17 日凌晨 05 时 46 分,以日本神户市为中心的阪神地区发生里氏 7.3 级的强烈地震,许多人还在梦中,就被倒塌的房子掩埋,共有 6430 多人遇难。

　　针对阪神地震中暴露出食物和水的供应不能在震后立即送达震区的问题,日本灾区政府强化了公园防灾的功能,这些公园在地震发生后,将成为灾民临时撤离的集中地,救灾物资也要及时送达那里。兵库县是阪神大地震的主要灾区,该地政府投资约 400 亿日元(约合 26 亿元人民币),建设了 163 亩的公园用以避灾。在这些公园中,除了一个大的临时暂避地点,还有用于灾后自救的地下储水池、食物储存室和其他设施。这样的防灾公园在兵库县内有 16 处。

　　在灾后重建过程中,日本提高了应对地震的能力。日本政府从 1996 年开始,连续 3 次修改《建筑基准法》,把各类建筑的抗震基准提高到最高级别:除木结构住宅外,商务楼抗 8 级地震,使用期限超过 100 年。

2.4.6.2　巴基斯坦:严把房屋质量关

　　2005 年 10 月 8 日,巴基斯坦、阿富汗、印度北部地区发生 7.6 级强烈地震,巴基斯坦境内 7.3 万人死亡,近 13 万人受伤,280 万人无家可归,多个村庄被夷为平地。

　　这次地震,房屋材料和质量存在问题是造成如此严重死伤的重要原因。为此巴控克什米尔政府组成技术委员会,为首府穆扎法拉巴德所有重建的房屋进行质量把关。每个重建住房的灾民都可拿着房屋图纸找到委员会,请他们帮助查找设计中的问题。此外,穆扎法拉巴德的部分城区位于滑坡的多发地带,政府已经禁止灾民在河道附近和坡地重建住房,那些地方今后将逐渐变为城市外围绿化带。

2.4.6.3　美国:地震带上不准建房

　　1933 年,美国加利福尼亚州长滩发生地震后,加州政府通过了两个法案,对建筑抗震提出了强制性要求。

　　《推荐侧向力条文及评注》蓝皮书明确提出了建筑的三级性能标准:①建筑物应能抵抗较低水平的地震;②在中等水平地震作用下主体结构不破坏;③在强烈地震作用下,建筑不会倒塌,确保生命安全。1981 年,美国洛杉矶市以法令的形式强制要求:房主必须对老旧砖石结构房屋加固,主要措施之一是用钢筋锁固山墙,增强抗震能力。另外,规定郊外民房应是独立式单层或两层木质结构建筑,在发生重大地震时可减少房屋倒塌的危害。

　　美国对地震带建筑也有严格限制。1972 年加州颁布了《活断层法》。该法规定了一些存在地震危险性的"特别调查地带",对这个地带内有关人员居住的开发计划加以限制;其次对活断层的了解程度按"非常活跃"、"位置准确"、"潜在而且近期活跃"做了规定,并指明在距断层多远范围外方可建设。专家称,尽管地震的预测是世界性难题,但科学家可以利用最先进的科学手段预测出地震的危险地带,尽量避免在这些地带上建房。

2.5　中外历史上的大地震

中外历史上发生过的大地震大都有所统计，详见表 2-4～表 2-8 所示。

表 2-4　世界范围内发生的震级较大的地震统计表

时间(年)	震级	死亡人数	发生地区	时间(年)	震级	死亡人数	发生地区
1201	未知	1100000	地中海东部	1977	7.2	1581	罗马尼亚布加勒斯特
1556	8.0	830000	中国陕西、山西和河南	1978	7.4	25000	伊朗呼罗珊
1905	8.6	19000	印度查谟	1979	7.9	579	哥伦比亚,厄瓜多尔
1906	8.3	60000	美国旧金山	1980	7.7	5000	阿尔及利亚阿斯南
1906	8.6	20000	智利瓦尔帕莱索	1980	6.9	3114	意大利南部
1908	7.5	120000	意大利墨西拿	1983	6.9	6400	土耳其东部
1915	7.5	32600	意大利阿布鲁齐	1985	8.1	9500	墨西哥墨西哥城
1920	8.5	230000	中国宁夏海原、甘肃	1988	7.0	25000	亚美尼亚列宁纳坎
1923	8.3	142800	日本东京、横滨	1990	7.7	50000	伊朗拉什特
1927	未知	200000	中国南昌	1990	7.7	2000	菲律宾吕宋岛
1932	7.6	70000	中国甘肃	1995	7.2	6500	日本神户
1935	7.5	60000	印度奎达	1995	7.5	2000	俄罗斯萨哈林岛
1939	8.3	28000	智利奇廉	1996	7.0	309	中国云南丽江
1939	8.0	32700	土耳其埃尔津詹	1997	7.1	2000	伊朗东部
1948	7.3	19800	土库曼斯坦阿什哈巴德	1998	7.1	5000	阿富汗东北部
1950	8.7	574	印度阿萨姆	1999	7.4	15000	土耳其西北部
1960	5.9	12000	摩洛哥阿加迪尔	1999	7.6	1700	中国台湾地区
1960	8.5	5700	智利瓦尔迪维亚	2001	7.7	＞14000	印度古吉拉特邦
1964	8.4	178	美国阿拉斯加	2003	6.5	41000	伊朗巴姆
1970	7.7	15000	中国云南通海	2004	8.7	300000	印度洋苏门答腊
1970	7.8	66794	秘鲁北部	2005	7.8	86000	南亚克什米尔地区
1975	7.3	1328	中国辽宁海城	2008	8.0	＞80000	中国四川汶川
1976	7.5	22778	危地马拉危地马拉城	2010	7.1	2968	中国青海玉树
1976	7.8	242769	中国唐山	2010	7.3	＞200000	海地

表 2-5　中国 $M_s \geqslant 8.0$ 地震基本信息表

序号	发震时间	地名(部分为古地名)	纬度(°N)	经度(°E)	震级(部分为推算震级)
01	1303-09-17	山西赵城、洪洞	36.3	111.7	8
02	1556-01-23	陕西华县	34.5	109.7	8

续表

序号	发震时间	地名(部分为古地名)	纬度(°N)	经度(°E)	震级(部分为推算震级)
03	1604-12-19	福建泉州海外	25.0	119.5	8
04	1668-07-25	山东郯城、莒县	35.3	118.6	8.5
05	1679-09-02	河北三河、平谷	40.0	117.0	8
06	1739-01-03	宁夏银川、平罗	38.9	106.5	8
07	1833-09-06	云南嵩明	25.2	103.0	8
08	1902-08-22	新疆阿图什	40.0	76.5	8.2
09	1906-12-23	新疆玛纳斯	43.9	85.6	8
10	1920-06-05	台湾花莲海外	23.5	122.7	8
11	1920-12-16	宁夏海原	36.5	105.7	8.5
12	1927-05-23	甘肃古浪	37.6	102.6	8
13	1931-08-11	宁夏银川、平罗	38.9	106.5	8
14	1950-08-15	西藏察隅	28.4	96.7	8.5
15	1951-11-18	西藏当雄	31.1	91.4	8
16	1972-01-25	台湾新港东海中	23.0	122.3	8
17	2001-11-14	新疆若羌、青海交界	36.2	90.9	8.1
18	2008-05-12	四川汶川县	31.0	103.4	8.0

资料来源:中国地震台网中心。

表 2-6　国际地震中心 ISC(1964—2001 年)地震数目统计

震级	全球发生数目(次)
8.0~8.9	9
7.0~7.9	251
6.0~6.9	3087
5.5~5.9	10286

表 2-7　恩达尔等 20 世纪地震统计(1900—1999 年)

震级(矩震级)	全球发生数目(次)	中国(大陆)发生数目(次)
9.0~9.2	2	
8.0~8.9	79	3
7.0~7.9	1607	59
6.0~6.9	5260	122

注:7 级以上地震记录是完备的,而 7 级以下地震则有许多遗漏。

表 2-8　2010 年世界范围内 7 级以上地震

发震时刻(国际时)	纬度(°)	经度(°)	深度(km)	震级 M_S	参考地名
2010-12-25	19.61S	168.72E	12	7.3	瓦努阿图群岛
2010-12-21	27.06N	143.30E	14	7.6	日本小笠原群岛地区
2010-10-25	4.01S	100.04E	21	7.7	印尼苏门答腊岛西南
2010-10-21	24.54N	109.8W	8	7.1	加利福尼亚湾(墨西哥)
2010-09-03	44.11S	172.96E	10	7.1	新西兰南岛东岸远海
2010-08-13	12.43N	141.67E	6	7.0	马里亚纳群岛以南
2010-08-10	17.05S	168.01E	30	7.3	瓦努阿图群岛
2010-07-18	6.54S	151.21E	50	7.4	新不列颠岛地区(巴布)
2010-07-18	6.0S	150.40E	47	7.2	新不列颠岛地区(巴布)
2010-07-18	52.92N	170.21W	10	7.0	福克斯群岛阿留申群岛
2010-06-16	2.2S	136.60E	18	7.3	印尼伊里安查亚省地区
2010-06-12	7.85N	91.91E	31	7.6	印度尼科巴群岛地区
2010-05-09	3.47N	95.85E	43	7.4	印尼苏门答腊岛北部西岸远海
2010-05-05	4.84S	100.96E	27	7.0	印尼苏门答腊岛西南
2010-04-13	33.22N	96.59E	14	7.3	中国青海省玉树县
2010-04-06	2.31N	97.20E	34	7.9	印尼苏门答腊岛北部
2010-04-04	32.10N	115.3W	10	7.5	美国加利福尼亚州—墨西哥下加利福尼亚边境地区
2010-03-16	36.2S	73.2W	18	7.0	智利中部沿岸近海
2010-03-11	34.3S	71.8W	18	7.3	智利中部沿岸近海
2010-03-11	34.3S	71.9W	20	7.3	智利中部沿岸近海
2010-03-05	4.37S	100.77E	26	7.2	印尼苏门答腊岛西南
2010-02-27	37.64S	75.58W	31	7.3	智利中部沿岸远海
2010-02-27	35.8S	72.8W	35	8.8	智利中部沿岸近海
2010-02-26	25.86N	128.65E	25	7.3	日本琉球群岛
2010-01-12	18.50N	72.5W	10	7.7	海地地区
2010-01-03	8.8S	157.40E	25	7.3	所罗门群岛

注:表中 N 为北纬,S 为南纬,E 为东经,W 为西经。

资料来源:中国地震台网中心。

思 考 题

1. 地震是怎样发生的?分析汶川地震、玉树地震发生的原因。

2. 为什么说一个 8 级地震释放的能量,相当于 32 个 7 级地震释放的能量、1000

个 6 级地震释放的能量？

3. 人类历史上死亡人数最多的是哪次地震？

4. 遇到地震时，你应该做什么，不应该做什么？

5. 汶川地震释放的能量有多大？

6. 为什么汶川地震人员伤亡这么大？

7. 人类古代建筑奇迹指的是哪些建筑？除了金字塔外，它们都毁于哪个年代的地震灾害？

8. 怎样理解地震波是一种弹性波？

9. 2011 年 3 月 11 日，日本发生地震后，公众表现出来的沉着有序对我国公众有什么启示？

10. 大的地震灾害往往造成巨大损失，减轻地震灾害损失的有效途径有哪些？

第3章　火山灾害

　　地球上最壮观的景象莫过于火山喷发了,火山喷发时巨大的火柱直冲云霄(图3-1)。地球上近10000年来有过喷发活动的火山达1500多个,海底的火山居多。火山分布较多的国家有印度尼西亚、日本、意大利、新西兰、美洲各国、中国。

图 3-1　火山喷发壮观景象(来源:www. lemoncc. com)

3.1　火山概述

3.1.1　什么是火山

　　火山是由地球深处的岩浆等高温物质穿过地壳裂缝,喷发出地面而形成的堆积物。

　　岩浆是地面下溶化的岩石,地球内部有很多炙热的岩浆,由于岩浆的温度比周围的岩石高,密度也较小,所以它会向地表上涌,而且在浮升过程中再熔化掉一些岩石。一旦岩浆找到通达地表的途径,它就会立刻喷出地表,这就是火山喷发,而喷出的熔岩冷凝后就形成了火山。

　　火山喷发是岩浆释放能量的方式,当地球内部的岩浆能量积聚到一定程度时,就会在强大的压力作用下,沿着地壳薄弱地带喷出地表,形成景象壮观的火山喷发现象。火山口是地球释放热量、气体的裂口,是岩浆喷出地面的通道。

　　火山都出现在地壳的断裂带。火山主要集中在环太平洋一带和印度尼西亚向北经缅甸、喜马拉雅山脉、中亚细亚到地中海一带,现今地球上的活火山 99% 都分布在这两个带上。

火山喷发可在短期内给人类的生命财产造成巨大的损失,它是一种灾难性的自然现象。但是它也带来了许多好处,火山喷发能提供丰富的土地、热能和许多种矿产资源,还能提供旅游资源。许多宝石都是由于火山喷发形成的;火山喷发还能扩大陆地的面积,夏威夷群岛就是由火山喷发而形成的;一些火山还能变为旅游景点,推动旅游业发展,如日本的富士山,美国的夏威夷群岛、黄石国家公园,中国的长白山、腾冲等地均为火山旅游资源。

火山一方面为人类提供沃土、空气、矿产、建材、能源和其他资源;另一方面,又常给人类带来灾难和痛苦。火山喷发物,如火山灰、熔岩流、火山碎屑流以及与火山喷发相伴生的火山泥石流、地震、海啸等均可造成巨大的灾害,甚至带来长期的灾害后果,引起全球性的气候变化,导致大的区域性灾荒。据统计,每年全球约有 50～65 座火山喷发,对人类的生存和生活构成了严重的威胁。从 20 世纪 20 年代以来,不少国家为防御和减轻火山灾害,开展了火山活动的监测研究,进行火山灾害预测,采取了相应的抗灾减灾对策。

3.1.2 岩浆和熔岩

岩浆(Magma) 是指地下熔融或部分熔融的岩石。当岩浆喷出地表后,则被称为熔岩(Lava)。岩浆一般由熔化形成的液体、从液体中结晶的矿物、捕虏体和包裹体、岩浆中溶解的气体几部分组成。

熔岩(Lava) 是指喷出地表的岩浆,也用来表示熔岩冷却后形成的岩石。熔岩在熔融状态下的流动性随二氧化硅的增加而减弱,基性熔岩黏度小易于流动,酸性熔岩则不易流动。由于熔岩化学成分的不同或火山环境的差异,熔岩有多种表现形式。

(1)熔岩流(Lava Flow)。呈液态在地表流动的熔岩被称为熔岩流,熔岩流冷却后形成固体岩石堆积有时也称之为熔岩流。呈液态流动的熔岩温度常在 900°～1200℃ 之间,如熔岩中气体的含量多,更低的温度也能流动。酸性熔岩黏滞,流动不远,大面积的熔岩流常为基性熔岩。温度高、坡度陡时,熔岩流的流速可达 65 km/h。熔岩流的形态取决于多个方面,如熔岩成分(玄武岩、鞍山岩、英安岩、流纹岩)、流量、地形和环境等。

(2)熔岩穹丘(Lava Dome)。圆形的、边缘陡峭的丘状物,是由于高黏度的火山熔岩(英安岩或流纹岩)堵塞喷火口所形成。熔岩穹丘顶端一般无火山口,从地下涌来的岩浆挤入熔岩穹丘内部,从而引起熔岩穹丘突起变形。熔岩穹丘的表面是已经冷却的坚硬的熔岩,因此,当深部岩浆不断挤入时,熔岩穹丘将会爆炸,形成碎屑坑。

(3)熔岩管道(Lava Tube)和熔岩隧洞(Lava Tube Caves)。熔岩管道是在熔岩流内部自然形成的管道。当液态的熔岩流流动时,由于表面冷却较快,形成固体硬壳,在表层硬壳的保温作用下,其内部温度高、流速快,从而形成管道。一个大型的熔岩流常有一个主管道和若干小的分支。当火山喷发结束时,熔岩供给终止,或上游熔岩流转向,熔岩管道中的熔岩继续向下流动,从而形成排空的熔岩隧洞。一般排空的熔岩隧洞底面平坦,顶部常悬挂熔岩钟乳。熔岩管道的存在增加了熔岩流流动的速度和距离。早期的熔岩隧洞可能被后期的熔岩流所利用。

(4)渣块熔岩(aa)。"aa"是夏威夷词汇,音"阿阿",用来描述表面粗糙的熔岩流。这种熔岩流中布满多孔带刺的熔岩碎块,被称为"渣块"。渣块熔岩是因熔岩在流动过程中,表层熔岩不断固结,固结的表层随着熔岩的流动不断发生脆性破裂,形成"渣块","渣块"又随同液体熔岩翻滚、黏结,形成翻花状。因此,渣块熔岩又称为翻花熔岩。

(5)结壳熔岩(Pahoehoe)。"Pahoehoe"是夏威夷词汇,用来描述一种有光滑表面的熔岩。这种熔岩有时呈圆丘状或绳状,也称为绳状熔岩。结壳熔岩流动过程中表面冷却形成塑性外壳,而内部的熔岩流又不断地挤出形成新的壳体。结壳熔岩经常展现出奇形怪状的形态,常被形容为熔岩雕塑。结壳熔岩黏度小、易流动,熔岩流表面气孔较少。

(6)枕状熔岩(Pillow Lava)。是火山在水下喷发形成的,外形浑圆形,似堆叠在一起的枕头。当熔岩从水下流出时,由于快速的冷却使熔岩流表面形成韧性的固体外壳。随着熔岩流内部压力增大,外壳破裂,就会像挤牙膏一样,挤出新的熔岩,随后再次形成外壳。如此循环往复,便产生枕状熔岩。

火山喷出的物质主要包括:熔岩流、火山泥石流和火山灰。

3.1.3　火山分类

3.1.3.1　根据活动情况分类

火山根据活动情况分为:活火山、死火山和休眠火山。

活火山　指现代尚在活动或周期性发生喷发活动的火山。这类火山正处于活动的旺盛时期。如爪哇岛上的梅拉皮火山,20世纪以来,平均间隔两三年就要持续喷发一段时间。我国近期火山活动以台湾岛大屯火山群的主峰七星山最为有名。

全球陆地上已知的活火山(包括正在喷发的和最近10000年喷发但现在休眠的)超过1500座,海底火山更多。一些火山的喷发,形成巨大灾害。公元79年意大利维苏威火山喷发,埋葬了庞贝和赫拉古农姆两座古城。1980年美国圣伦斯火山喷发将山脉高度削掉300多m。

火山喷发的强弱与熔岩性质有关,喷发时间也有长有短,短的几小时,长的可达上千年。

死火山　指史前曾发生过喷发,但有史以来一直未喷发过的火山。此类火山已丧失活动能力。有的火山仍保持着完整的火山形态,有的则已遭受风化侵蚀,只剩下残缺不全的火山遗迹。我国山西大同火山群在方圆约 123 km² 的范围内,分布着 99 个孤立的火山锥,其中狼窝山火山锥高将近 1900 m。

休眠火山　人类历史记载中曾有过喷发,但后来一直未活动。此类火山都保存有完好的火山锥形态,仍具有火山活动能力,或尚不能断定其已丧失火山活动能力。如我国白头山天池,曾于 1327 年和 1658 年两度喷发,在此之前还有多次活动。目前虽然没有喷发活动,但从山坡上一些深不可测的喷气孔中不断喷出高温气体,该火山目前正处于休眠状态。

延伸阅读

火山的活动状态判断

火山是"死"或"活"火山,没有一种严格而科学的标准。一般是将有过历史喷发或有历史喷发记载的火山称为活火山,这样的火山在全球有 534 座。但是历史或历史记录对每个国家和地区可以是很不相同的,有的只有三、四百年,有的则可达三、四千年或更长。基于历史或历史记录的活火山的定义是不符合实际的。于是一些火山学家提出一个有一定时间条件限制的、改进的活火山的定义,即那些在过去 10000 年、5000 年或 2000 年来有过一次喷发的火山,称为活火山。究竟是采用 10000 年还是 5000 年或 2000 年,将允许根据不同国家、不同地区的具体情况而定。

但是火山的"死"或"活"仍然是相对的。有一些在 10000 年甚至更长时期以来没有发生过喷发的"死"火山,也可能由于深部构造或岩浆活动而导致重新复活而喷发。如我国五大连池火山群中,大部分火山是在 10000 年前喷发的,但是其中的老黑山火山和火烧山火山却是在公元 1719—1721 年喷发形成的。

活动的岩浆成为判断一座火山"死"或"活"的关键,判断标准为:(1)在活火山区存在水热活动或喷气现象;(2)以火山为中心的小范围内,微震活动明显高于其外围地区;(3)火山区出现某些可观测到的地表形变。上述现象都是由于火山下面岩浆系统具体活动情况的表现,为此必须在该火山区布设长期地震—地形观测台网,以及其他多种地球物理、地球化学方法进行探测。这是当该火山已被确认为危险的火山之后应当进行的基本监测和探测研究。

根据以上所述,我们可以得到关于活火山的一般概念:正在喷发的或历史时期及近 10000 年来有过喷发的火山称为活火山。当火山下面存在活动的岩浆系统时,这个火山被认为具有喷发危险性,应置于现代的火山监测系统之中。

　　三种类型的火山之间没有严格的界限。休眠火山可以复苏,死火山也可以"复活"。过去一直认为意大利的维苏威火山是一个死火山,在火山脚下,人们建筑了城镇,在火山坡上开辟了葡萄园。但在公元 79 年,维苏威火山突然爆发,高温的火山喷发物袭占了毫无防备的庞贝和赫拉古农姆两座古城,两座城市及居民全部毁灭和丧生。

　　在公元 79 年前,庞贝是古罗马帝国最繁荣的城市。这座城市因拥有火山赠予的肥沃土壤而物产丰饶。公元 79 年 8 月 24 日,维苏威火山喷发,在 24 h 内,庞贝城和城里至少 5000 名居民消失在火山熔岩和火山灰中。庞贝城因此而保留了大量古罗马帝国的建筑遗迹和艺术文物,成为世界上最为著名的古城遗址(图 3-2)。

图 3-2　维苏威火山(a)和庞贝遗址(b)

(来源:http://www. mail. uutuumail. com)

3.1.3.2　根据外貌特征分类

　　火山根据外貌特征分为:锥状火山、盾状火山、复合型火山。

　　锥状火山　主要由火山碎屑岩组成的锥状山体。当火山喷出物以火山碎屑物为主时,会堆积于火山口四周形成锥状。因为是由火山碎屑堆积而成,所以又称为火山碎屑锥或火山渣。由于火山碎屑物交结松散,故无法形成较高的堆积。

图 3-3　日本富士山远观

日本富士山是一座标准的锥状火山。富士山在日语中的意思是"火山"。富士山海拔 3776 m，面积为 90.76 km²。有记载以来，富士山共喷发过 18 次，是一座比较年轻的休眠火山，最近一次大的喷发是 1707 年（图 3-3、图 3-4）。

图 3-4　锥状火山富士山

盾状火山　是具有宽阔顶面和缓坡度侧翼（盾状）的大型火山。由熔岩流所构成，外形宽展平缓，底部较大。只有黏滞性较低的熔岩流能够形成盾状火山。因此，这一类的火山大多为玄武岩质，且多发生于海洋中，最著名的是夏威夷群岛基拉韦厄火山（图 3-5）。

图 3-5　夏威夷基拉韦厄火山

复式火山　又称为层状火山,为多次喷发所形成的,其复发周期可以是几十万年,也可以是几百年。地球上最高的火山为层状火山——智利的 Nevado Ojosdel Salado 火山,高 6887 m。这一类的火山熔岩和碎屑相间成层,黏滞性较上者为高,很多高山都属此类,因其外貌美丽常成为风景名胜,如意大利维苏威火山。

3.1.4　火山与板块构造的关系

板块构造理论建立以来,很多学者根据板块理论建立了全球火山模式,认为大多数火山都分布在板块边界上,少数火山分布在板内,前者构成了四大火山带,即环太平洋火山带、大洋中脊火山带、东非裂谷火山带和阿尔卑斯—喜马拉雅火山带。

根据板块理论,两板块交界处,地壳比较活跃,火山、地震多分布于此。两个板块沿着边界发生相对运动,按照运动的方向,可以把板块边界分为三类:第一类是发散边界,也叫生长边界,是两个相互分离的板块之间的边界;第二类是汇聚边界,也叫消亡边界,是两个相互汇聚、消亡的板块之间的边界;第三类是转换边界,在此边界,两侧板块作平行于边界的走滑运动,岩石圈不增生也不消亡,火山的发生和板块运动和板块边界有密切的关系。

火山喷发大致有三种通道:第一种是岩浆沿汇聚板块的俯冲带上涌形成火山带;第二种发生在拉张板块(具有发散边界)背景下,岩浆沿着拉张带上涌形成海底火山岩;第三种是岩浆沿着板块内的地幔柱喷发至地表形成火山。

3.1.5　地球上火山的分布

火山活动常在一些不寻常的地质背景上发生,其中大多数都在构成岩石圈庞大的板块边界处。约 80% 的地球活火山及其相关的火山活动都发生在两个板块相聚处,并且其中一个俯冲到另一个下面,俯冲下去的板块,一方面因挤压而造成局部压力增加,一方面其自身也融为岩浆;这时,上面受到挤压的板块如果出现裂口或薄弱处,压力极大的岩浆就会从这些地方喷出来,形成火山。还有另一种不同的情况是,在大洋中脊轴上,这里岩浆自地幔涌出并向脊的两侧分开,形成新的洋底。这类火山活动实际上都发生在水下。新近又有学者提出两极挤压说,揭开了地球发展的奥秘,他认为在两极挤压力作用下,地球赤道轴扩张形成经向张裂和纬向挤压,全球火山主要分布在经向和纬向构造带内。

3.1.5.1　全球火山分布

自板块构造理论建立以来,很多学者根据板块理论建立了全球火山模式,认为大多数火山都分布在板块边界上,少数火山分布在板内,前者构成了四大火山带,即环太平洋火山带、大洋中脊火山带、东非裂谷火山带和阿尔卑斯—喜马拉雅火山带。火山较多的国家有日本、印度尼西亚、意大利、新西兰和美洲各国。全世界大约 60% 的火山都环太平洋周围(图 3-6)。

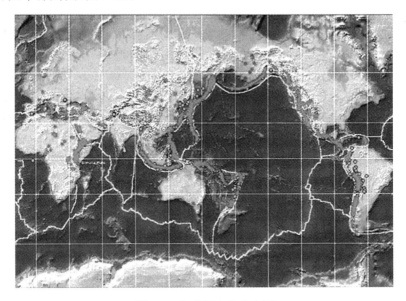

图 3-6　全球活火山分布图
(来源:http://www. volcano. si. edu/world/find_regions. cfm)

(1)环太平洋火山带　.

环太平洋火山带也称环太平洋火环,南起南美洲的科迪勒拉山脉,转向西北的阿留申群岛、堪察加半岛,向西南延续的是千岛群岛、日本列岛、琉球群岛、台湾岛、菲律宾群岛以及印度尼西亚群岛,全长 40000 余 km,呈一向南开口的环形构造系。有活火山 512 座,其中南美洲笠迪勒拉山系安第斯山南段有 30 余座活火山,北段有 16 座活火山,中段尤耶亚科火山海拔 6723 m,是世界上最高的活火山。阿根廷安第斯山脉的阿空加瓜火山(海拔 6940 m)是世界最高的死火山。再向北为加勒比海地区,沿太平洋沿岸分布着著名的火山有奇里基火山、伊拉苏火山、圣阿纳火山和塔胡木耳科火山。北美洲有活火山 90 余座,著名的有圣海伦斯火山、拉森火山、雷尼尔火山、沙斯塔火山、胡德火山和散福德火山。

环太平洋带火山活动频繁,据历史资料记载,全球现代喷发的火山这里占 80%,主要发生在北美、堪察加半岛、日本、菲律宾和印度尼西亚。印度尼西亚被称为"火山之国",南部包括苏门答腊、爪哇诸岛构成的岛弧—海沟地带,火山近 400 座,其中 129 座是活火山,此外,海底火山喷发也经常发生,致使一些新的火山岛屿出露海面。这里的火山多为中心式喷发,火山爆发强度较大,如果发生在人口稠密区,则往往造成严重的火山灾害。

(2)阿尔卑斯—喜马拉雅火山带

该火山带分布于横贯欧亚的纬向构造带内,西起比利牛斯山,经阿尔卑斯山脉至喜马拉雅山,全长 10 余万 km。其中,中国的卡尔达西火山和可可西里火山在 20 世纪 50 年代和 70 年代曾有过喷发,岩性为安山岩和碱性玄武岩类。

(3)大洋中脊火山带

大洋中脊也称大洋裂谷,它在全球呈"W"形展布,从北极盆穿过冰岛,到南大西洋,这一段是等分了大西洋壳,并和两岸海岸线平行。向南绕非洲的南端转向东北与印度洋中脊相接。印度洋中脊向北延伸到非洲大陆北端与东非裂谷相接。向南绕澳大利亚东去,与太平洋中脊南端相连,太平洋中脊偏向太平洋东部,向北延伸又进入北极区海域,整个大洋中脊构成了"W"形图案,成为全球性的大洋裂谷,总长 8 万余km。约有近 60 座活火山。

(4)东非裂谷火山带

东非裂谷是地球大陆上最大裂谷带,分为两支:裂谷带东支南起希雷河河口,经马拉维肖,向北纵贯东非高原中部和埃塞俄比亚中部,至红海北端,长约 5800 km,再往北与西亚的约旦河谷相接;西支南起马拉维湖西北端,经坦喀噶尼喀湖、基伍湖、爱德华湖、阿尔伯特湖,至阿伯特尼罗河谷,长约 1700 km。沿东非大断裂带分布的有著名的乞力马扎罗火山(海拔 5895 m)。

3.1.5.2　中国火山分布

中国火山分布在成因上与两大板块边缘有关:一是受太平洋板块向西俯冲的影响,形成我国东部大量的火山。另一是受印度洋板块碰撞的影响,形成了青藏高原及周边地区的火山。中国境内约有 660 座火山,绝大多数是死火山,主要分布在 3 个地带:①环蒙古高原带,火山数目最多,如大同、五大连池火山群;②青藏高原带,如云南腾冲火山群;③环太平洋带,如长白山及台湾大屯火山群。东北地区是中国火山最多的地区,共有 34 个火山群,计 640 余座火山。主要分布在长白山、大兴安岭和东北平原(如五大连池火山群)、松辽分水岭 3 个地区,具有活动范围广、强度高、喷发期数多、分布密度大等特点(图 3-7)。

近年的观测与研究表明,长白山、腾冲等火山区存在火山地震、高热流、水热活动等,预示着这些火山存在再次喷发的潜在危险。

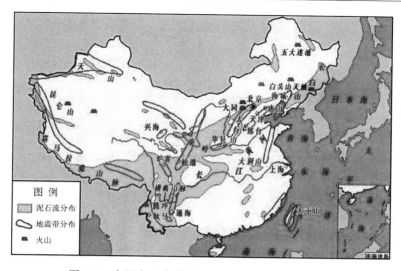

图 3-7　中国火山分布图(来源:http://www.itren.cn)

(1)腾冲火山区

位于云南省西南边陲,包括腾冲县绝大部分及梁河县小部分,山奇水秀,自然资源丰富,人文景观众多。但区内最壮丽的景观是火山、热海和地震。腾冲是我国最著名的火山区之一,区内有 68 座新生代火山分布,温泉 139 处。同时腾冲又是中国西部著名的地震活动区,集火山、地热、温泉、地震活动为一体,这在世界其他地方也不多见。

腾冲火山群是我国最典型的第四纪火山,是世界上最年轻的新生代休眠火山群,也是我国火山锥、火山口、火山湖保存得最完整和最壮观的火山群,被称为"火山地质博物馆"。腾冲火山因地处欧亚大陆板块的边缘,地壳运动活跃,地震频繁。当剧烈的地震发生时,山崩水涌,岩溶喷出地表,待地震停止,岩溶冷却,就形成了一座座形状独特的火山。

(2)黑龙江省五大连池火山群

这是中国著名的第四纪火山群,也是我国记载最为详尽的火山。位于黑龙江省北部五大连池市境内,属小兴安岭西侧中段余脉。因 1719—1721 年火山喷发堵塞白河而形成 5 个相连的堰塞湖和周围 14 座火山锥,故称五大连池火山群,具有保存完好的火山口和各种火山熔岩构造。如果包括火山区西部的莲花山,五大连池火山群应由 15 座火山组成,火山岩分布面积达 800 多 km²。其中近期火山包括老黑山和火烧山两座火山。两座火山均由高钾玄武质熔岩岩盾和锥体构成,总面积约 68.3 km²,熔岩盾是火山主体。是我国活火山中有历史记载、喷发时间和地点最为确切的一处活火山。

(3)长白山天池火山

长白山位于吉林省东南边陲,在我国一侧的主峰是白云峰,海拔 2691 m,是我国东北最高峰。长白山天池及其周围地区,是松花江、鸭绿江、图们江三江之源。天池水面海拔 2189.7 m,最深处达 373 m。长白山风光奇绝,它那完整的垂直景观和原始生态系统是典型的大自然综合体,是中国最大的自然保护区之一(图 3-8)。

图 3-8　长白山火山(来源:www.tourtx.cn)

长白山是东亚大陆最大的一个火山区。长白山天池火山是目前我国境内保存最为完整的新生代多成因复合火山,锥体是由多次火山岩浆喷发物叠加而成。由长白山巨型火山锥体、望天鹅盾形火山锥体、山麓倾斜熔岩高原、熔岩台地和寄生火山群体五大部分组成。长白山属活火山,历史上曾喷发过多次,近代平均二、三百年一次。

(4)黑龙江镜泊湖火山

黑龙江镜泊湖全新世火山,共有 13 个火山口,均为复式火山。推测镜泊湖全新世火山最晚一期活动可能在 1000 年左右。从现有火山地质和年代学证据表明,镜泊湖发生的全新世火山喷发活动是没有异议的。

(5)吉林龙岗火山

龙岗火山群有 160 余座星罗棋布低矮火山锥,显示高密度、多中心爆炸式喷发特点。靖宇县城以西至靖宇—辉南交界以龙湾为代表的低平火山口(maar)成为龙岗火山群的一大景观,其中,大龙湾和三角龙湾已开发成为我国境内唯一的、风景优美的低平火山口旅游风景区。就在龙湾环绕的地区一座高耸的火山锥——金龙顶子火山拔地而起。龙岗火山是我国少数几个近代仍有喷发活动的第四纪火山之一。

(6)新疆阿什库勒火山

阿什库勒火山群位于新疆于田县以南约 120 km 的青藏高原西北缘的西昆仑山,由 10 余座主火山和数十个子火山组成,包括西山、阿什山、大黑山、乌鲁克山、迷宫山、月牙山、牦牛山、黑龙山、马蹄山、东山和椅子山等。这些火山几乎均为中心式喷发,形成圆锥状或截顶圆锥状火山锥,绝大多数火山是第四纪形成的,最近的一次为 1951 年 5 月 27 日阿什火山喷发。

(7)台湾岛大屯火山和龟山岛火山

大屯火山群和龟山岛火山分别位于台湾岛西北部和东部海上。大屯火山群由

20 余座大小不等的火山组成。火山活动始于距今 2.8~2.5 Ma,最近的喷发活动发生在距今 0.2~0.1 Ma 左右,但现今的水热活动和地震活动性却令人对火山可能的重新喷发担忧。大屯火山区附近的微震活动频繁,尤其集中在马槽地区,震级常小于 3.0。1986 年发生在阳明山竹子湖地区的超过 5 级地震,可能是造成震后的马槽地区大规模山崩和泥石流的直接原因。大屯火山与最近喷发距今 15~7.5 万年的美国西部黄石公园火山有相似之处。按照现有定义,大屯火山与黄石公园火山均属"死"火山,但它们都有强烈的地表和地下活动性,与世界上绝大多数活火山相似,而被视为可能会死灰复燃的活火山。

台湾岛北部宜兰东北约 20 km 海上的龟山岛火山,位于琉球火山岛弧的西缘,主要由安山质火山岩所组成。岛上的火山地形保持得相当完整,火山活动的硫黄喷气及温泉活动也相当剧烈。采集到位于较下部安山岩角砾含有捕获的石英砂岩块,石英经热释光定年距今约 7000 年,表明安山岩喷发年代约 7000 年左右,因在火山角砾岩之上还有熔岩流的分布,故龟山岛火山最近的一次喷发可能小于 7000 年。

(8)海南琼北火山

雷琼地区是华南沿海新生代火山岩分布面积最大的一片火山岩,火山活动始于早第三纪,延续至全新世。火山岩面积达 7300 km²,可辨认的火山口共计 177 座,海拔均低于 300 m。海南岛北部(琼北)第四纪火山区的石山、永兴一带大小 30 多个火山口明显地呈北西方向排列,形成典型的中心式火山群,是琼北最新期火山。

3.2　火山喷发

3.2.1　火山喷发方式

(1)裂隙式喷发

岩浆沿着地壳上巨大裂缝溢出地表,称为裂隙式喷发。这类喷发没有强烈的爆炸现象,喷出物多为碱性熔浆,冷凝后往往形成覆盖面积广的熔岩台地。如分布于我国西南川、滇、黔三省交界地区的二叠纪峨眉山玄武岩和河北张家口以北的第三纪汉诺坝玄武岩都属裂隙式喷发。现代裂隙式喷发主要分布于大洋底的洋中脊处,在大陆上只有冰岛可见到此类火山喷发活动,故又称为冰岛型火山。

(2)中心式喷发

地下岩浆通过管状火山通道喷出地表,称为中心式喷发。这是现代火山活动的主要形式,又可细分为三种:

宁静式　火山喷发时,只有大量炽热的熔岩从火山口宁静溢出,顺着山坡缓缓流动,好像煮沸了的米汤从饭锅里沸泻出来一样。溢出物以碱性熔浆为主,熔浆温度较高,黏度小,易流动。含气体较少,无爆炸现象。夏威夷诸火山为其代表,又称为夏威夷型。

爆烈式　火山爆发时,产生猛烈的爆炸,同时喷出大量的气体和火山碎屑物质,喷出的熔浆以中酸性熔浆为主。1568 年 6 月 25 日,西印度群岛的培雷火山爆发就属此类,也称培雷型。

中间式　属于宁静式和爆烈式喷发之间的过渡型。此种类型以中碱性熔岩喷发为主。若有爆炸时,爆炸力也不大。可以连续几个月,甚至几年,长期平稳地喷发,并以伴有间歇性的爆发为特征。以靠近意大利西海岸利帕里群岛上的斯特朗博得火山为代表,该火山大约每隔 2～3 min 喷发一次,夜间在 669 km 以外仍可见火山喷发的光焰。

（3）熔透式喷发

岩浆熔透地壳大面积地溢出地表,称为熔透式喷发。这是一种古老的火山活动方式,现代已不存在。一些学者认为,在太古代时,地壳较薄,地下岩浆热力较大,常造成熔透式岩浆喷出活动。

3.2.2　火山喷发过程

火山喷出地表前的过程归纳为三个阶段:岩浆形成与初始上升阶段、岩浆囊阶段和离开岩浆囊到地表阶段。

（1）岩浆形成与初始上升阶段。岩浆的产生必须有两个过程:部分熔融和熔融体与母岩分离。实际上这两种过程不大可能互相独立,熔融体与母岩的分离可能在熔融开始产生时就有了。部分熔融是液体(即岩浆)和固体(结晶)的共存态,温度升高、压力降低和固相线降低均可产生部分熔融。当部分熔融物质随地幔流上升时,在流动中也会产生液体和固体的分离现象,从而产生液体的移动乃至聚集,称之为熔离。

（2）岩浆囊阶段。岩浆囊是火山底下充填着岩浆的区域,是地壳或上地幔岩石介质中岩浆相对富集的地方。一般视为与油藏类似的岩石孔隙(或裂隙)中的高温流体,通常认为在地幔柱内,岩浆只占总体积的 5％～30％。从局部看,可以视为内部相对流通的液态集合。岩浆是由岩浆熔融体、挥发物以及结晶体组成的混合物。

（3）从岩浆囊到地表阶段。岩浆从岩浆源区一直到近地表的通路的上升,与岩浆囊的过剩压力、通道的形成与贯通以及岩浆上升中的结晶、脱气过程有关。当地壳中引张或引张—剪切应力大于当地岩石破裂强度时,便可能形成张性或张—剪性破裂,如若这些裂隙互相连通,就可以作为岩浆喷发的通道。

3.2.3　火山喷发条件

火山喷发是岩浆释放能量的强烈显示方式,即当地球内部的岩浆能量积聚到一定程度时,就会在强大的压力作用下,沿着地壳薄弱地带喷出地表,形成景象壮观的火山喷发现象。一个地方能否形成火山主要在于是否具备以下条件。

（1）部分熔融体的形成，必须有较高的地热（自身积累的或外边界条件产生的），或隆起减压过程，或脱水而减低固相线。

（2）岩浆在地壳中的富集，或岩浆囊形成的位置与中性浮力面的深度有关，而中性浮力面的深度又与地壳流变学间断面有关。

（3）岩浆囊中的物理化学过程，主要是结晶体、挥发物与流体的相互作用，对岩浆喷发起着促使或抑制作用。地壳岩浆囊的存在起着拦截、改造地幔中岩浆上升的作用，它也是形成爆炸式火山喷发的重要条件。

（4）岩浆囊的存在对岩浆通道的形成有促进作用，而构造活动产生的引张应力场是形成岩浆通道的主要原因。

（5）岩浆离开岩浆囊后的上升受到压力梯度与浮力的双重驱动。

3.2.4　火山的喷发类型

纵观世界火山的喷发类型，其决定因素之一是岩浆的成分、挥发分含量、温度和黏度，如玄武质岩浆含 SiO_2 成分低，含挥发分相对少，其温度高、黏度小，因此，岩浆流动性大，火山喷发相对较宁静，多为岩浆的喷溢，可形成大面积的熔岩台地和盾形火山；流纹质和安山质岩浆富含 SiO_2 和挥发分，其温度低、黏性大，流动性差，因此，火山喷发猛烈，爆炸声巨大，有大量的火山灰、火山弹喷出，常形成高大的火山碎屑锥，并伴有火山碎屑流和发光云现象，往往造成重灾。决定因素之二是地下岩浆上升通道的特点，若岩浆房中的岩浆沿较长的断裂线涌出地表，即形成裂隙式喷发；若沿两组断裂交叉而成的筒状通道上涌，在岩浆内压力作用下，便可产生猛烈的中心式喷发。决定因素之三是岩浆喷出的构造环境，看其是在陆地，还是在水下；是在洋脊还是在板内；是在岛弧还是在碰撞带等。火山所处的大地构造环境不同，火山喷发类型的特点也大不相同。

3.2.4.1　玄武岩泛流喷发

这种喷发如印度的德干高原、北美的哥伦比亚高原，它们是岩浆沿一个方向的大断裂（裂隙）或断裂群上升，喷出地表，有的从窄而长的通道全面上喷；有的火山呈一字形排列分别喷发，但向下则相连成为墙状通道，因此，称为"裂隙喷发"。喷发以玄武岩为主，流动方向近于平行，厚度及成分较为稳定，产状平缓，以熔岩被多见，常形成熔岩高原。因为玄武岩流动性大，熔岩喷出量大，少有爆发相，在地形平坦处似洪水泛滥，到处流溢，分布面积广，所以又称"玄武岩泛流喷发"。1783 年冰岛的拉基火山喷发，从长 25 km 的裂隙中喷出约 12 km³ 的熔岩及 3 km³ 的火山碎屑物，覆盖面积达 565 km²。我国贵州、云南、四川的二叠纪玄武岩（260000 km²）及河北省的汉诺坝(1700 km²)也都是玄武岩泛流喷发。

3.2.4.2　夏威夷式喷发

属热点火山,以美国夏威夷岛为代表,特点是很少发生爆炸,常常从山顶火山口和山腰裂隙溢出相当多数量的玄武质熔岩流,岩浆黏度小,流动性大,表现为比较安静的溢流,气体释放量可多可少。由于喷发时岩浆受到较大的静压力以及气泡的膨胀作用,当其到达地表时,形成熔岩喷泉,被逸出气体推动的熔岩喷泉可高达300 m或更高,被喷出的多是玄武质熔岩,也可以是安山质熔岩,也有少量的火山渣和火山灰。这种喷发类型,熔岩往往是多次溢流,而且有许多裂隙作为通道,流出的熔岩形成比较平坦的熔岩穹。例如,1924年基拉维厄和1975年冒纳罗亚火山的喷发就是典型的夏威夷式喷发。这种类型喷发基本没有人员伤亡,但可以毁坏农田村庄,造成财产损失。

3.2.4.3　斯通博利型喷发

源自20世纪初早期意大利语。最典型的是意大利的斯通博利火山,位于西西里风神岛,经常有火山喷发活动,从古代起即被称为"地中海的灯塔"。其喷发特征是或多或少的定期的中等强度喷发,喷出炽热熔岩,其黏性比夏威夷式要大一些,伴随着白色蒸汽云。火山口的熔岩有轻度硬结,主要为块状熔岩,由玄武质、安山质成分的岩石组成,熔岩流厚而短,也有少数为绳状,每隔半小时就有气体从中逸出。这种火山韵律性地喷出白热的火山渣、火山砾和火山弹,爆炸较为温和,很多火山碎屑又落回火口,再次被喷出,其他的落到火山锥形成的坡上并滚入海中。如斯通博利火山(意大利)、帕利库廷火山(墨西哥)、维苏威火山(意大利)、阿瓦琴火山和克留契夫火山(前苏联),都具有斯通博利型喷发特点。

3.2.4.4　武尔卡诺型喷发

武尔卡诺岛位于地中海西西里岛附近。这种类型喷发比斯通博利式火山熔岩黏度更大,呈熔浆状,喷发较为猛烈。不喷发时在火山口上形成较厚的固结外壳,气体在固结的外壳下聚集,使熔岩柱的上部气体趋于饱和。当压力增大时,发生猛烈的爆炸,有时足以摧毁一部分火山锥,使阻塞物被炸开,一些碎片和熔岩组成的"面包皮状火山弹"和火山渣被一起喷出,同时伴随着含相当数量火山灰的"菜花状"喷发云。当火山口的"阻塞物"都被喷出后,就有熔岩流从火山口或火山锥侧缘的裂隙中涌出。

3.2.4.5　培雷式喷发

名字起源于西印度群岛马提尼克岛培雷火山1902年的喷发,当时毁灭了圣皮埃尔城,死亡人数超过3万。这种喷发产生高黏度岩浆,爆发特别强烈,最明显的特征是产生炽热的火山灰云,这是一种高热度气体,全是炽热的火山灰微粒,就像活动的乳浊液,密度大,当它沿山坡向下移动时,足以产生像飓风一样的效果。在培雷式喷发中,向上逃逸的气体经常被火山口中的熔岩堵住,压力逐渐增大,发生爆炸时就像从瓶塞底下喷出水平方向的一阵疾风。熔岩被火山灰含量很高的气体所推动向外流出,但除了从火口中流出黏稠的熔岩外,其他地方就没有熔岩流出的现象了。历史上发生培雷式喷发的火山较多:1835 年科西圭那、1883 年喀拉喀托、1902 年苏弗里埃尔、1912 年卡特迈、1951 年拉明顿火山、1955—1956 年别兹米扬、1968 年马荣和 1982 年埃尔奇琼火山喷发都属此种类型。

3.2.4.6　普林尼式喷发

岩浆黏度大、爆发强烈,火山碎屑物常达 90％以上,其中围岩碎屑占 10％～25％,喷出物以流纹质与粗面质浮岩、火山灰为主,分布较广,伴有少量熔岩流或火山灰流。由于爆发强烈及岩浆物质大量抛出,常形成锥顶崩塌的破火山口。这种火山喷发过程常为:清除火山通道—岩浆泡沫化—猛烈爆发出浮岩及火山灰—通道壁上碎石坠入及堵塞火山通道,如此反复作用,形成复杂的火山机构。公元 79 年维苏威火山爆发是典型的普林尼式喷发,伴随喷发大规模降落浮石、火山渣和火山灰。喷出的火山渣顺风降落,离火山口 13 km 的庞贝城,为平均 7 m 厚的浮石层所掩埋。日本 1783 年的浅间火山活动也同样降下浮石层,大喷发中同时有火山碎屑流和熔岩流喷出。1980 年 5 月 18 日美国圣海伦斯火山爆发也是普林尼式,爆发时形成热液—岩浆爆炸。

3.2.4.7　超武尔卡诺型喷发

这种喷发和水蒸气爆发一样,几乎是无岩浆物质的爆发式喷发。有的称超火山型爆发。由于喷发只有喷发物质而无熔岩,因此,喷发物质是在冷却状态下喷发的,偶尔在炽热状态下喷出。其特点是出现大量的基底火山碎屑,有时可达 75％～100％。超武尔卡诺型喷发出的物质体积大小变化很大,从巨形岩块到火山灰均有。碎屑通常是棱角状和尖棱角状,无火山弹和熔渣。

3.2.4.8　苏特塞式喷发

1963—1967 年,冰岛南部近海不停的火山喷发产生一个苏特塞火山岛。火山活动的前半个时期,在浅海海底的一个火山口以反复爆发式喷发为特征,当玄武质岩浆与海水接触时又发生爆炸,产生大量细粒物质(火山灰),这种由岩浆—水蒸气、水蒸气—岩浆爆发的类型与陆上的斯通博利型喷发不一样。

以上的分类法也不是最完善的,实际调查揭示,即使是同一种喷发类型也可能出现在不同类型的火山作用中,而同一座火山在自身的活动过程中也可能产生不同的喷发类型,甚至在同一喷发期也有时出现不同的火山活动形式。如以斯通博利型而命名的斯通博利火山,发生几次武尔卡诺型喷发;命名为夏威夷式喷发的基拉韦厄和冒纳罗亚火山,在不同时期均观测到从斯通博利型到超武尔卡诺型的喷发。

3.2.5　火山喷发前的预兆

地震　火山活动的过程常造成许多微小地震或强烈地震。地震的发生也常导致火山活动。1999 年记录的 27 起火山活动,有 14 起出现在土耳其大地震以后短短的两个多月内。地球内部因物质运动而引起岩石层的破裂是产生火山和地震的根本原因;天文因素如日月的引潮力等也对地震起到诱发作用,但根本的动力仍是地球内部能量的积累。火山活动和地震是一对孪生兄弟,1999 年 8—10 月是大地震频发的时期,火山活动也激增,全球共发生火山爆发 17 起。

气味　在火山爆发以前,岩浆在地下大量聚集,并且向地表迫近。这时岩浆中的气体和水蒸气有一部分先行飘散出来,在这些气味中,有硫黄的蒸汽和许多含硫的气体,因此,人们通常可以嗅到难闻的气味。

银器变黑　硫和银化合能生成黑色的硫化银,所以火山爆发前银器的表面会变黑。

动物异常　和地震的情况相似,有些动物会表现出烦躁不安的神态。临近大爆发的时刻,飘散出来的气体和水蒸气更多,看起来就好像冒烟了。这些气体有的是有毒的,同时,岩浆温度很高,它在地下聚集时,使上面的表土温度升高,这些都会使那些敏感的动物察觉后逃走,抵抗力弱的动物还会因中毒而死亡。

仪表测定　虽然人类的感觉器官不如某些动物灵敏,但是,人类可以用精密的仪表来进行观测而获得信息。如将特制的温度计放到地下去测量土地温度的变化;可以经常采取空气样品,来化验分析它的成分;还可用一种能敏锐地察觉重力变化的仪器,用于收集岩浆是不是在地下大量聚集的信息,如果地下的岩浆增多,那里的重力就会加大;在火山爆发前地下常发出的响声,也可以用科学仪器探测出来。

声波　这是新西兰科学家新近发现的预报火山灾害的新方法。2001 年 9 月,一些新西兰籍科学家宣布,他们发现了一种预报火山灾害的新方法,即利用地球地心内部发生的声波,分析地壳裂缝形成的方向,预报火山爆发的准确时间。这些新西兰籍科学家从新西兰鲁阿佩胡火山最近两次的大规模爆发中,收集了大量的科学数据,发现火山爆发前后,地球地心内部发生的声波呈现出有规律的变化,这些声波是地表之下的岩石层断裂所形成的。在火山爆发之前,地壳通常会出现裂缝,这样,人类只要密切观察那些裂缝形成的方向,就能够提前预报火山灾害发生的准确时间。不过,科学家也指出,在收集到更多的相关资料之前,这种预报火山灾害的新方法只能作为各种预报技术的一部分。

地形变化　由于火山爆发前,地下岩浆在活动,产生地应力,因此使地面起伏有所改变。

　　火山上的冰雪融化　　许多高大的火山常年处于雪线以上,爆发前由于岩浆活动、地温升高,火山上的冰雪融化预示将要爆发。

　　火山发出隆隆的响声　　由于岩浆和气体膨胀,尚未冲出火山口时的响声,预告喷发即将来临。

　　火山附近的水温、地温监测　　火山喷发前温度一般都升高,通过测量火山附近的水温、地温可以提前预知。

3.3　火山爆发的危害

　　在地球上几乎每年都有规模和程度不同的火山喷发,给人类活动和生存带来了很大的危害。全球大约四分之一的人口生活在火山活动区的危险地带。据统计,在近 400 年的时间里,火山喷发已经夺去了大约 27 万人的生命。特别是在活火山集中的环太平洋地区,火山灾害更为突出。因此,火山灾害被列为世界主要自然灾害之一。在 1991—2000 年"国际减轻自然灾害十年"计划中,减轻火山灾害也是其中一项重要的内容,火山灾害已经排在主要自然灾害的第六位。

　　火山灾害有两大类,一类是由于火山喷发本身造成的直接灾害,另一类是由于火山喷发而引起的间接灾害,实际上,在火山喷发时,这两类灾害常常是兼而有之。火山碎屑流、火山熔岩流、火山喷发物(包括火山碎屑和火山灰)、火山喷发引起的泥石流、滑坡、地震、海啸等都能造成灾害。

3.3.1　灾害类型

　　火山碎屑流灾害　　火山碎屑流是大规模火山喷发比较常见的产物。公元 79 年意大利维苏威火山喷发就是火山碎屑流灾害的典型实例,也是有史以来规模最大的火山喷发事件之一。当时,6 条炽热的火山碎屑流,很快埋没了繁华的庞贝城,使庞贝城瞬间就在地球上消失,直到 1689 年这座古城才被后人发现。其他几个著名的海滨城市也遭到了不同程度的破坏。1815 年 4 月 5 日印度尼西亚坦博拉火山喷发,是人类历史上有记载的最猛烈的火山爆发事件。大量的火山灰落在了远达婆罗洲、苏拉威西岛、爪哇岛和马路古群岛的区域。火山碎屑流如洪水般夺去了 1 万余人的生命。后来,火山喷发带来的食物短缺和疫病蔓延,又造成 8 万多人死亡。这次火山爆发还造成全球气候异常;1816 年成为没有夏天的年份,由于影响了北美洲和欧洲的气候,北半球农作物歉收,家畜死亡,导致 19 世纪最严重的饥荒。

　　火山熔岩流灾害　　火山喷发,特别是裂隙式喷发,熔岩流经过的地域多,覆盖面积大,造成危害也很严重。1783 年冰岛拉基火山喷发,岩浆沿着 16 km 长的裂隙喷出,淹没了周围的村庄,覆盖面积达 565 km² 。造成冰岛人口减少五分之一,家畜死亡一半。

火山碎屑和火山灰灾害　通常,火山爆发会抛出大量的火山碎屑和火山灰,它们会掩埋房屋、破坏建筑,危及生命安全。1951 年 1 月巴布亚新几内亚的拉明顿火山爆发,炽热的火山灰毁坏的土地面积大约 90 平方英里[①],造成房屋倒塌,2942 人丧生,危害严重。1963 年印度尼西亚阿贡火山爆发时,直接死于火山灰的人数就达 1670 余人。

火山引发泥石流灾害　泥石流是火山爆发引发的一种破坏力极大的流体,可以给流经地区造成严重的破坏。1985 年哥伦比亚华多德尔·鲁伊斯火山爆发,火山碎屑流溶化了山顶冰盖,形成大规模的泥石流,造成 2 万多人丧生,7700 余人无家可归。

火山喷气灾害　火山爆发时常伴有大量气体喷出。有些火山喷发释放出的有毒气体足以致人于死地。

3.3.2　主要危害

火山危害性最大的是其喷出的碎屑物质和熔岩。主要的危害有:造成人员伤亡;毁坏房屋、耕地、道路、桥梁;堵塞河流,使河水泛滥成灾;可能引起地震、海啸、滑坡和泥石流等灾害;影响全球气候;破坏环境。火山灰、熔岩流、火山碎屑流以及与火山喷发相伴生的火山泥石流、地震、海啸等均可造成巨大的灾害,甚至带来长期的灾害后果,引起全球性的气候变化,导致大区域性的灾荒。据统计,每年全球约有 50~65 座火山喷发,对人类的生活构成了严重的威胁。从 20 世纪 20 年代以来,不少国家为防御和减轻火山灾害,开展了火山活动的监测研究,进行火山灾害预测,采取了相应的抗灾减灾对策。

火山爆发危害主要表现在:

(1)人员伤亡

火山爆发呈现了大自然疯狂的一面。一座爆发中的火山,可能会流出灼热的红色熔岩流,或是喷出大量的火山灰和火山气体。这样的自然浩劫可能造成成千上万人伤亡的惨剧。火山爆发时常伴有大量气体喷出。有些火山喷发释放出的有毒气体足以致人于死地。1986 年 8 月喀麦隆尼沃斯火山喷发,有 1700 余人死于火山喷出的二氧化碳等大量有害气体。

(2)损坏财产

火山爆发喷出的大量火山灰和暴雨结合形成泥石流能冲毁道路、桥梁,淹没附近的乡村和城市,使得无数人无家可归。泥土、岩石碎屑形成的泥浆可像洪水一般淹没整座城市。

(3)影响航运

冰岛埃亚菲亚德拉冰盖火山 2010 年 4 月大规模喷发,火山灰迫使欧洲多国关闭

---

①　1 平方英里＝2.5899 km² ,下同。

机场,航空业遭重创。欧洲各航空公司因受火山灰影响,在 4 月份的运输量下降 11.7%。冰岛火山灰危机对全球航空业的损失高达 17 亿美元。

印度尼西亚默拉皮火山自 2010 年 10 月 26 日以来多次喷发,几千万立方米的气体、碎石和火山灰柱冲上数千米高空,受火山灰影响,多家航空运营受影响。

火山灰能够钻入飞机发动机的零部件阻塞发动机,导致各种各样的破坏。

(4)影响全球气候

火山爆发时喷出的大量火山灰和火山气体,对气候造成极大的影响。火山活动不断产生的碳化合物会在短时间内加强温室效应,造成气温上升。如 1991 年皮纳图博火山喷发使得全球范围内大气层温度升高 0.5℃。因为在这种情况下,昏暗的白昼和狂风暴雨,甚至泥浆雨都会困扰当地居民长达数月之久。火山灰和火山气体被喷到高空中去,它们就会随风散布到很远的地方。这些火山物质会遮住阳光,导致气温下降。此外,它们还会滤掉某些波长的光线,使得太阳和月亮看起来就像蒙上一层光晕,或是泛着奇异的色彩,尤其在日出和日落时能形成奇特的自然景观。

其次,火山灰可能根据火山喷发持续时间长度,在大气层中形成一个新的尘灰层,并大范围扩散,这一新的层段将反射太阳辐射,使平流层温度升高,并降低尘层以下的大气温度。此外,火山灰产生的硫化物容易受到太阳辐射的影响,可能在火山喷发后两年内难以消散。

欧洲核能机构(ENEA)就此回顾了关于火山喷发影响气候变化的历史资料,指出就大气层升温而言,就地面温度变化而言,尽管有关历史资料不多,但部分案例十分突出,例如,1815 年印度洋布拉坦火山喷发,使 1816 年的印度尼西亚成为"无夏之国"。

(5)引发其他灾害

引发地震等灾害。改变地球面貌,形成熔岩高原、火山锥、火山地堑、火山构造凹地等地表形态;喷出碳酸气、火山灰和其他气体,改变大气成分及影响大气活动。火山喷发还可能引发火灾。如 2011 年 3 月 14 日,夏威夷基拉韦火山喷发引起火灾过火面积 30 hm^2。

3.4　火山喷发的益处

火山喷发常常给人类带来巨大的灾害,但火山也会给人类带来益处,主要表现在以下几个方面。

第一,可以给人类创造一些土地资源。土地是世界最宝贵的资源,火山喷发的火山灰使土壤肥沃,往往形成重要的农业区。像夏威夷岛全是火山喷发而形成的,太平洋中的许多岛屿也是火山形成的。

第二,形成许多矿产资源,包括非金属和金属资源。

第三,火山是地球的窗口,它将地下丰富的物质和信息带到地表,为科学工作者研究和了解地球内部组成和深层结构提供了必要的物质基础。

第四,火山是重要的旅游资源。世界上一些有名的风景区是由火山爆发形成的景观。我国的 41 个地质公园中有 7 个与火山有关。

美国黄石公园就是在火山爆发中形成的。美国黄石国家公园是世界第一座国家公园,成立于 1872 年。黄石公园位于美国中西部怀俄明州的西北角,并向西北方向延伸到爱达荷州和蒙大拿州,面积达 8956 km²,1978 年被列为世界自然遗产(图 3-9、图 3-10、图 3-11)。

图 3-9　黄石公园岩浆岩(周贵荣提供)　　　图 3-10　黄石公园热泉(周贵荣提供)

图 3-11　Morning Glory Pool 温泉(周贵荣提供)

3.5　火山爆发的预警及其应对

3.5.1　火山灾害的预测研究

　　火山灾害预测在日本、美国、意大利、印度尼西亚、菲律宾、新西兰、俄罗斯等一些多火山的国家普遍受到高度重视。国际上火山预测有许多成功的经验,如成功地实现了 1980 年美国圣海伦斯、1986 年日本伊豆大岛、1991 年菲律宾皮纳图博等火山的喷发预测。

　　为了预防火山灾害,利用火山资源,我国"九五"期间实施了"中国若干近代活动火山的监测与研究"国家重点项目。建立了长白山天池、腾冲、五大连池三个火山监测站,改变我国对活火山不设防的局面。随着研究的深入和国力的提高,我国将有更多的火山得到研究和监测。

　　"九五"期间,中国地震局、云南地震局建立了腾冲火山观测站,建立了流动地震台网、水平形变网、水准和重力观测网、超低频电磁波观测台,新钻一口 120 m 深的地球化学综合观测井,开始了火山的综合监测。

　　1997 年,按照国家"九五"重点项目"中国若干近代活动火山的监测与研究",中国地震局在长白山天池火山区开始了监测和研究工作。经过几年的研究,专家们认为,长白山是一个休眠的活火山,虽然休眠了 300 年,但世界上休眠数百年再次喷发的火山并不少见。地球物理探测表明,长白山天池下方有地壳岩浆囊存在的迹象,长白山天池具有再次喷发的危险,其喷发形式为爆炸式,由于天池 20 亿吨水的存在,使其喷发具有更大的破坏性。"九五"期间,中国地震局、吉林省地震局在长白山天池建立了火山监测站,包括:数字地震监测台网、定点形变观测系统、GPS 流动观测网、地球化学观测网。"九五"项目的实施结束了对天池火山不设防的局面。从目前的观测结果看,尚没有发现火山复苏的征兆。

3.5.2　火山警报

　　火山警报应急等级分级的启动条件及内容详见表 3-1、表 3-2 所示。

表 3-1　应急等级分级启动条件

应急等级	危险性等级	应急启动条件
一般应急	警报	高频地震震级增大。开始出现长周期地震,观测到地形迅速隆起,同时深部幔源气体增多。开始出现零星、小规模的喷气或火山灰喷发,岩石圈热力学状态开始动荡

续表

应急等级	危险性等级	应急启动条件
紧急应急	危险(临界状态)	明显出现火山颤动(C型地震),地壳表面隆起接近峰值,隆起速率减小,而引张应力增大,火山气体含量升高。开始出现频繁的蒸汽喷发和火山灰喷出
特别应急	灾害开始(不可逆转)	火山灰喷发活动增强,强烈的火山颤动往往持续很长时间,火山通道迅速扩张,变形以引张为主,可以观测到很高的火山气体含量,同时发生小规模熔岩流侵入,预示着大规模火山喷发即将来临

表 3-2　火山应急分级启动内容

应急等级	火山监测研究	政府	宣传	公众
一般应急	架设流动观测台网进行加密观测、加强火山危险性预测、提供更新了的火山灾害区划图	发布黄色警告,建立应急机构及其通信联络,设立应急避难疏散区、联系运输工具和食宿问题,疏散区的安全性	宣传火山知识	学习火山应急知识
紧急应急	进行喷发趋势、火山灾害与次生灾害预测、预报与灾害评估	发布橙色警告,调用运输工具,交通管制,食宿供给,社会治安,通信	动员撤离	有秩序撤离
特别应急	火山灾害评估、喷发后趋势判定	发布红色警告,调用运输工具,交通管制,食宿供给,社会治安,通信,抢险与救援	稳定社会,跟踪火山形势	有秩序撤离

3.5.3　火山爆发时如何逃生

(1)应对熔岩危害。迅速跑出熔岩流的路线范围。在火山的各种危害中,熔岩流可能对生命的威胁最小,因为人们能跑出熔岩流的路线。

(2)应对喷射物危害。如果从靠近火山喷发处逃离时,应佩戴头盔,或用其他物品护住头部,防止砸伤。

(3)应对火山灰危害。戴上护目镜、通气管面罩或滑雪镜能保护眼睛,但不是太阳镜。用一块湿布护住嘴和鼻子,如果可能,用工业防毒面具。到庇护所后,脱去衣服,彻底洗净暴露在外的皮肤,用干净水冲洗眼睛。

(4)应对气体球状物危害。如果附近没有坚实的地下建筑物,唯一的存活机会可能就是跳入水中;屏住呼吸半分钟左右,球状物就会滚过去。

切记:火山在喷发之前常常活动增加,伴有隆隆声和蒸汽与气体的溢出,硫黄味从当地河流中就可闻到。硫黄味、很大的隆隆声或从火山上冒出的蒸汽是警告的信号。

延伸阅读

造成重大死亡事故的十大火山爆发事件

火山爆发令人畏惧和恐怖,因为它们能以如此多的方式造成人员死亡——令人窒息的火山灰、流动的熔岩、溃堤湖泊泄水导致的水灾、山崩、泥石流、燃烧的天然气、冲击波、地震和海啸。即使不是突然爆发的火山也是致命的。美国《连线》杂志报道了造成重大死亡事故的十大火山爆发事件。

(1)1980 年的圣海伦火山爆发

圣海伦火山 1980 年 5 月 18 日爆发,是美国历史上死伤人数最多和对经济破坏最严重的一次火山爆发(1912 年阿拉斯加卡特迈火山爆发是美国历史上规模最大的一次火山爆发)。圣海伦火山爆发造成 57 人死亡,包括正在进行火山爆发观察的火山学家大卫·约翰斯顿在内。此次火山爆发还导致 250 幢住宅、47 座桥梁、24 km 铁路和 300 km 高速公路被摧毁。喷发出的火山灰和碎屑的体积达到了 2.3 km³,夷平了附近 600 km² 的植被和建筑物,是历史记载中最大规模的一次。山北坡的塌陷混杂着冰、雪和水形成了火山泥流。泥流沿 Toutle 河及 Cowlitz 河前进了数千米,摧毁了沿途的桥梁和伐木场。总共 300 万 m³ 的物质被泥流运送到了南方 27 km 外的哥伦比亚河里。诱发其爆发的部分原因是一次巨大的滑坡,因为该滑坡迅速降低了富含挥发性物质的岩浆的压力。

(2)1991 年的皮纳图博火山爆发

1991 年 6 月 9 日,经过 600 多年的沉寂,位于菲律宾吕宋岛、海拔 1436 m 的皮纳图博火山突然猛烈喷发,喷射出大约 4.9 km³ 的熔岩。火山喷出的灰、沙、石、蒸汽等直冲云霄达 32 km 高。两周内,伤亡 700 余人,20 多万人逃离家园,损失达 50 亿比索。四处飞扬的火山灰落下后形成了 5 cm 厚的火山灰层,覆盖了近 4000 km² 的土地,导致 3000 km² 的农田绝收、70 km² 的森林毁于一旦。火山灰甚至远落到印度尼西亚、马来西亚、新加坡、泰国及中国海南省、福建省和台湾等地。

(3)公元 79 年的维苏威火山爆发

维苏威火山(Vesuvius)是意大利乃至全世界最著名的火山之一,位于那不勒斯市东南,海拔高度 1281 m。其最为著名的一次喷发是公元 79 年 8 月 24 日的大规模喷发,灼热的火山碎屑流毁灭了当时极为繁华的拥有 2 万人口的庞贝古城,其他几个有名的海滨城市如赫库兰尼姆、斯塔比亚等也遭到严重破坏,导致至少 3360 人死亡,甚至可能多达 1.6 万人死亡。火山喷出黑色的烟云,炽热的火山灰石雨点般落下,有毒气体涌入空气中。庞贝城只有四分之一的居民幸免于难,其余的不是被火山灰掩埋,就是被浓烟窒息,或者被倒塌的建筑物压死。

(4)1783 年的拉基火山爆发

1783 年 6 月 8 日,位于冰岛南部一直休眠的拉基火山突然复活,覆盖 565 km² 的土地。拉基火山这次爆发断断续续持续了 4 个月,被认为是有史以来地球上最大的熔岩喷发。拉基火山位于远离居民点的山区偏僻的地方,所以没有直接造成人员伤亡。但火山灰覆盖了地面,抑制了植物生长。释放出的大量硫黄气体妨碍了冰岛的作物和草木生长,造成大部分家畜死亡。接着来临的冬季对冰岛人来说是雪上加霜。他们吃完了储备食品,发生了饥馑。全岛五分之一的人口(约 9500 人)活活饿死。大量的火山气体造成欧洲大陆大部分地区上空烟雾弥漫,甚至波及叙利亚、西伯利亚西部的阿尔泰山区及北非,最终导致全球死亡人数达上述人数的 10 倍之多。

(5)1586 年的克卢德火山爆发

印度尼西亚克卢德火山在近 1000 年里已经爆发了 30 多次。克卢德火山位于人口稠密的东爪哇,距离印度尼西亚第二大城市泗水不过 90 km。自从有记录以来,克卢德火山已夺走 15000 多条生命:1990 年的爆发导致 34 人罹难,数百人受伤;1919 年的大爆发响彻好几百千米,造成数十个村庄被毁,至少 5500 人死亡;1586 年的爆发,死亡 1 万人。

(6)1792 年的云仙岳火山爆发

日本云仙岳火山在 1792 年发生一次大喷发,山崩导致了海啸,山崩和海啸共同导致 15000 人死亡,这可能是日本有史以来最严重的火山灾难。1991 年 6 月 3 日此火山再次喷发,迫使火山附近成千上万户人家迁离,但还是有不少人员死亡。

(7)1985 年的内华达德鲁兹火山爆发

哥伦比亚被冰雪覆盖的内华达德鲁兹火山(Nevadadel Ruiz)于 1985 年 11 月 13 日爆发,虽然喷发强度相对比较小,但跟着发生的伴着融化了的冰雪的火山灰和气体形成了泥石流。当此泥石流滚滚而下时,不断加入泥土和岩石,加大了其体积和密度,致使 39 m 深的泥石流以 48 km/h 的速度横扫一些有人居住的河谷,毁坏它们一路经过的所有东西。Armero 镇虽然距离此火山大约 74 km,但此火山爆发后 2 个半小时,泥石流就到达了这里,毁灭了 Armero 镇,导致这里四分之三的人口,约 25000 人死亡,成为了哥伦比亚最严重的自然灾难。

(8)1902 年的培雷火山爆发

培雷火山位于加勒比海东部西印度群岛的马提尼克岛北部,高 1350 m,为全岛最高峰。培雷火山是东加勒比海诸岛中活动最频繁的活火山之一。1902 年 5 月 8 日,培雷火山猛烈喷发,导致其南 6 km 的圣皮埃尔全城被毁,喷发物覆盖了全岛六分之一的土地,全城 3 万居民几乎全部丧生,只有 2 人幸免于难。3 个附近的镇也遭受了同样的命运,其港口 16 艘船上的员工全部遇难。在其焚烧过的 26 km² 的土地上,有多达 3.6 万人死亡,只有 30 人幸免于难。1902 年的这次喷发是造成死亡人数最多的一次火山喷发,也是世界上损失最惨重的灾难之一。

(9)1883 年的喀拉喀托火山爆发

1883 年 8 月 27 日,位于印度尼西亚的喀拉喀托火山爆发,爆发引起的连续海啸甚至致使海水掀起 40 m 高巨浪,卷走沿岸渔船及村舍,3.6 万余人葬身海底。火山的喷出物覆盖了周围方圆 125 英里的地区,使这块地区陷入了整整两天的天昏地暗,并且出现了神奇的日落现象。这次爆发和随后的火山倒塌崩溃,使喀拉喀托火山最终的残迹只与海平面一样高。

(10)1815 年的坦博拉火山爆发

印度尼西亚坦博拉火山 1815 年的一次大喷发从 4 月 5 日持续到 7 月中旬,其释放的能量相当于第二次世界大战末期美国投在日本广岛的那颗原子弹爆炸威力的 8000 万倍,是人类目前所知道的最猛烈的火山爆发,火山爆发指数(VEI)为 7。这次火山爆发喷入空中的火山灰和碎石估计为 170 万 t。火山爆发时伴随的地震使海底地壳沉陷,引起了海啸,巨浪将位于火山旁的坦博拉镇吞没了。这次爆发导致 9.2 万人死亡,其中 8 万受害者死于饥饿,因为火山爆发严重毁坏了农业。火山灰和充满了浓厚尘埃的积云影响了整个北半球,造成了 1816 年异常的寒冷气候,农作物也严重歉收。所以有人说,那年没有夏季。

(来源:《世界科技报道》)

思 考 题

1. 火山发生的原因是什么?

2. 火山除了给人类带来灾害,还给人类带来哪些好处?

3. 如何减轻火山的灾害?

4. 为什么火山一般呈圆锥形链状排列?

第4章　地质灾害

　　我国地质条件复杂,是世界上地质灾害最严重、受威胁人口最多的国家之一。地质灾害隐蔽性、突发性和破坏性强,防范难度大。特别是近年来受极端天气、地震、工程建设等因素影响,我国地质灾害多发频发,给人民群众生命财产造成严重损失。

4.1　地质灾害概述

4.1.1　地质灾害类型

　　《地质灾害防治条例》(自2004年3月1日起施行)规定,地质灾害包括自然因素或者人为活动引发的危害人民生命和财产安全的山体崩塌、滑坡、泥石流、地面塌陷、地裂缝、地面沉降等与地质作用有关的灾害。本章主要介绍山体崩塌、滑坡、泥石流、地面塌陷、地裂缝、地面沉降6种地质灾害。

4.1.2　地质灾害等级及损失

　　地质灾害按照人员伤亡、经济损失的大小,分为四个等级:
　　(1)特大型:因灾死亡30人以上或者直接经济损失1000万元以上的。
　　(2)大型:因灾死亡10~30人或者直接经济损失500~1000万元的。
　　(3)中型:因灾死亡3~10人或者直接经济损失100~500万元的。
　　(4)小型:因灾死亡3人以下或者直接经济损失100万元以下的。
　　地质灾害常造成重大人员伤亡、牲畜伤亡,毁坏房屋、农田、工厂、矿山、交通、通信、电力、水利、国防设施,破坏生态环境。
　　我国是世界上地质灾害最严重的国家之一,地质灾害的易发区面积约占总面积的65%,有地质灾害隐患点约23万处。1995—2007年,我国平均每年因地质灾害死亡和失踪1050人,直接经济损失55.2亿元。
　　我国重大地质灾害(特大型和大型地质灾害)主要分布在川东鄂西地区、湘西和云贵高原区、青藏高原东缘、横断山高山峡谷区;在行政区划上,主要分布在云南、四川等地。

云南省山地面积占全省总面积的 94%,坡度大于 25°的面积占全省总面积的39.3%。特殊的地理环境导致地质灾害频繁发生,是我国地质灾害最为频发的地区之一。20 世纪 90 年代以来,云南地质灾害年均经济损失达 4.5 亿元,死亡 169 人。

最近十多年来,随着我国地质灾害减灾防灾体系的建立和完善,每年因地质灾害造成的人员伤亡已从 20 世纪末的 1000 多人下降到 800 人以下。

4.1.3　地质灾害主要预防措施

《地质灾害防治条例》(以下简称《条例》)于 2003 年 11 月 19 日由国务院第 29 次常务会议通过,并于 2004 年 3 月 1 日起施行。该《条例》是我国第一部有关地质灾害防治的行政法规,它的颁布实施标志着我国地质灾害防治工作正式步入法制轨道。该《条例》确定了三项原则、五项制度、五项防灾措施。

(1)三项原则

一是"预防为主、避让与治理相结合,全面规划、突出重点"的原则。随着科技不断发展和防灾减灾经验的不断积累,一些地质灾害的先兆是可以被人们捕捉到的,政府和有关部门可以通过这些信息,预报预警地质灾害,或者采取有效措施,最大限度地减少人员伤亡和财产损失。

二是"自然因素造成的地质灾害,由各级人民政府负责治理;人为因素引发的地质灾害,'谁引发、谁治理'"的原则。灾害治理投入大,工期长,《条例》明确自然灾害治理由各级政府承担,中央政府以及灾害所在地的各级政府,都负有治理的责任。人为引发的灾害,不仅仅是"谁引发、谁治理",给他人造成损失的,还得依法承担赔偿责任;构成犯罪的,依法追究刑事责任。

三是"统一管理、分工协作"的原则。《条例》规定,国务院国土资源主管部门负责全国地质灾害防治的组织、协调、指导和监管工作,国务院其他有关部门按照各自的职责负责有关的地质灾害防治工作;县级以上地方人民政府国土资源主管部门负责本行政区域内地质灾害防治的组织、协调、指导和监督工作,县级以上地方人民政府其他有关部门按照各自的职责负责有关的地质灾害防治工作。

(2)五项制度

一是地质灾害调查制度。《条例》规定,国务院国土资源主管部门会同国务院建设、水利、铁路、交通等部门结合地质环境状况组织开展全国的地质灾害调查,县级以上人民政府国土资源主管部门会同同级建设、水利、铁路、交通等部门结合地质环境状况组织开展本行政区域的地质灾害调查。

二是地质灾害预报制度。预报内容包括地质灾害可能发生的时间、地点、成灾范围和影响程度等。地质灾害预报由县级以上人民政府国土资源主管部门会同气象主管部门发布。

三是工程建设地质灾害危险性评估制度。《条例》规定,在地质灾害易发区内进行工程建设应当在建设项目的可行性研究阶段进行地质灾害危险性评估,并将评估结果作为可行性研究报告的组成部分;可行性研究报告未包含地质灾害危险性评估结果的,不得批准。

四是地质灾害危险性评估和地质灾害防治工程资质管理制度。《条例》规定,凡是从事地质灾害危险性评估和地质灾害防治工程勘查、设计、施工及监理单位,都必须经省级以上国土资源主管部门对其资质条件进行审查,取得相应的资质证书后,方可在资质等级许可范围内从事相应工作。

五是与建设工程配套实施的地质灾害治理工程的"三同时"制度。《条例》规定,经评估认为可能引发地质灾害或者可能遭受地质灾害危害的建设工程,应当配套建设地质灾害治理工程。地质灾害治理工程的设计、施工和验收应当与主体工程的设计、施工和验收同时进行。配套的地质灾害治理工程未经验收或者验收不合格,主体工程不得投入生产或者使用。

(3)五项措施

一是国家建立地质灾害监测网络和预警信息系统。

二是县级以上人民政府要制定突发性地质灾害应急预案并公布实施。

三是县级以上地方人民政府要制定年度地质灾害防治方案并公布实施。

四是发生地质灾害险情时,各级人民政府要成立地质灾害抢险救灾指挥机构,编制突发性地质灾害应急预案,统一协调相关部门,指挥和组织地质灾害抢险救灾。

五是地质灾害易发区的县、乡、村应当加强地质灾害群测群防工作。

(4)地质灾害防治对策

(1)加强宣传,增强全民的防灾意识,提高全社会的防灾、抗灾和救灾的综合防御能力和人们对灾害的心理承受能力。

(2)加强对各种地质灾害的孕育、发展、发生规律的研究工作,探索地质灾害预测、预报和预防方法。

(3)地质灾害的防灾减灾工作是涉及方方面面的系统工程,只有在各级政府和全社会、专业队伍共同努力下,走综合防御的道路才能达到减灾增效的目的。

(4)制定有关法律、法规,以法律的形式规范地质灾害的防灾减灾行为,同时,制定应急和组织救灾的预案,在灾害监测、灾害预防、灾害应急、灾后救灾与重建等环节上作好预案,做到有备无患,把灾害损失减轻到最低程度。

(5)提高防灾、减灾科学技术的现代化,开发新技术、新方法,不断增强对地质灾害的预测预报能力。

(6)加强城市、重大建设工程和生命线工程抗御灾害的能力,做好建设工程地质灾害危险性评估工作。

(7)积极开展地质灾害的保险工作。

4.2　泥石流灾害及防灾减灾

4.2.1　泥石流的概念、分类及特点

泥石流是发生在山区,由泥沙、石块等松散物质和水体混合构成的特殊洪流。泥石流通过冲击、淤埋、堵河等方式危害人民生命财产安全。

4.2.1.1　按泥石流成因分类

冰川型泥石流　是指分布在高山冰川积雪盘踞的山区,其形成、发展与冰川发育过程密切相关的一类泥石流。它们是在冰川的前进与后退、冰雪的积累与消融,以及与此相伴生的冰崩、雪崩、冰碛湖溃决等动力作用下所产生的,又可分为冰雪消融型、冰雪消融及降雨混合型、冰崩—雪崩型及冰湖溃决型等亚类。

降雨型泥石流　是指在非冰川地区,以降雨为水体来源,以不同的松散堆积物为固体物质补给来源的一类泥石流。根据降雨方式的不同,降雨型泥石流又分为暴雨型、台风雨型和降雨型三个亚类。

共生型泥石流　这是一种特殊的成因类型。根据共生作用的方式,又可以分为滑坡型泥石流、山崩型泥石流、湖岸溃决型泥石流、地震型泥石流和火山型泥石流等。

4.2.1.2　按泥石流体的物质组成分类

泥石流　这是由浆体和石块共同组成的特殊流体,固体成分从粒径小于 0.005 mm 的黏土粉砂到几米至 $10\sim20$ m 的大漂砾。它的级配范围之大是其他类型的夹沙水流所无法比拟的。这类泥石流在我国山区的分布范围比较广泛,对山区的经济建设和国防建设危害十分严重。

泥流　是指发育在我国黄土高原地区,以细粒泥石流为主要固体成分的泥质流。泥流中黏粒含量大于石质山区的泥石流,黏粒重量比可达 15% 以上。泥流含少量碎石、岩屑,黏度大,呈稠泥状,结构比泥石流更为明显。我国黄河中游地区干流和支流中的泥沙,大多来自这些泥流沟。

水石流　是指发育在大理岩、白云岩、石灰岩、砾岩或部分花岗岩山区,由水和粗砂、砾石、大漂砾组成的特殊流体,黏粒含量小于泥石流和泥流。水石流的性质和形成,类似山洪。

4.2.1.3　按泥石流流体性质分类

黏性泥石流　黏性泥石流是含有大量细粒物质和少量碎石的泥石流,其固体物

质含量高(占 40%～80%),容重 1.8～2.3 t/m³。水和泥沙、石块聚集成一个黏稠的整体,并以相同的速度作整体运动。运动特点主要是具有很大的黏性和结构性。即使在开阔的堆积扇上运动,也是以狭窄的条带状向下奔泻,不发生散流现象,停积后仍保持运动时的结构。由于黏性泥石流常呈阵流,所以堆积扇的地面也坎坷不平。黏性泥石流经弯道时,并不一定循沟床运行,而往往直冲沟岸,甚至可以爬越高达 5～10 m 的阶地、陡坎或导流堤坝,截弯取直。而且其持续时间短,破坏力大,常在几分钟或几小时内把几万甚至几百万立方米的泥、砂、石块和巨砾搬出山外,造成巨大灾害。

稀性泥石流　又称紊流型泥石流(turbulence mud flow)。固体物质含量较低(占 10%～40%),容重 1.3～1.5 t/m³,黏度小于 0.3 Pa·s 的泥石流。流态为紊流或半紊流;石块的搬运呈滚动、跃移方式。稀性泥石流对河床的下切作用较明显,流动性较强。

4.2.1.4　其他分类

按水源类型划分为:降雨型、冰川型、溃坝型。

按泥石流沟的发育阶段划分为:发展期泥石流、旺盛期泥石流、衰退期泥石流、停歇期泥石流。

按地形形态划分为:沟谷型、坡面型(图 4-1、图 4-2)。

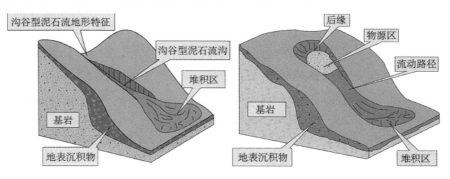

图 4-1　沟谷型泥石流和坡面型泥石流

图 4-2　云南省东川区老泥石流沟

泥石流和洪水的区别在于流体中的含砂量,一般地,当流体中的含砂量在 600 kg/m³(即容重为 1.3 t/m³)以上,泥流在 800 kg/m³(即容重为 1.6 t/m³)以上,即可认定为泥石流;洪水的含砂量一般低于该指标。另外,洪水和泥石流在流通区和堆积区的表现也有所不同。在流通区,洪水流动的时候基本沿一定的沟槽运动,所携带的泥沙一般颗粒粒径变化不大,侵蚀能力相对较小;泥石流流路不稳定,搬运能力巨大,往往携带巨大的砾石,侵蚀能力一般为洪水的数倍或数十倍。在堆积区,洪积物一般的沉积序列为先粗粒,后细粒;而典型的泥石流往往相反,先沉积细粒物质,后沉积粗粒物质,在堆积扇前缘形成堆积垄。洪水暴发频率高,而泥石流形成必须具备一定的条件,因此,爆发频率相对较低。

4.2.1.5　泥石流的特点和规律

具有暴发突然、来势凶猛、移动迅速之特点,并兼有崩塌、滑坡和洪水破坏的双重作用,其危害程度比单一的崩塌、滑坡和洪水的危害更为广泛和严重。

泥石流的发生时间具有如下规律:

季节性　泥石流的暴发主要是受连续降雨、暴雨,尤其是特大暴雨等集中降雨的激发。因此,泥石流发生的时间规律是与集中降雨时间规律相一致的,具有明显的季节性。一般发生于多雨的夏秋季节。

周期性　泥石流的发生受雨、洪、地震的影响,而雨洪、地震总是周期性地出现。因此,泥石流的发生和发展也具有一定的周期性,且其活动周期与雨洪、地震的活动周期大体一致。当雨洪、地震两者的活动周期相叠加时,常常形成一个泥石流活动周期的高潮。

泥石流的发生一般是在一次降雨的高峰期,或是在连续降雨稍后的时候。

4.2.2　泥石流的危害及其成灾方式

泥石流在流通区和堆积区常对所在地段的城镇、农村的生命财产和交通、矿山、水利、电力等基本建设工程造成毁灭性的破坏和影响。

按照破坏方式,泥石流的危害主要有:

淤埋危害　淤埋是泥石流堆积区一种常见的灾害形式,可使区内所有设施被淤埋。例如,1972 年四川冕宁罗玉沟泥石流冲毁淤埋房屋 7000 余间,耕地 500 余 hm²,死亡 105 人,造成重大生命财产损失。

冲毁危害　泥石流的流速很高,一般达每秒 10 余 m,并挟带大量巨型块石,流动过程中产生巨大冲刷、撞击能量。例如,1984 年 5 月 27 日云南东川黑山沟发生泥石流,冲毁居民、矿山房屋 4000 余间,死亡 121 余人。

堵河阻水危害　当泥石流规模大,并堆积于较大江河时,常形成"堆石坝",发生堵河阻水事件。阻塞轻者,使河床淤积抬高,形成险滩;阻塞严重者,形成水库,库区房屋、耕地淹没,并在岸边诱发滑坡、崩塌灾害,当"堆石坝"溃决时,常使下游遭受洪水或泥石流灾害,并形成新的滩。如云南东川蒋家沟,1919 年泥石流堵断小江 48 天,1937 年 40 天,1949 年 30 天,1954 年 19 天,1961 年 78 天,1964 年 98 天,1968 年 90 天。堵江使农田和公路反复被淹,加速河床淤高,洪水、泥石流灾害逐年加重。

弯道爬高、超高危害　泥石流速度快,惯性力大,前进遇障碍阻挡时,可冲击爬高、翻越障碍而过;弯道流动,凹岸泥石流面的超高显著,会使障碍物背面和凹岸坡成为潜在危险地带,常造成生命、财产损失。

按照破坏对象,泥石流的危害主要有:

对居民点的危害　泥石流最常见的危害之一是冲进乡村、城镇,摧毁房屋、工厂、企事业单位及其他场所、设施,淹没人畜,毁坏土地,甚至造成村毁人亡的灾难。

对公路、铁路的危害　泥石流可直接埋没车站、铁路、公路,摧毁路基、桥涵等设施,致使交通中断,还可引起正在运行的火车、汽车颠覆,造成重大的人身伤亡事故。有时泥石流汇入河流,引起河道大幅度变迁,间接毁坏公路、铁路及其他构筑物,甚至迫使道路改线,造成巨大经济损失。

对水利、水电工程的危害　主要是冲毁水电站、引水渠道及过沟建筑物,淤埋水电站尾水渠,并淤积水库、磨蚀坝面等。

对矿山的危害　主要是摧毁矿山及其设施,淤埋矿山坑道,伤害矿山人员,造成停工停产,甚至使矿山报废。

4.2.3　泥石流的形成条件

泥石流的形成,必须同时具备三个基本条件:

①有利于储集、运动和停淤的地形地貌条件。

②有丰富的松散土石碎屑固体物质来源。

③短时间内可提供充足的水源和适当的激发因素。

4.2.3.1　地形地貌条件

地形条件制约着泥石流形成、运动、规模等特征。主要包括泥石流的沟谷形态、集水面积、沟坡坡度与坡向和沟床纵坡降等。

沟谷形态　典型泥石流分为形成、流通、堆积等三个区,沟谷也相应具备三种不同形态。上游形成区多为三面环山、一面出口的漏斗状或树叶状,地势比较开阔,周围山高坡陡,植被生长不良,有利于水和碎屑固体物质聚集;中游流通区的地形多为狭窄陡深的狭谷,沟床纵坡降大,使泥石流能够迅猛直泻;下游堆积区的地形为开阔平坦的山前平原或较宽阔的河谷,使碎屑固体物质有堆积场地。

沟床纵坡降　沟床纵坡降是影响泥石流形成、运动特征的主要因素。一般来讲，沟床纵坡降越大，越有利于泥石流的发生，但比降在 10%～30% 的发生频率最高，5%～10% 和 30%～40% 的其次，其余发生频率较低。

沟坡坡度　沟坡坡度是影响泥石流固体物质的补给方式、数量和泥石流规模的主要因素。一般有利于提供固体物质的沟谷坡度，在我国东部中低山区为 10°～30°，固体物质的补给方式主要是滑坡和坡洪堆积土层；在西部高中山区多为 30°～70°，固体物质和补给方式主要是滑坡、崩塌和岩屑流。

集水面积　泥石流多形成在集水面积较小的沟谷，面积为 0.5～10 km² 者最易产生，小于 0.5 km² 和 10～50 km² 其次，发生在汇水面积大于 50 km² 以上者较少。

斜坡坡向　斜坡坡向对泥石流的形成、分布和活动强度也有一定影响。阳坡和阴坡比较，阳坡上有降水量较多，冰雪消融快，植被生长茂盛，岩石风化速度快、程度高等有利条件，故一般比阴坡容易发育泥石流。如我国东西走向的秦岭和喜马拉雅山的南坡上产生的泥石流比北坡要多得多。

4.2.3.2　碎屑固体物源条件

某一山区能作为泥石流中固体物质的松散土层的多少，与地区的地质构造、地层岩性、地震活动强度、山坡高陡程度、滑坡、崩塌等地质现象发育程度以及人类工程活动强度等有直接关系。

（1）与地质构造和地震活动强度的关系。地区地质构造越复杂，褶皱断层变动越强烈，特别是规模大，现今活动性强的断层带，岩体破碎十分发育，宽度可达数十至数百米，常成为泥石流丰富的固体物源。如我国西部的安宁河断裂带、小江断裂带、怒江断裂带、澜沧江断裂带、金沙江断裂带等，成为我国泥石流分布密度最高、规模最大的地带。在地震力的作用下，不仅使岩体结构疏松，而且直接触发大量滑坡、崩塌发生，特别是在 Ⅶ 度以上的地震烈度区。对岩体结构和斜坡的稳定性破坏尤为明显，可为泥石流发生提供丰富物源，这也是地震→滑坡、崩塌→泥石流灾害连环形成的根本原因。

（2）与地层岩性的关系。地层岩性与泥石流固体物源的关系，主要反映在岩石的抗风化和抗侵蚀能力的强弱上。一般软弱岩性层、胶结成岩作用差的岩性层和软硬相间的岩性层比岩性均一和坚硬的岩性层易遭受破坏，提供的松散物质也多，反之亦然。

除上述地质构造和地层岩性与泥石流固体物源的丰度有直接关系外，当山高坡陡时，斜坡岩体卸荷裂隙发育，坡脚多有崩坡积土层分布；地区滑坡、崩塌、倒石锥、冰川堆积等现象越发育，松散土层也就越多；人类工程活动越强烈，人工堆积的松散层也就越多，如采矿弃渣、基本建设开挖弃土、砍伐森林造成严重水土流失等，这些均可为泥石流发育提供丰富的固体物源。

4.2.3.3　水源条件

水既是泥石流的重要组成成分,又是泥石流的激发条件和搬运介质。泥石流水源提供有降雨、冰雪融水和水库(堰塞湖)溃决溢水等方式。

降雨　降雨是我国大部分泥石流形成的水源,遍及全国 20 多个省、自治区、直辖市,主要有云南、四川、重庆、西藏、陕西、青海、新疆、北京、河北、辽宁等,我国大部分地区降水充沛,并且具有降雨集中、多暴雨和特大暴雨的特点,这对激发泥石流的形成起了重要作用。特大暴雨是促使泥石流暴发的主要动力条件。处于停歇期的泥石流沟,在特大暴雨激发下,甚至有重新复活的可能性。连续降雨后的暴雨,是触发泥石流又一重要的动力条件,因为泥石流的发生与前期降水造成松散土含水饱和程度与 1 h、10 min 的短历时强降雨(雨强)所提供的激发水量有十分密切的关系。

冰雪融水　冰雪融水是青藏高原现代冰川和季节性积雪地区泥石流形成的主要水源。当夏季冰川融水过多,涌入冰湖时,造成冰湖溃决溢水而形成泥石流或水石流更为常见。

水库(堰塞湖)溃决溢水　当水库溃决,大量库水倾泻,而且下游又存在丰富松散堆积土时,常形成泥石流或水石流。特别是由泥石流、滑坡在河谷中堆积,形成的堰塞湖溃决时,更易形成泥石流或水石流。

4.2.4　泥石流诱发因素

(1)自然因素:强烈而且频繁的地震,导致岩体破碎,山体失去稳定性,暴雨、冰雪融水为泥石流提供了水源。

(2)人为因素:人类不合理的开发。由于工农业生产的发展,人类对自然资源的开发程度和规模也在不断发展。当人类活动违反自然规律时,必然引起大自然的报复,有些泥石流的发生就是由于人类不合理的开发而造成的。近年来,因为人为因素诱发的泥石流数量正在不断增加。可能诱发泥石流的人类工程经济活动主要有以下几个方面:

不合理开挖　修建铁路、公路、水渠以及其他工程建筑的不合理开挖。有些泥石流就是在修建铁路、公路、水渠以及其他建筑活动时破坏了山坡表层而形成的。如云南省东川至昆明公路的老干沟,因修公路及水渠,使山体遭受破坏,加之 1966 年犀牛山地震又形成滑坡、崩塌,致使泥石流更加严重。

不合理的弃土、弃渣、采石　不合理的弃土、弃渣及采石等形成的泥石流事例很多。如四川冕宁县泸沽铁矿汉罗沟,因不合理堆放弃土矿渣,1972 年一场大雨暴发了矿山泥石流,冲出松散固体物质约 10 万 m³,淤埋成昆铁路 300 m 和喜(德)—西

(昌)公路 250 m,中断行车,给交通运输带来严重损失。

滥伐乱垦　滥伐乱垦会使植被消失、山坡失去保护、土体疏松、冲沟发育,大大加重水土流失,进而山坡稳定性破坏,滑坡、崩塌等不良地质现象发育,结果就很容易产生泥石流。例如,甘肃省白龙江中游现在是我国著名的泥石流多发区,而在 1000 多年前,那里竹树茂密、山清水秀,后因伐木烧炭、烧山开荒,森林被破坏,才造成泥石流泛滥。

4.2.5　泥石流发生的征兆

①动物异常,如猪、狗、牛、羊、鸡惊恐不安,老鼠乱窜,植物形态发生变化。
②山谷中传出轰鸣声,主河流水上涨和正常流水突然中断。
③正常流水突然断流或增大并夹有较多的柴草、树木,确认上游已形成泥石流。
④从沟内传来轰鸣声,则泥石流正在形成,须迅速离开危险地段。
⑤沟谷深处变得昏暗并伴有轰鸣声或轻微的振动感,则沟谷上游已发生泥石流。

4.2.6　泥石流预防措施

(1)房屋不要建在沟口和沟道上
在村庄选址和规划建设过程中,房屋不能占据泄水沟道,也不宜离沟岸过近;已经占据沟道的房屋应迁移到安全地带。在沟道两侧修筑防护堤和营造防护林,可以避免或减轻因泥石流溢出沟槽而对两岸居民造成的伤害。

(2)不能把冲沟当做垃圾排放场
在冲沟中随意弃土、弃渣、堆放垃圾,将给泥石流的发生提供固体物源、促进泥石流的活动;当弃土、弃渣量很大时,可能在沟谷中形成堆积坝,堆积坝溃决时必然发生泥石流。因此,在雨季到来之前,最好能主动清除沟道中的障碍物,保证沟道有良好的泄洪能力。

(3)保护和改善山区生态环境
泥石流的产生和活动程度与生态环境质量有密切关系。提高小流域植被覆盖率,在村庄附近营造一定规模的防护林,不仅可以抑制泥石流形成、降低泥石流发生频率,而且当发生泥石流时,也多了一道保护生命财产安全的屏障。

(4)雨季不要在沟谷中长时间停留
雨天不要在沟谷中长时间停留。"一山分四季,十里不同天"是群众对山区气候变化无常的生动描述,沟谷下游是晴天,沟谷上游不一定是晴天,一旦听到上游传来异常声响,应迅速向与沟谷垂直的两岸高地逃生。

(5)泥石流监测预警
监测流域的降雨过程和降雨量,根据经验判断降雨激发泥石流的可能性。泥石流易发区进入雨季开展群测群防监测工作,要派人在村庄周围巡逻监测,发现险情,及时通知群众撤离。对城镇、村庄、厂矿上游的水库和尾矿库经常进行巡查,发现坝体不稳时,要及时采取避灾措施,防止坝体溃决引发泥石流灾害。

4.2.7 泥石流的应急减灾措施

泥石流灾害具有突发性,为减轻灾害损失,必须在泥石流发生前后,根据预测、预报、警报的情况,采取一系列有效的应急措施,主要包括下列几个方面。

4.2.7.1 常规避灾措施

当处于长期未暴发的泥石流沟威胁区或正在泥石流威胁区时,应高度警惕。通过泥石流预测确定为泥石流严重危害地区和村庄所处危险程度和避让对象,需要对区内人类活动进行严格的限制(如不能再建建筑物等),而且应制订和执行必要的疏散计划,按轻重缓急次序将人员及有关重大设施逐步转移到安全区内(能立即采取安全防护措施者除外),常规避灾计划需由当地政府及有关部门制订和执行,其内容应包括:被疏散地域范围;疏散的时间限期;疏散的行政组织;疏散地点容量及疏散后人民生活、生产的安排落实。

4.2.7.2 紧急避灾措施

按照泥石流短期预报或警报,某区域即将在数小时或数分钟内发生一定规模的泥石流,则应对被危害区居民及设施采取紧急疏散避灾或保护措施,人员需强行迁至安全区。其疏散避灾计划内容包括:被疏散地域范围;疏散的时间限期;疏散的交通运输工具及路线安排;疏散的具体户数及有关财产的安排;对铁路、公路等交通运输有影响时,明确限制停运的区间及时间;建立统一指挥的行政组织系统。

一般可建立临时躲避棚,躲避棚的位置要避开沟道凹岸或面积小而又低平的凸岸及陡峻的山坡下。应安置在距村庄较近的低缓山坡或高于 10 m 的阶台地上,切忌建在较陡山体的凹坡处,以免出现坡面坍滑;当前三日及当天的降雨累计达到100 mm 时,处于危险区内的人员应撤离。只有当降雨停止两小时以后方能返回住地,切忌雨小或刚停时即返回村庄;当听到沟内有轰鸣声或主河洪水上涨或正常流水突然断流,应意识到泥石流马上就要到来,应立即采取逃生措施。在逃逸时应注意:不要顺沟方向向上游或向下游跑,应向沟岸两侧山坡跑,但不要停留在凹坡处。

4.2.7.3 抢险救灾措施

在泥石流发生过程中,对遭受泥石流危害的人与物应进行抢护,使危害降至最低程度,其内容包括:

(1)组织抢险专业队伍;紧急加固或抢修各类临时防护工程,使之排除险情。

（2）对受灾人员的紧急救护和安置。

（3）密切监视泥石流的发展动向，严防出现重复灾害等。泥石流发生过后，对灾区应立即进行救灾工作，内容包括：协助灾区人民安排好必要的生活；帮助恢复交通、生产，组织群众开展生产自救，重建家园；向有关主管部门如实上报灾情，争取必要的物力、财力支持。

4.2.8　泥石流治理措施

①防护工程：指修建护坡、挡墙、顺坝、丁坝等。

②排导工程：指修建导流堤、急流槽、束流堤等。

③拦挡工程：指修建拦渣坝、支挡工程、截洪工程等。

④生物工程：指恢复植被、合理耕作。

4.2.9　泥石流避险常识

4.2.9.1　常用避险常识

（1）沿山谷徒步时，一旦遭遇大雨，要迅速转移到附近安全的高地，离山谷越远越好，不要在谷底过多停留。

（2）雨季尽量避免到泥石流高发区。到山区旅游要注意天气预报，注意观察周围环境，特别留意是否听到远处山谷传来打雷般声响，如听到要高度警惕，这很可能是泥石流将至的征兆。

（3）要选择平整的高地作为营地，尽可能避开有滚石和大量堆积物的山坡下面，不要在山谷和河沟底部扎营。

泥石流来临时怎样逃生？

——立刻向河床（沟谷）两岸高处跑。

——向与泥石流成垂直方向的两边山坡高处爬。

——来不及奔跑时要就地抱住河岸边上的树木。

在野外如何防止遭遇泥石流？

——下雨时不要在沟谷中停留或行走。

——一旦听到连续不断雷鸣般的响声，应立即向两侧山坡上转移。

——在穿越沟谷时，应先观察，确定安全后方可穿越。

——去野外劳作前要了解、掌握当地的天气趋势及灾害预报。

野外露宿时如何避免遭遇泥石流？

——千万不要在山谷和河沟底部露宿。

——露宿时避开有滚石和大量堆积物的山坡下面。

——可露宿在平整的高地。

4.2.9.2　如何救助被泥石流伤害的人员

泥石流对人的伤害主要是泥浆使人窒息。将压埋在泥浆或倒塌建筑物中的伤员救出后,应立即清除口、鼻、咽喉内的泥土及痰、血等,排除体内的污水。对昏迷的伤员,应将其平卧,头后仰,将舌头牵出,尽量保持呼吸道的畅通,如有外伤应采取止血、包扎、固定等方法处理,然后转送急救站或医院。

延伸阅读

东川泥石流分析

云南省昆明市东川区——举世闻名的"铜都"。铜资源历经上千年的开采,尤其是 20 世纪 50 年代之后的大规模开采后已近枯竭。1999 年,东川由省辖地级市改为昆明市辖的县级区,成为我国第一座因资源枯竭而致贫,并被降级的地级矿产资源衰退型城市。是世界各地泥石流研究人员的最佳研究基地,1961 年中国科学院建立东川泥石流观测研究站。

云南省东川区是世界上泥石流灾害最发育的地区,被国内外专家称为"世界泥石流天然博物馆"。泥石流的形成主要有三个原因:

地质构造:小江大断裂使山体岩石极度破碎,大量的散体物质是形成泥石流的先决条件。

气候条件:东川位于小江干热河谷,年降雨量不大,但单点暴雨强度大,降水量很集中,这样容易使松散物质迅速饱和后形成泥石流。

生态恶化:东川铜矿伐薪冶铜有上千年的历史,尤其是 20 世纪 50 年代以后毁灭性的伐薪炼铜,生态系统被破坏使生态环境严重恶化,水土流失严重。

1984 年 5 月 27 日 04 时 30 分,东川市西北 100 多 km 处的因民沟,发生由暴雨引起的泥石流。这次泥石流造成 121 人死亡,34 人受伤,死亡牲畜 360 头,冲走粮食 68.5 t,食用油 15 t,冲毁农田 213.7 hm²,冲毁各种建筑 4 万多 m²,管道 2 万多 m。

2008 年 7 月 31 日晚,东川区舍块乡茂炉村坟坪子村小组降单点暴雨,引发泥石流,3 人死亡。

国内外泥石流案例

(1)舟曲特大山洪泥石流灾害

2010 年 8 月 7 日 22 时许,甘南藏族自治州舟曲县突降强降雨,县城北面的罗家峪、三眼峪泥石流下泄,由北向南冲向县城,造成沿河房屋被冲毁,泥石流阻断白龙江,形成堰塞湖。截至 9 月 4 日,造成至少 1501 人遇难,264 人失踪,26470 人受灾(图 4-3)。

图 4-3　2010 年 8 月 15 日,人们在舟曲泥石流灾害现场举行哀悼活动

(资料来源:新华网)

(2)国内其他案例

2007 年 7 月 19 日 6 时,云南省保山市猴桥镇苏家河口电站施工工地发生一起泥石流灾害,死 29 人,伤 5 人。

2004 年 7 月 5 日,云南省德宏州盈江县发生百年不遇的特大洪涝泥石流灾害,造成了巨大的经济损失和人员伤亡。7 月 20 日,暴雨导致的洪水再次无情地肆虐该地区,造成了新中国成立以来当地最为严重的洪涝和泥石流灾害:江堤决口,农田被淹,房屋被毁,交通、通信和供电中断,受灾群众 54000 多人。灾害造成 30 人死亡,61 人失踪。

2001 年 6 月 18—19 日,湖南省绥宁县因连降暴雨诱发特大群发型滑坡、崩塌和泥石流地质灾害,受灾面积 112 km^2,受灾人口 21 万,死亡 99 人,直接经济损失 3.3 亿元。

2008 年 9 月 8 日,山西省临汾市襄汾县新塔矿业有限公司尾矿库发生特别重大溃坝事故,造成重大人员伤亡。这是一起特别重大责任事故。事故造成 270 人遇难或失踪。

2010 年 7 月 13 日,云南巧家县小河镇发生特大泥石流灾害,截至 17 日,已造成 19 人遇难,26 人失踪。一些原因不容忽视,如河道堵塞严重没有及时清理、违章建筑挤占河道等。

图 4-4　云南贡山县普拉底乡特大山洪泥石流灾害航拍图

2010 年 8 月 18 日,云南省怒江州贡山县普拉底乡发生特大山洪泥石流灾害,造成死亡、失踪人数 92 人(图 4-4)。

(3)国外典型特大泥石流案例

1970 年,秘鲁大地震引发瓦斯卡兰泥石流,500 多万 m³ 的雪水夹带泥石,以 100 km/s 的速度冲向秘鲁的容加依城,造成 2.3 万人死亡。

1985 年 11 月 13 日,哥伦比亚鲁伊斯火山爆发,山上的积雪融化后夹杂着泥石流顺坡而下,淤埋了山下的城镇、村庄和田地,阿美罗城成为废墟,造成 2.5 万人死亡,15 万家畜死亡,13 万人无家可归,经济损失高达 50 亿美元。

1999 年 12 月 15—16 日,委内瑞拉北部阿维拉山区加勒比海沿岸的 8 个州连降特大暴雨,造成山体大面积滑塌,数十条沟谷同时暴发大规模的泥石流,大量房屋被冲毁,多处公路被毁,大片农田被埋。据估计,全国有 33.7 万人受灾,14 万人无家可归,死亡人数超过 3 万,经济损失高达 100 亿美元,成为 20 世纪最严重的泥石流灾害。

4.3　滑坡、崩塌灾害及防灾减灾

4.3.1　滑坡与崩塌的基本概念

滑坡是指斜坡上的岩土体受水流冲刷、地下水活动、地震及人工切坡等影响,在重力作用下沿着一定的软弱面整体或部分顺坡下滑的现象,俗称"走山"。

崩塌(又称塌方)指陡坡上的岩土体在重力的作用下,突然脱离母体向下倾倒、翻滚,堆积在坡脚(沟谷)的地质现象。崩塌多发生在坡度大于 50°的斜坡上。

4.3.2　滑坡、崩塌形成的条件和动力破坏因素

4.3.2.1　滑坡崩塌形成的基本条件

滑坡、崩塌是长期地壳运动和地质作用的结果,滑坡、崩塌的形成,受各种条件的控制。

(1)地形地貌:地形条件的复杂程度及斜坡坡度控制着岩崩滑坡产生的净空条件。深沟大川强烈地形陡峻切割,悬崖临空高耸的地形条件是崩塌滑坡最有利的发生地段。

(2)地层岩性:斜坡的地层岩性是发生滑坡的物质基础。由于地层的岩性不同,它们的抗剪强度各不相同,发生滑坡的难易程度也就不同。岩性比较软弱,在构造作用、水、风化作用及其他外力作用影响下,容易形成土状或泥状的软弱层,易产生滑坡。

(3)地质构造:断裂破碎带、各种地质构造结构面、山体斜坡地下水的分布和运动规律、斜坡的内部结构等,与滑坡发生的难易程度有密切的关系。各种构造面,如节理、裂隙、层面、断层等,对坡体的切割、分离,为崩塌的形成提供脱离体(山体)的边界条件。坡体中的裂隙越发育、越易产生崩塌,与坡体延伸方向近乎平行的陡倾角构造面,最有利于崩塌的形成。

4.3.2.2　滑坡、崩塌动力破坏因素

(1)自然因素。主要包括昼夜的温差,季节的温度变化;降雨、融雪和地下水位;地表水的冲刷、淘蚀、溶解和软化裂隙充填物;地下水量的变化;水库、河道水流冲刷、潜蚀、淘蚀作用;地震等。

(2)人为因素。主要包括矿产资源采掘、开挖边坡、水库蓄泄水与渠道渗漏、堆填加载、采石、劈山放炮、乱砍滥伐等人类活动。

4.3.3　滑坡和崩塌的区分(图 4-5)

(1)差异

①崩塌发生之后,崩塌物常堆积在山坡脚,呈锥形体,结构零乱,毫无层序;而滑坡堆积物常具有一定的外部形状,滑坡体的整体性较好,反映出层序和结构特征。也就是说,在滑坡堆积物中,岩体(土体)的上下层位和新老关系没有多大的变化,仍然是有规律的分布。

②崩塌体完全脱离母体(山体),而滑坡体则很少是完全脱离母体的,多属部分滑体残留在滑床之上。

③崩塌发生之后,崩塌物的垂直位移量远大于水平位移量,其重心位置降低了很多;而滑坡则不然,通常是滑坡体的水平位移量大于垂直位移。多数滑坡体的重心位置降低不多,滑动距离却很大。同时,滑坡下滑速度一般比崩塌缓慢。

④崩塌堆积物表面基本上不见裂缝分布。而滑坡体表面,尤其是新发生的滑坡,其表面有很多具有一定规律性的纵横裂缝。例如,分布在滑坡体上部(也就是后部)的弧形拉张裂缝;分布在滑坡体中部两侧的剪切裂缝(呈羽毛状);分布在滑坡体前部的横张裂缝。其方向垂直于滑动方向,亦即受压力的方向;分布在滑坡体中前部,尤其是以滑坡舌部多为扇形张裂缝,或者称为滑坡前缘的放射状裂缝。

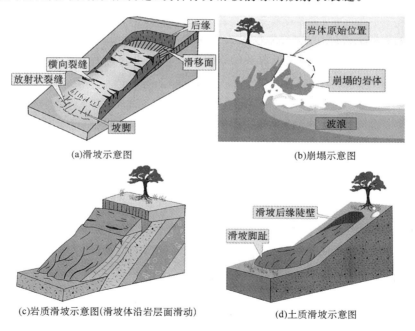

(a)滑坡示意图　　　　　　　　　　(b)崩塌示意图

(c)岩质滑坡示意图(滑坡体沿岩层面滑动)　　　(d)土质滑坡示意图

图 4-5　滑坡、崩塌示意图

（2）共同点

①崩塌、滑坡均为斜坡上的岩土体失稳向坡脚方向的运动。

②常在相同的或近似的地质环境条件下伴生。

③崩塌、滑坡可以相互包含或转化，如大滑坡体前缘的崩塌和崩塌堆载而形成的滑坡。

4.3.4　滑坡、崩塌发生的前兆

（1）滑坡发生的前兆

①滑坡山坡上有明显的裂缝，裂缝在近期有不断加长、加宽、增多现象，四周岩土体出现松弛、小型坍滑现象。

②滑坡体上多处房屋、道路、田坝、水渠出现变形拉裂现象。

③滑坡带岩土体因摩擦错动发出声响，并从裂缝中冒出热气或冷风。

④滑坡体上建筑物、树木出现歪斜、变形，说明滑坡有蠕滑。

⑤在滑坡前缘坡脚处，有堵塞多年的泉水复活现象，或出现泉（井）水突然干枯、井水位突变等异常现象。

⑥地下发生异常响声或动物惊恐异常。

（2）崩塌发生的前兆

①崩塌的前缘掉块、坠落，有小崩塌发生现象。

②崩塌的脚部出现新的破裂形迹，嗅到异常气味。

③不时听到岩石撕裂摩擦破碎声。

④出现热气、地下水等异常。

⑤动植物出现异常现象。

4.3.5　影响滑坡的活动时间、空间分布的相关因素及其规律

滑坡的活动时间主要与诱发滑坡的各种因素有关。大致有如下规律：

同时性　有些滑坡受诱发因素的作用后，立即发生。如强烈地震、暴雨、海啸、风暴潮等发生时和不合理的人类活动，如开挖、爆破等，都会有大量的滑坡出现。

滞后性　这种滞后性规律在降雨诱发型滑坡中表现最为明显，该类滑坡多发生在暴雨、大雨和长时间的连续降雨之后，滞后时间的长短与滑坡体的岩性、结构及降雨量的大小有关。

滑坡的空间分布主要与地质因素和气候因素等有关。通常下列地带是滑坡的易发和多发地区。

（1）江、河、湖（水库）、海、沟的岸坡地带，地形高差大的峡谷地区，山区、铁路、公路、工程建筑物的边坡地段等。这些地带为滑坡形成提供了有利的地形地貌条件。

（2）地质构造带之中，如断裂带、地震带等。通常地震烈度大于 7 度的地区，坡度大于 25°的坡体，在地震中极易发生滑坡；断裂带中的岩体破碎、裂隙发育，则非常有利于滑坡的形成。

（3）易滑（坡）的岩、土分布区。如松散覆盖层、黄土、泥岩、页岩、煤系地层、凝灰岩、片岩、板岩、千枚岩等岩、土的存在，为滑坡的形成提供了良好的物质基础。

（4）暴雨多发区或异常的强降雨地区。异常降雨为滑坡发生提供了有利的诱发因素。

4.3.6　滑坡、崩塌、泥石流间的关系

滑坡、崩塌、泥石流是三种不同的地质灾害，但三者之间具有相互联系、相互转化和不可分割的密切关系。

（1）滑坡与崩塌的关系

滑坡和崩塌如同孪生姐妹，甚至有着无法分割的联系。它们常常相伴而生，产生于相同的地质构造环境中和相同的地层岩性构造条件下，且有着相同的触发因素，容易产生滑坡的地带也是崩塌的易发区。

崩塌可转化为滑坡：一个地方长期不断地发生崩塌，其积累的大量崩塌堆积体在一定条件下可生成滑坡；有时崩塌在运动过程中直接转化为滑坡运动，且这种转化是比较常见的。有时岩土体的重力运动形式介于崩塌式运动和滑坡式运动之间，以至人们无法区别此运动是崩塌还是滑坡。因此，地质科学工作者称此为滑坡式崩塌，或崩塌型滑坡。

崩塌、滑坡在一定条件下可互相诱发、互相转化：崩塌体击落在老滑坡体或松散不稳定堆积体上部，在崩塌的重力冲击下，有时可使老滑坡复活或产生新滑坡。滑坡在向下滑动过程中若地形突然变陡，滑体就会由滑动转为坠落，即滑坡转化为崩塌。有时，由于滑坡后缘产生了许多裂缝，因而滑坡发生后其高陡的后壁会不断地发生崩塌。另外，滑坡和崩塌也有着相同的次生灾害和相似的发生前兆。

（2）滑坡、崩塌与泥石流的关系

滑坡、崩塌与泥石流的关系也十分密切，易发生滑坡、崩塌的区域也易发生泥石流，只不过泥石流的暴发多了一项必不可少的水源条件。崩塌和滑坡的物质经常是泥石流的重要固体物质来源。滑坡、崩塌还常常在运动过程中直接转化为泥石流，或者滑坡、崩塌发生一段时间后，其堆积物在一定的水源条件下生成泥石流。即泥石流是滑坡和崩塌的次生灾害。泥石流与滑坡、崩塌有着许多相同的触发因素。

4.3.7　滑坡、崩塌的主要危害

滑坡、崩塌是山区主要的自然灾害之一。它们摧毁农田、房舍，伤害人畜，毁坏森

林、道路及农业机械设施和水利水电设施,常常给工农业生产以及人民生命财产造成巨大损失,有的甚至是毁灭性的灾难。

滑坡、崩塌对乡村最主要的危害是摧毁农田、房舍,伤害人畜,毁坏森林、道路以及农业机械设施和水利水电设施等。

位于城镇附近的滑坡、崩塌常常砸埋房屋,伤亡人畜,毁坏田地,摧毁工厂、学校、机关单位等,并毁坏各种设施,造成停电、停水、停工,有时甚至毁灭整个城镇。

发生在工矿区的滑坡、崩塌,可摧毁矿山设施,伤亡职工,毁坏厂房,使矿山停工停产,常常造成重大损失。

崩塌、滑坡除给人类造成上述几方面的主要危害外,对水利水电、公路、铁路、河运及海洋工程方面也会造成很大危害。

滑坡、崩塌除直接成灾外,还常常造成一些次生灾害。最常见的次生灾害是:为泥石流累积固体物质源,促使泥石流灾害的发生;或者在滑、崩过程中在雨水或流水的参与下直接转化成泥石流。如重要城市周边山区沟谷中的滑坡,给泥石流的形成提供了大量的固体物质。

4.3.8 滑坡、崩塌应急措施

当发现可疑的滑坡活动时,应立即向有关部门报告;当发生滑坡时,要迅速撤离危险区及可能的影响区;滑坡发生后,在有关部门解除警报前,不得进入滑坡发生危险区。

4.3.8.1 遇到滑坡怎么办

首先应保持冷静,不能慌乱。要迅速环顾四周,向较为安全的地段撤离。跑离时,以向两侧跑为最佳方向。如果在向下滑动的山坡中,向上或向下跑是很危险的。遇到无法跑离的高速滑坡时,更不能慌乱,在一定条件下,如滑坡呈整体滑动时,原地不动或抱住大树等物,不失为一种有效的自救措施。

(1)野营时,避开陡峭的悬崖;避开植被稀少的山坡;避开潮湿的、有裂缝的山坡。

(2)外出旅游时,不在大雨天走进容易滑坡的地段;远离陡峭、破碎、疏松的斜坡;必须通过滑坡易发区时,应选择在干燥的季节与良好的气象条件下进行。

(3)行车遇山体滑坡,应下车探明情况,确认堆积物未全部堵截道路,车辆可以通过时再行驶;道路已被阻断,应将车辆停放在安全地区,并向道路主管部门报告情况。

4.3.8.2 如何抢救被掩埋的人员

用生命探测仪和搜救犬推断被困人员的大概方位,将滑坡体后缘的水排干,从滑坡体的侧面进行挖掘;救援不可用利器刨挖,让幸存者头部先暴露,蒙住眼睛,迅速清除口鼻内泥土,并为其松衣解带再行抢救;对颈腰椎受伤的人,不要生拉硬抬;必要时实施人工呼吸。人工呼吸方法:一手托起患者下颌,使其尽量后仰,另一手捏紧鼻孔,深吸一口气,迅速口对口将气吹入患者肺内。患者停止心跳时应进行人工呼吸和心脏按压,按压时:救护者双手重叠,指尖朝上,掌根部压在胸骨下 1/3 处垂直、均匀用力。

4.3.9 滑坡防治措施与防治原则

(1)防治措施

滑坡防治是一个系统工程。它包括预防滑坡发生和治理已经发生的滑坡两大领域。一般说来,预防是针对尚未严重变形与破坏的斜坡,或者是针对有可能发生滑坡的斜坡;治理是针对已经严重变形与破坏、有可能发生滑坡的斜坡,或者是针对已经发生滑坡的斜坡。

防治措施包括:工程防治,生物防治,搬迁避让,科学预警预报,群测群防。

工程防治:修筑护坡墙、支挡墙、导流堤、抗滑桩。

群测群防:防灾减灾的知识普及到群众中,发动群众力量,有效防范灾害。

(2)防治原则

滑坡防治应坚持"以预防为主、防治结合、综合防治"的原则。

①首先要搞好滑坡灾害知识的普及工作,增强全民对滑坡灾害的科学知识。

②加强预先勘察,防患于未然。避免或禁止在斜坡上修建厂矿等建筑物,设堆积场等时斜坡加载的工程,在斜坡下部修路障、挖沟切坡、挖洞采矿等削弱"抗滑能力"的工程,以及大量爆破等诱发滑坡的活动。

③合理选择施工方法和施工时间,以免破坏斜坡的稳定性。施工方法的正确与否,往往是减少或增大滑动的重要因素,因此,要设计科学合理的最低程度的破坏斜坡稳定性的施工程序和方法。在稳定性较差的斜坡上施工,应该选择在雨季前施工并完成,以避开雨季的影响。

④及时治理不稳定的斜坡。在施工期间或工程、建筑物运营后,如发现场地斜坡有不稳定迹象,要及时查明原因并进行整治,控制其发展。

⑤要严禁无规划、不合理的向斜坡引流,排泄地表水及地下水和生活废水,也要防止坡体的蓄水池、渠道等输水、蓄水设施向坡体渗漏。

⑥严禁在山坡上不合理开荒造田、乱砍滥伐,破坏上坡保护层。

4.3.10 滑坡、泥石流预警预报

滑坡、泥石流等地质灾害具有突发性强、灾害损失大的特点,建立地质灾害预警系统非常重要。地质灾害的形成是在一定的地层岩性与地质构造、地形地貌与地面坡度、土壤类型、植被覆盖、人类活动等孕灾背景下,受特定的气象因素(暴雨等)诱发形成的突发性地质灾害事件,地质灾害的发生具有季节性和一定规律性,提前预报预警可能性很大。一些省市建立了滑坡、泥石流预警预报系统(图 4-6)。预警系统精

细化程度、预报精度是影响地质灾害预警效果的重要因素。在监测预警方面,提出建设气象、水利、国土三位一体的监测预警信息共享和发布平台,建立预警联动机制;在加强监测预警基础上,更加突出建设规划和建设项目的地质灾害危险性评估,通过开展搬迁避让和临灾避险,有效规避灾害风险。

图 4-6　2011 年 7 月 15—16 日 20 时云南省泥石流、滑坡灾害危险等级预警预报图
(来源:云南省国土资源厅网站)

延伸阅读

典型滑坡案例:贵州省关岭县岗乌镇大寨村滑坡

2010 年 6 月 28 日,贵州省关岭县岗乌镇大寨村因连续强降雨引发山体滑坡,造成该村两个村民组 38 户 107 人被掩埋,62 人遇难。这是一起罕见的特大滑坡

碎屑流复合型灾害(图 4-7)。专家认为这次特大灾害的原因有以下四个方面:

一是当地地质结构比较特殊,山顶是比较坚硬的灰岩、白云岩,灰岩和白云岩虽然比较坚硬,但透水性好,容易形成溶洞,地势比较平缓的地层是易形成富水带的泥岩和砂岩,这种"上硬下软"的地质结构,不仅容易形成滑坡,也容易形成崩塌等地质灾害。

二是这次灾害发生前,当地经受了罕见的强降雨,仅 27 日和 28 日两天,降雨量就达 310 mm,其中,27 日 20 时至 28 日 11 时,降雨量就达到 237 mm,超过此前当地的所有气象记录。

三是当地地形特殊,发生滑坡的山体为上陡下缓的"靴状地形",加上高差大,相对高差达 400~500 m,因此,滑坡体下滑后冲力巨大,不仅形成碎屑流,而且滑动距离长达 1.5 km。

四是去年贵州遭遇历史上罕见的夏秋冬春四季连旱,强降雨更容易快速渗入山体下部的泥岩和砂岩中。

图 4-7　贵州省关岭滑坡灾害援救现场(来源:www.Yn119.cn)

此外,2010 年 9 月 1 日晚,云南省保山市隆阳区瓦马乡河东村委会大石坊村民小组发生山体滑坡。2008 年 11 月 2 日凌晨,云南省楚雄市双柏县发生特大滑坡泥石流地质灾害,造成 16 人死亡,多人受伤。原因是受孟加拉湾气流和地面冷空气的共同影响,连续降雨造成的。

4.4　地裂缝、地面沉降、地面塌陷灾害及防灾减灾

4.4.1　地裂缝

地裂缝是指在一定地质自然环境下,由于自然或者人为因素,地表岩土体开裂,在地面形成一定长度和宽度的裂缝的一种地质现象。

地裂缝分为两种:一种是构造地裂缝,主要是发生在地质断裂附近,受地质断裂活动的影响产生地裂缝;另一种是非构造地裂缝,主要与人类工程活动有关。其中一类发生在采矿形成的采空区周围,另一类是过量开采地下水引发地面沉降产生的地裂缝,一般发生在现代河道或者古河道两侧,受浅层地下水水位下降的影响,表层的土体失水严重,就会形成干缩裂隙,一旦遇到较大的降水过程,降水渗入地下,沿着裂隙流动,对地层形成冲刷、潜蚀,就会使裂隙加宽、上延,发展到一定的程度露出地表,就形成了地裂缝。

(1)地裂缝发生原因主要是:地震等强烈地表震动引发;滑坡导致地裂缝;基底断裂的长期蠕动;水体冲刷浸湿;地下水过量开采。

(2)地裂缝的危害主要是:造成房屋开裂、破坏地面设施,造成道路变形、管道破裂和农田漏水。

(3)地裂缝防治措施主要有:限制地下水的过量开采;对已有裂缝进行回填;提高建筑物的抗裂性能;对地裂区建筑物加固处理。

4.4.2　地面沉降

地面沉降是指在一定的地表面积内所发生的地面水平降低的现象。地面沉降又称地面下沉或者地陷。

地面沉降现象很早就为史书所记载。作为自然灾害,地面沉降的发生有着一定的地质原因。但是,随着人类社会经济的发展、人口的膨胀,地面沉降现象越来越频繁,沉降面积也越来越大,绝大多数由地下水的超量开采所致,个别的由地壳运动、石油开采引发的,但同时都伴随有地下水过量开采的因素。在人口密集的城市,地面沉降现象尤为严重。现在我们研究地面沉降的原因时,不难发现,人为因素已大大超过了自然因素。

地面沉降的地质原因:从地质因素看,自然界发生的地面沉降大致有下列 3 种原因:地表松散地层或半松散地层等在重力作用下,在松散层变成致密的、坚硬或半坚硬岩层时,地面会因地层厚度的变小而发生沉降;因地质构造作用导致地面凹陷而发生沉降;地震导致地面沉降。

地面沉降的人为原因：地面沉降现象与人类活动密切相关。尤其是近几十年来，人类过度开采石油、天然气、固体矿产、地下水等直接导致了全球范围内的地面沉降。在我国，由于各大中城市都处于巨大的人口压力之下，地下水的过度抽采更为严重，导致大部分城市出现地面沉降，在沿海地区还造成了海水入侵。

（1）地面沉降的分布

我国地面沉降主要分布于：长江下游三角洲平原地区；河北平原；环渤海地区；东南沿海平原；河谷平原和山间平地。从规模（面积）和程度来看，以天津、上海、苏锡常、沧州、西安、阜阳、太原等市最为严重（最大累积沉降均在 1 m 以上）。

（2）地面沉降的危害

①降低地面标高，导致造成雨季地表积水，防泄洪能力下降，沿海地区抵抗风暴潮的能力降低和造成海水倒灌，导致土壤和地下水盐碱化。

②毁坏建筑物，破坏建筑物的地基和生产设施。

③不利于建设事业和资源开发。

④桥下净空变小影响泄洪和航运。

地面沉降导致了地表建筑和地下设施的破坏。据统计，我国每年因地面沉降导致的经济损失达 1 亿元以上。值得庆幸的是，我国已开始重视这个问题，控制人口增长、合理开采地下水等一系列政策的出台使我国很多地区的地面沉降现象已经或即将得到控制。

（3）地面沉降的模式

按发生地面沉降的地质环境可分为三种模式：现代冲积平原模式，如我国的几大平原；三角洲平原模式，尤其是在现代冲积三角洲平原地区，如长江三角洲就属于这种类型；断陷盆地模式，又分为近海式和内陆式两类。近海式指滨海平原，如宁波；而内陆式则为湖冲积平原，如西安市、大同市的地面沉降。

（4）地面沉降防治措施

①减少地下水的开采量。

②调整地下水的开采层次。

③人工回灌地下含水层。

4.4.3　地面塌陷

地面塌陷是指地表岩、土体在重力因素作用下向下陷落，并在地面形成塌陷坑（洞）的一种地质现象。当这种现象发生在有人类活动的地区时，便可能成为一种地质现象。与地面沉降相比，地面沉降主要是因开采地下水而导致地面变形，是一个渐变的过程，主要发生在城市地区；而地面塌陷一般是指短时间内比较剧烈的地表高程变化，主要发生在采矿区、岩溶、黄土地区。

(1)类型与分布

根据形成塌陷的主要原因分为自然塌陷和人为塌陷两大类。前者是地表岩、土体由于自然因素作用,如地震、降雨、自重等,向下陷落而成;后者是由于人为作用导致的地面塌落。在这两大类中,又可根据具体因素分为许多类型,如地震塌陷、矿山采空塌陷等。

地面塌陷在我国又可分为岩溶塌陷、采空塌陷及黄土湿陷 3 种。

①岩溶塌陷:主要分布于辽宁、河北、江西、湖南、四川、贵州、云南、广东、广西等24 个省(区)。

②采空塌陷:黑龙江、山西、安徽、江苏、山东等省是采空塌陷的严重发育区,但几乎都发生在采矿区内。

③黄土湿陷:主要见于黄土分布的省(区),塌陷面积仅河南省就达 4.53 km²。

(2)地面塌陷产生的原因

①地震引发。

②矿山采空引发。

③暴雨引发。

④过量抽采地下水。

⑤地表渗水。

(3)诱发地面塌陷的人为因素

造成地面塌陷的主要因素是人为因素。人类活动对地面塌陷的形成、发展产生了重要的作用。不合理的或强度过大的人类活动都有可能诱发或导致地面塌陷。对地面塌陷有重要影响的几种主要人类活动有:矿山地下采空、地下工程中的排水疏干与突水(突泥)作用、过量抽采地下水、人工蓄水、人工加载、人工振动、地表渗水等。

(4)地面塌陷的危害

主要表现在突然毁坏城镇设施、工程建筑、农田,干扰破坏交通线路,造成人员伤亡,主要表现在:

①建筑物变形、倒塌。

②道路坍陷、田地毁坏。

③水井干枯、报废。

(5)地面塌陷征兆

①井、泉的异常变化:如井、泉的突然干枯或浑浊翻沙,水位骤然降落等。

②地面形变:地面产生地鼓、小型垮塌,地面出现环型开裂,地面出现沉降。

③建筑物作响、倾斜、开裂。

④地面积水中出现冒气泡、水泡、旋流等现象。

⑤植物变态、动物惊恐。微微可闻地下土层的跨落声。

（6）怎么预防地面塌陷

①对已经发生地面塌陷且其稳定性差尚有活动迹象的地段,不能作为职工居住地、重要设备厂房、公路等。

②工程设计和施工中要注意消除或减轻人为因素的影响,如设计完善的排水系统,避免地表水大量入渗。对已有塌陷坑进行填堵处理,防止地表水向其汇聚注入等。

（7）发生地面塌陷时应采取的应急措施

①视险情发展将人、物及时撤离险区。在发现前兆时即应制订撤离计划。

②塌陷发生后对邻近建筑物造成的塌陷坑等应及时填堵,以免影响建筑物的稳定。其方法是投入片石,上铺沙卵石,再上铺沙,表面用黏土夯实,经一段时间的下沉压密后用黏土夯实补平。

③地面的塌陷坑应拦截,防止地表水注入其中。

④对严重开裂的建筑物应暂时封闭不许使用,待进行危房鉴定后再确定应采取的措施。

（8）地面塌陷的防治措施

①填堵塌陷坑法。

②跨越加固法。

③控制抽排水强度法。

思 考 题

1. 为什么地质灾害多发生在雨季?

2. 如何观察和判断泥石流、滑坡、崩塌的发生?

3. 减轻地质灾害的有效途径有哪些?

4. 水在泥石流、滑坡、崩塌的形成和发展中起到什么作用?

5. 为什么泥石流、滑坡、崩塌灾害发生在山区?

6. 为了减轻泥石流、滑坡、崩塌灾害,山区居民应该注意什么?

第 5 章　海啸灾害

5.1　海啸概述

　　"海啸"一词来源于日语单词 tsu(海港)和 nami(波),原意"海港波浪","tsuna-mi"以后逐渐成为国际通用表述术语。

　　海啸是一种具有强大破坏力的海浪。当地震发生于海底,因震波的动力而引起海水剧烈的起伏,形成强大的波浪,向前推进,将沿海地带——淹没的灾害,称之为海啸。海啸通常由震源在海底下 50 km 以内、里氏 6.5 级以上的海底地震引起。海啸波长比海洋的最大深度还要大,在海底附近传播也没受多大阻滞,不管海洋深度如何,波都可以传播过去,海啸在海洋的传播速度大约 500~1000 km/h,而相邻两个浪头的距离也可能远达 500~650 km。当海啸波进入大陆架后,由于深度变浅,波高突然增大,它的这种波浪运动所卷起的海涛,波高可达数十米,并形成"水墙"。呼啸的海浪水墙每隔数分钟或数十分钟就重复一次,摧毁堤岸,淹没陆地,危及人类生命财产安全,破坏力极大。

　　此外,海底火山爆发,土崩、泥石流、滑坡等海底地形突然变化及人为的水底核爆炸也能造成海啸。但最常见的是地震引起的海啸。

　　海啸的波动与海面上的海浪不同,一般海浪只在一定深度的水层波动,且这种波动的振幅随水深衰减很快;而海啸所引起的水体波动是从海面到海底整个水层的起伏。当然在大洋中海震源附近水面最初的升高幅度只有 1~2 m,这种波动运行在深水大洋时,波长可达几十至几百千米不等,周期在 2~200 min 范围内变动,最常见的是 2~40 min,传播速度可达 1000 km/h,比大型喷气式客机的航速还大,所以海啸不会在深海大洋上造成灾害,甚至于航行的船只也难于察觉出这种波动。海啸发生时,越在外海越安全。然而海啸波进入大陆架后,因深度急剧变浅,能量集中,波高骤然增大,当进入狭窄浅水海域,海啸波携带巨大能量直冲海湾和岸边,这时可能出现 10~20 m 以上的波,以排山倒海之势冲击过来,特别是传播到漏斗型湾顶处更为突出。如海啸波在海口和海湾内反复发生反射时,还会诱发海湾内海水的固有振动引发假潮,可使波高增幅更大,造成更大的危害。这种巨浪可带来毁灭性灾害,见图5-1,表5-1。

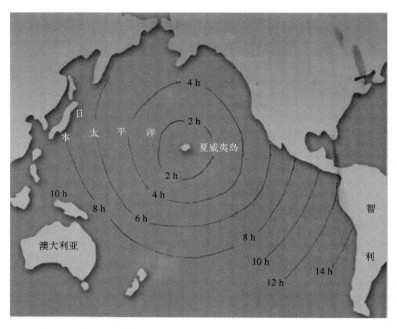

图 5-1　海啸波传播时间示意图(来源:http://www.kepu.net.cn)

表 5-1　典型的海啸波与由风形成的典型波之比较

波的特征	由风形成的波	海啸波
波速	8~100 km/h	800~1000 km/h
波的周期(两个连续的波通过空间中同一点所需的时间)	相隔 5~20 s	相隔 10 min 至 2 h
波长(两个波之间的水平距离)	相隔 100~200 m	相隔 100~500 km

(资料来源:博闻网,《海啸揭秘》,作者:Nathan Halabrinand Robert Valdes)

5.1.1　海啸的特点与分类

5.1.1.1　海啸的特点

海啸波的波长特别长,能量巨大,传播速度快。

海啸的特征之一是速度快,地震发生的地方海水越深,海啸速度越快。海水越深,因海底变动涌动的水量越多,因而形成海啸之后在海面移动的速度也越快。如果发生地震的地方水深为 5000 m,海啸和喷气式飞机飞行速度差不多,可达800 km/h,移动到水深 10 m 的地方,速度变慢,变为 40 km/h。由于前浪减速,后浪推过来发生重叠,因此,海啸到岸边波浪急剧升高,如果沿岸海底地形呈 V 字形,海啸掀起的海浪会更高。

5.1.1.2　海啸的表现形式

一是滨海、岛屿或海湾的海水反常退潮或河流没水,而后海水突然席卷而来、冲向陆地;二是海水陡涨,突然形成几十米高的水墙,伴随隆隆巨响涌向滨海陆地,而后海水又骤然退去。

海啸波属于海洋长波,一旦在源地生成后,在无岛屿群或大片浅滩、浅水陆架阻挡情况下,一般可传播数千千米而能量衰减很少,因此,可能造成数千千米之遥的地方也遭受海啸灾害。例如,1896 年和 1933 年日本外海大海啸,海啸横越太平洋,夏威夷也遭受其害,旧金山、智利都受到了影响。1960 年智利海啸也曾使数千千米之外的夏威夷、日本都遭受严重灾害。我国大陆因受宽广大陆架和岛屿链的包围,待海啸波越过它们到达海岸时,大部分能量已消失殆尽,因此,海啸一般不会对我国造成严重危害。

5.1.1.3　海啸的分类

相对受灾现场而言,海啸可分为遥海啸和本地海啸两类。

遥海啸　是指横越大洋或从很远处传播来的海啸,也称为越洋海啸。海啸波属于海洋长波,一旦在源地生成后,在无岛屿群或大片浅滩、浅水陆架阻挡情况下,一般可传播数千千米而能量衰减很少,因而能传播到很远,可能造成数千千米之遥的地方也遭受海啸灾害。例如,2004 年底发生在印尼的大海啸就波及几千千米外的斯里兰卡,1960 年智利海啸也曾使数千千米之外的夏威夷、日本都遭受到严重灾害。越洋海啸由于到达的时间较长,仍有时间采取措施减轻灾害损失。海啸在外海时由于水深,波浪起伏较小,不易引起注意,但到达岸边浅水区时,巨大的能量使波浪骤然升高,形成内含极大能量,高达十几米甚至数十米的“水墙”,冲上陆地后所向披靡,往往对生命和财产造成严重摧残。

公元 365 年,罗马帝国历史学家阿米亚诺斯·马塞勒斯对亚历山大港遭遇的一次海啸惊叹道:“海被推回去,海水退走,一大片海床露出,留下许多海洋生物……不料大量海水涌回,吞没和杀死数以千计的人……巨浪把一些大船卷翻,甚至把一些船推到离海岸 3 km 的陆地上。”

本地海啸　本地海啸从海啸发源地到受灾的滨海地区相距较近,海浪波抵达海岸的时间也较短,只有几分钟。海啸预警时间较短或根本无预警时间,很难防御,因而往往造成极为严重的灾害。

5.1.2　海啸的产生条件及诱发因素

海啸的产生需要满足以下三个条件：

深海　因为只有深海才有巨大的水体。因震波的动力而引起海水剧烈地起伏，形成强大的波浪，向前推进，将沿海地带一一淹没。

大地震等　当海底发生地震、火山喷发时，海底地层发生断裂，部分地层出现猛然上升或者下沉，由此造成从海底到海面的整个水层发生剧烈"抖动"。这种"抖动"与平常所见到的海浪大不一样。海浪一般只在海面附近起伏，涉及的深度不大，波动的振幅随水深衰减很快。海底地震等引起的海水"抖动"则是从海底到海面整个水体的波动，因此所含的能量惊人。

开阔并逐渐变浅的海岸条件　海啸发生在由于海底地震等引起的地壳变形而引发大量海水突然被置换或转移时，当海床突然扭曲时会令水位垂直偏移而引起海啸。深海海床地震所造成的便是一种情况。当地震发生时，地壳板块会相互挤压或分开，因此海底的一大片区域会突然升起或下降，该区域上的海水会因此突然升起或下降而偏离它的平衡位置。在重力的影响之下大量的海水会形成波浪，而海啸也因此形成。海底地震所引起的海床垂直运动一般发生在地壳板块边界。在太平洋的海底，厚实的海洋板块和大陆板块的挤压会非常容易造成海啸。

海啸诱发因素主要有：海底地震，火山爆发，海底发生山崩、滑坡，天体坠落，海下爆炸（核爆炸）。

5.1.3　海啸的形成过程

海啸的形成可以大致分成四个阶段：生成、传播、放大、溯升。

海啸生成的原因主要以地震为主，一旦地壳有垂直的扰动，海面就跟着扰动，接着受到重力场的影响，波浪就会从震源处向四周传递。在传递的过程中，由于能量衰减极小，所以海啸能够将地震所产生的能量经由海啸波，由深水传到浅水，横跨大洋，传递到对岸。当海啸波接近岸边时，由于水深变浅，底床的效应造成海啸波随地形被抬起，加上海啸波传的速度也因为水深变浅而减速，所以当海啸越靠近岸边，速度越慢，而后方的海啸累积上来，造成整个海啸波高的放大。这就是第三个过程：海啸放大。波高被放大的海啸，对于近岸的破坏力也随着高度的增加而增强。接下来，海啸将进入陆地，开始破坏。海啸能够抵达陆地的最高处，称为溯升。在溯升的过程中，是海啸造成灾难的时候。进入内陆的海啸，将会以类似洪水的方式前进，往前推进的距离，甚至可达数千米。从海啸进入内陆到海啸消退的时间可以长达 1 h 之久。与洪水不同之处，在于海啸前进时，海啸的前缘会先将房屋或结构物以撞击的方式破坏，或弱化结构物的强度。接下来的海啸本身部分蕴藏强大的紊流机制，会对地表的覆盖进行冲刷,造成道路或房屋路基严重流失。其破坏力比洪水更为强大。更严重者,海啸溯升后还会再度返回大海,这段过程将产生二度冲刷破坏。

5.1.4　海啸的破坏过程

来源于水内部的能量推动水体向上抬升,在重力作用下,迫使能量沿着水面水平推进传播,并且离最初的地壳运动地点越来越远。以地震为例,地震产生的巨大力量赋予海啸令人难以置信的速度。海啸的实际速度在某一点是重力加速度与水深的乘积的平方根,即:

$$C = \sqrt{gh} \tag{5-1}$$

式中:C 为海啸速度(单位:m/s),g 为重力加速度(9.8 m/s^2),h 为水深。

海啸维持速度的能力直接受到水深的影响。水越深,海啸的移动速度越快;反之,则越慢。与简正波不同,海啸的驱动能量在水里穿过,而不是在水面移动。因此,当海啸以每小时数百千米的速度在深水中移动时,在水线之上几乎是觉察不到的。海啸通常直到靠近海岸才会达到 1 m 高。

通常,海啸以一系列强大而快速的潮水的形式到达岸边,而不是采取单个巨大波浪的形式。当海啸到达陆地时,它就会撞击较浅的水体。浅水和海岸起到压缩穿过水体能量的作用。随着波速减小,波高显著增大(压缩的能量将水向上推动)。典型的海啸在逼近陆地时,速度会降到大约 50 km/h,波高可能达到高于海平面 30 m。在这一过程中,随着波高的增加,波长显著缩短。然后,可能会出现怒潮——这是一种波前剧烈翻滚的大型垂直波浪。怒潮后面通常跟着快速的洪水,这使得它们特别具有破坏性。在最初的冲击之后,其他波浪会在 5～90 min 内紧跟而来——在作为一系列的波浪旅行一段漫长的距离之后,海啸波开始将自己的全部能量发泄到陆地上。

在海啸冲击的过程中,最危险的地方是距海岸线 1.6 km 内的区域(由于洪水和冲散的各种碎片)和海平面之上不足 15 m 的地方(由于造成冲击的波浪的高度)。

5.1.5　海啸多发区

据有关资料对 1900—1983 年的统计,太平洋地区共发生 405 次海啸,其中造成伤亡和显著经济损失的达 84 次,即平均每年一次。还有人认为,这个区域至少每 18 个月就要发生一次破坏性海啸。

世界海啸多发区为夏威夷群岛、阿拉斯加区域、堪察加—千岛群岛、日本及其周围区域、中国及其邻近区域、菲律宾群岛、印度尼西亚区域、新几内亚区域—所罗门群岛、新西兰—澳大利亚和南太平洋区域、哥伦比亚—厄瓜多尔北部及智利海岸、中美洲及美国、加拿大西海岸,以及地中海东北部沿岸区域等。

全球地震海啸发生区的分布基本上是与地震带一致。据 1700 多年的资料统计表明,全球有记载的破坏性较大的地震海啸约发生 260 次,平均六七年发生一次,其中发生在环太平洋地震带上的地震海啸约占 80%,发生在地中海区的约占 8%,而在日本列岛及其邻近海域发生的地震则占太平洋地震海啸的 60%左右,因此,日本是世界上发生地震海啸最频繁和危害最重的国家。

5.2　我国的海啸概述

据历史记载,2000 多年以来,我国只发生过 10 次地震海啸,平均 200 年左右才出现一次。这表明我国沿海发生地震海啸的可能性很小。这是因为我国海区处于宽广的大陆架上,水深较浅,大都在 200 m 以内,不利于地震海啸的形成与传播。从地质构造上看,我国除了郯城—庐江大断裂纵贯渤海外,沿海地区很少有大断裂层和断裂带,在我国海区内也很少有岛弧和海沟。所以,即使我国海区发生较强的地震,一般不会引起海底地壳大面积的垂直升降变化,缺乏引发海啸的大地震。从 1969—1978 年我国渤海、广东阳江、辽宁海城、河北唐山发生的 4 次大地震结果看,尽管地震震级均在 6 级以上,但均未引发地震海啸。

太平洋地震带上发生的地震海啸对我国沿海影响又如何呢?在我国辽阔的近海海域内,分布着大小数千个岛屿礁滩。从渤海的庙岛群岛,到黄海的勾南沙、东海的舟山群岛,台湾岛以及南海诸岛,这些众多岛屿构成了一个环绕大陆的弧形圈,形成一道海上屏障;在我国近海外侧又有日本九州、琉球群岛,以及菲律宾诸岛拱卫,又构成另一道天然的防波堤,抵御着外海海啸波的猛烈冲击。加之宽广的大陆架浅海底摩擦阻力的作用,当海啸波从深海传播到我国海区时,其能量已迅速衰减,已构不成威胁。智利大海啸发生时,海啸波传至上海时,在吴淞口验潮站只记录到 15～20 cm 的海啸波高;传至广州时,闸坡海洋站仅测出这次地震海啸波的微弱痕迹。由此可以说明,不仅我国沿海地区不易发生地震海啸,就是远海发生的地震海啸也不会对我国沿海构成威胁。当然,加强地震海啸发生机制的研究,准确预测和预报地震海啸仍然是必要的,对防范突发性地震海啸还是有意义的。

我国近海海域虽不具备地震海啸的海洋条件,但地震引起 1～2 m 波高的潮水涌上岸的情况还是发生过的。若发生 7.5 级以上强震,渤海和北黄海不会有地震海啸影响,但对台湾及其附近有可能造成一定灾害。可见地震海啸仍是我国不容忽视的海洋灾害,尤其是闽台地区,本地地震海啸灾害的潜在危险仍然存在。

5.3　海啸的危害

地震海啸给人类带来的灾难是十分巨大的。剧烈震动后,巨浪呼啸,以摧枯拉朽之势,越过海岸线,越过田野,迅猛地袭击着岸边的城市和村庄。港口所有设施,被震塌的建筑物,在狂涛的洗劫下,会被席卷一空。事后,海滩上一片狼藉,到处是残木破板和人畜尸体。目前,人类对地震、火山、海啸等突如其来的灾害,只能通过预测、观察来预防或减少它们所造成的损失,但还不能控制它们的发生。

2004 年 12 月 26 日,印度尼西亚苏门答腊岛附近海域发生的 8.9 级强烈地震引发的海啸,波及东南亚、南亚和东非地区 10 多个国家。印度尼西亚、斯里兰卡、印度、泰国等国灾情最为严重。这也是人类历史上自有海啸记录以来最为严重的一次海啸灾难,印度洋海啸遇难者总人数已经超过 28 万人。据美国地质勘探局测算,那次海啸释放的能量相当于 2.3 万颗第二次世界大战末期投放于广岛的原子弹。

1960 年,智利发生里氏 8.9 级地震(矩震级 9.5 级)后,海啸波又以 700 km/h 的速度,横扫了西太平洋岛屿,仅仅 14 个小时就到达了美国的夏威夷群岛。到达夏威夷群岛时,波高达 9～10 m,巨浪摧毁了夏威夷岛西岸的防波堤,冲倒了沿堤大量的树木、电线杆、房屋、建筑设施,淹没了大片大片的土地。不到 24 h,海啸波走完了大约 1.7 万 km 的路程。到了太平洋彼岸的日本列岛。此时,海浪仍然十分汹涌,波高达 6～8 m,最大波高达 8.1 m,翻滚着的巨浪肆虐着日本诸岛的海滨城市。本州、北海道等地,停泊港湾的船只、沿岸的港湾和各种建筑设施,遭到了极大的破坏。临太平洋沿岸的城市、乡村和一些房屋以及一些还来不及逃离的人们,都被这突如其来的波涛卷入大海。这次由智利海啸波及的灾难,冲毁房屋近 4000 所,沉没船只逾百艘,沿岸码头、港口及其设施多数被毁坏。海啸造成日本 120 人死亡,美国 61 人死亡(表 5-2)。

海岸地区海啸危害的大小主要受海底地貌和陆地地形的影响,如果海水水深由海洋向陆地减少得很快,而海岸陆地平坦且海拔高度低,那么,即使是不大的海啸波,也容易形成大的海啸灾害。因此,在沿海规划建设中要尽量避开这些区域。

表 5-2　历史上破坏巨大的海啸

发生时间	发生地	浪高(m)	产生原因	损失情况
1755.11.1	大西洋东部	5～10	地震	摧毁里斯本,60000 人死亡
1968.8.13	秘鲁—智利	>10	地震	夏威夷、新西兰受影响较大
1883.8.27	印度尼西亚	40	火山喷发	30000 人死亡

发生时间	发生地	浪高(m)	产生原因	损失情况
1896.6.15	日本本州	24	地震	26000 人死亡
1933.3.2	日本本州	>20	地震	3000 人死亡
1946.4.1	阿留申群岛	>10	地震	159 人死亡
1960.5.13	智利	>10	地震	智利 909 人死亡,834 人失踪;日本 120 人死亡;美国 61 人死亡
1964.3.28	美国阿拉斯加	6	地震	119 人死亡
1976.8.16	莫罗湾	30	地震	5000 人死亡
1992.9.2	尼加拉瓜	10	地震	170 人死亡
1992.12.2	印度尼西亚	26	地震	137 人死亡
1993.7.12	日本	11	地震	200 人死亡
1998.7.17	巴布亚新几内亚	12	海底滑坡	3000 人死亡
2004.12.26	苏门答腊岛	>10	地震	283000 人死亡
2011.3.11	日本		地震	超过 27759 人死亡

5.4 海啸前兆

(1)地面强烈震动。因为地震波先于海啸到达近海岸,此时必须迅速离开海岸,转移到内陆高处。

(2)海水异常的暴退或暴涨。海啸到达海岸前,首先是海水后撤,有点像退潮,不过海水退得更远,海水异常退去时往往把鱼虾等许多海生动物留在浅滩。此时千万不能去捡鱼或看热闹,必须迅速离开海岸,转移到内陆高处。海啸的排浪与通常的涨潮不同,海啸的排浪非常整齐,浪头很高,像一堵墙一样。看到这样的排浪应立刻逃生。

(3)海啸到达前会发出频率很低的吼声。与通常的波涛声完全不同,在海边听到奇怪的低频涛声(吼声)应立刻撤离到安全的高处。

(4)位于浅海区的船只突然剧烈地上下颠簸。

(5)离海岸不远的浅海区,海面突然变成白色,其前方出现一道长长的明亮的水墙。

(6)海水突然撤退到离沙滩很远的地方,裸露大面积的沙滩,海滩看起来比平时大很多。

(7)动物出现奇怪的举动:它们可能突然离开,聚集成群,或进入通常不会去的地方。

5.5　海啸的预警预报

　　海啸是可以预报的。

　　海啸威力如此巨大,提前预警非常重要,这样才能赢得提前撤离的时间,减少人员伤亡和财产损失。地震波沿地壳传播的速度远比海啸波运行速度快,所以为海啸提前预报提供了宝贵的时间。1964 年成立了全球海啸警报系统协调小组。太平洋由于海啸多发,所以海啸预警系统很发达。1965 年 26 个国家和地区进行合作,在夏威夷建立了太平洋海啸预报中心(The Pacific Tsunami Warning Center,PTWC)(图5-2)。一旦从地震台测得海洋中发生地震,PTWC 就可以计算出海啸到达太平洋各地的时间,提前发出警报,我国于 1983 年加入了太平洋海啸预报中心。太平洋海啸预警中心在太平洋上有近百个监测站,可随时监视海面波动、海啸的发生和强度。监测站通过卫星、电缆和预警系统相连,而预警中心又和巨大的地震监测网相连,能在第一时间内观测到那些有可能造成海啸的地震,从而及时发出警报。

图 5-2　太平洋海啸预报中心

　　印度洋由于历史上很少发生海啸,近百年来又没有发生过海啸,所以没有国家参加海啸预警系统,2004 年印度洋海啸造成重大伤亡和没有建立预警系统有很大关系。此次大地震发生 15 min 后太平洋海啸预警中心就向参与联合预警系统的国家发布了预警信息。而印度洋国家没有加入该系统,因此,就没有得到预警信息。

　　日本的海啸警报机制非常发达和成熟。1983 年日本海临近北海道海域发生海啸,地震发生 7 min 后震中震级被确定,14 min 后海啸警报发出,那时候,只要拿起电话,电话局首先要你听海啸警报,然后才能拨出电话。电视、广播都中断节目,反复播放警报,得到通知的沿岸人口得以迅速撤离到高地,没有造成人员伤亡。日本每年都要举行海啸演习,人们对海啸来临时撤离路线都很清楚。

　　海啸的产生是个复杂的问题,有的地震会造成海啸,但大部分海洋中的地震也不一定会造成海啸,因此,经常发生虚报的情况。1949—1996年,太平洋海啸预报中心一共发布了20次海啸警报,其中,15次没有发生海啸,成为虚假警报。近年,随着数值模拟技术等发展,预报精度明显提高。当前,预报工作主要集中在以下4个方面:海啸产生机理,海啸发生的数值模拟,安装多个深海海底地震仪的预警系统,预警信息的快速发布。

印度洋海啸后不久,2005年1月13日,时任联合国秘书长的安南在路易港举行的小岛屿国家会议上呼吁建议建立一个全球灾害预警系统,以防范海啸、风暴潮和龙卷风等自然灾害。安南说,这场海啸的悲剧再次告诉人们,必须做好预防和预警。他说:"我们需要建立一个全球预警系统,范围不仅包括海啸,还包括其他一切威胁,如风暴潮和龙卷风。在开展这项工作时,世界任何一个地区都不应该遭到忽视。"

延伸阅读

海啸预警系统

海啸通常发生在环太平洋地震带附近的海岸,因此,濒临太平洋的国家(地区)都建立了有效的海啸预警系统,且为当地人民所熟知(图5-3)。苏门答腊岛海岸乃至整个印度洋海岸上次遭遇海啸是因1883年克拉卡托火山(Krakatoa)爆发而导致的海啸。因此,此次地震和海啸所导致重大伤亡,是由于当地人近百年没遇过海啸,对海啸缺乏认识,所以,印度洋沿岸各国(地区)并不重视海啸的威胁,没有建立有效的海啸预警系统。

图5-3 国际上通用的海啸示意图标

5.6　海啸应对

5.6.1　海啸逃生时注意事项

逃生时要注意以下事项：

远离海岸　不要去任何靠近海滩的地方或者进入任何靠近海滩的建筑里。即使你看到的是非常小的海啸，也要立刻离开。这是因为海啸的波浪不断变大并持续撞击海岸，所以下一个巨浪也许就要接踵而来。通常来讲，如果你看到了一个巨大的海浪，你已经距离海啸太近，逃离的时间已经太晚了。然而不管怎样，你都要努力逃离。

跑向内陆海拔较高的地方　要尽可能跑向内陆，离海岸线越远越好。如果你的时间有限或已身处险境，选择高大、坚固的建筑物并尽可能往高处爬，最好能够爬到屋顶；海边钢筋加固的高层大楼如酒店，是从海啸中逃生的一个安全场所；不要选择低矮的房子或者其建筑材料对海啸没有抵抗力的建筑物。虽然岛屿链、深度浅的海岸和红树林可以分散和减弱海啸，但是无法抵挡非常强劲的海浪。

爬到粗壮的树上　如果你已被困，上述所有选择你都没办法实行，那就寻找粗壮、高大的树并尽可能往高处爬。当然会存在树被海啸摧倒的风险，但这是所有办法都不起作用时唯一的求生途径。

抓住漂浮物　如果你被卷进水中，抓住一些漂浮物，如救生圈、门板、树干、钓鱼设备等。

把船驶向开阔海面　如果海啸发生时你正在船上，一定不要将船只开回港湾，要尽量将船只开到开阔的海面上。要停留数小时，直到得到准确的信息才能返回。海啸可以持续撞击海岸达数小时，因此危险不会很快过去。除非你从应急服务机构得到了确定的消息，否则仍应在外海不要轻易返回。

保持与外界的联系　如果在你避难的地方有收音机，打开它并不断接收最新信息，时刻保持与外界的联系。不要轻信谣言。

5.6.2　不幸落水时的应对措施

(1)尽量抓住木板等漂浮物，避免与其他硬物碰撞。

(2)不要举手，不要乱挣扎，尽量不要游泳，能浮在水面即可。

(3)海水温度偏低时，不要脱衣服。

(4)不要喝海水。

(5)尽可能向其他落水者靠拢，相互鼓励，尽力使自己易于被救援者发现。

5.6.3　如何抢救海啸落水者

（1）及时清除溺水者鼻腔、口腔和腹内的吸入物：将溺水者的肚子放在施救者的大腿上，从其后背按压，将海水等吸入物倒出。

（2）如果受伤，立即采取止血、包扎、固定等急救措施；重伤员要及时送往医院。

（3）如果落水者心跳、呼吸停止，须立即交替进行口对口人工呼吸和心脏按压。

（4）给落水者适当喝些糖水，但不要让落水者饮酒。

（5）不要给落水者局部加温或按摩，可以在温水里恢复体温，或披上被、毯、大衣等以达到保温的目的。

延伸阅读：典型案例与历史上的大海啸

2004 年印度尼西亚大地震及引发的海啸

2004 年印度洋大地震（也称印度洋海啸或南亚海啸）发生于 2004 年 12 月 26 日。其后香港天文台和美国全国地震情报中心分别修正强度为 8.9 和 9.0，矩震级为 9.0。最后确定为矩震级达到 9.3。这是自 1960 年智利大地震以及 1964 年阿拉斯加耶稣受难日地震以来最强的地震，也是 1900 年以来规模第二大的地震，引发海啸高达十余米，波及范围远至波斯湾的阿曼、非洲东岸索马里及毛里求斯、留尼汪等国，地震及震后海啸对东南亚及南亚地区造成巨大伤亡，在印度夺去约 1 万人性命、斯里兰卡 4 万余人遇难，而印度尼西亚的死伤人数分别为 20 万、3 万之多。

此次地震和海啸已导致超过 29.2 万人罹难（已得到证实的统计数据）。

印度尼西亚大地震海啸灾害特别严重的原因

（1）地震震级大，震源浅

本次地震属于特大地震。地震发生在澳大利亚板块与印度洋板块两大全球构造板块的交界处。地震区内，印度洋板块，相对缅甸板块，以 6 cm/a 速度向西北方向运动，在巽他海槽斜向俯冲收敛。印度洋板块向缅甸板块下长期俯冲，积累了巨大的应力和能量，突然释放，引起地壳剧烈震动。又由于震源浅（仅 10 km），对海水的扰动强烈，引发巨大的海啸。

（2）受灾地区没有建立海啸警报系统，缺乏预警机制

印度洋海域国家均未建立海啸警报系统，缺乏预警机制，当大地震引发海啸时，当地政府和人民在没有任何防备和避难知识的情况下，遭受了"灭顶"之灾。而太平洋海域的许多国家，为了预防海啸，早在 20 世纪 60 年代就已成立了太平洋海啸警报系统，国际海洋学委员会组成了"太平洋海啸警报系统国际协调组"，对海啸警报系统业务开展协调工作，曾进行过一些成功的海啸预警，从而使在海啸发

生时人员的伤亡大大减少。

（3）受灾地区对遭受地震海啸的潜在危险性估计不足

尽管此次地震海啸受灾国家历史上也有过地震海啸记载，但对如此大的灾难估计不足，也没能与国际海啸研究机构和有预警能力的国家开展积极的合作。

（4）受灾地区社会防灾准备不够

一些受灾地区经济不发达，沿岸建筑缺少相应的抗海啸措施，海边的一些旅游、度假等公共建筑，缺乏防浪、避险设施，事先没有很好的防灾准备。再加上交通、通信等设施落后，灾难发生后，受灾情况不能及时传出，延误了灾后救援工作，客观上加重了灾害程度。

（5）受灾地区正值旅游旺季，防灾意识弱

本次地震海啸发生在本年度的圣诞节，是受灾地区的旅游旺季，来自世界各地的旅游者云集海边，宾馆的入住率达到了百分之百，游客处于放松休闲状态，当地人们忙于接待，防灾意识极低。

历史上大的海啸事件

日本有明海湾温泉岳海啸

1793 年 5 月 21 日，九州岛发生强烈地震，诱发了约 5.35 亿 m³ 的土石，从温泉岳前山和主峰坠落入 2700 m 以下的有明海湾，引起大海啸，高达 10 m 的涌浪使海岸地带遭受破坏，死亡 14920 人。

中国台湾基隆海啸

1867 年 12 月 18 日，基隆北部海域发生 6 级地震，基隆港内海水迅速从海湾内退出，形成空前的大退潮，并露出了海底，致使停泊在港湾内许多船只搁浅。然而，紧接着海水又以极快的速度涌入港内，凶猛的海水冲垮了海堤，迅速地涌向市区，造成许多民房被冲毁，数百人在这次灾难中丧生。

印度尼西亚喀拉喀托海啸

1883 年 8 月 27 日，爪哇岛西南角的喀拉喀托火山于当日 10 时突然爆发。火山灰云升入 80.5 km 高空，之后在岛上形成一个深约 300 多 m 的火山口，大量海水急剧灌进这个大坑，从而引起大海啸。海啸发出的响声，在相隔 2000 多 km 的地区都能听到。这次海啸浪峰高达 35 m，在太平洋中急速奔驰，袭击了爪哇和苏门答腊，毁坏了大约 300 个村庄。海啸引起的海浪继续横渡印度洋，跨过大西洋，传至美国和法国海岸。仅用 32 h 就走过大约相当于地球赤道一半的路程。这次大海啸使 36420 人丧生。

日本东北海岸海啸

1896 年 6 月 15 日上午,日本东北沿海的人们正在庆祝一年一度的男童节。数万青年男女聚集在海边的沙滩上唱歌跳舞。中午时分,海滩上欢乐的人们突然感到大地在颤抖。20 时 20 分,海啸突然向岸上袭来,海滩上 5 万多参加庆祝活动的人猝不及防。在日本沿海发生的 15 万次地震中,只有 124 次引起海啸,而且这些海啸造成的损失都不严重,但 1896 年 6 月 15 日这次海啸带来的灾害却是致命的。海啸以无坚不摧之势在陆地肆虐,所到之处,万物皆被涤荡一空。在遥远的神户沿海,第一阵海啸的尾部扫住了两艘轮船,使它们立即沉没,船上的 178 名船员全部丧生。在海啸主要经过的地区,一座座城镇、一个个村庄被海水吞没扫平。釜石市消失在波涛之中,这里的 6557 名居民中,4700 人遇难;4223 座房屋中,只有 143 座部分残存。在釜石以北 8 km 的福塔志村,700 名村民中只 100 人幸存。在雅马达村,4200 人中有 3000 人遇难。在托尼村,1200 人中就有 1103 人丧生。基参地区丧失了一座城镇、11 个村庄、6000 人淹死或被倒塌的房屋砸死。在岩手地区,每 3 人中就有一人遇难或受伤。短短 5 min 的海啸夺走了 2.8 万人的生命。

美国阿拉斯加理查湾大海啸

美国阿拉斯加南端太平洋东岸的理查湾是一个纵深不过 11 km,最大宽度 3.2 km 的小海湾。1958 年 7 月 9 日晚 10 时,该处发生了历史上最大的海啸,巨浪高达 525 m。海啸所到之处,茂密的树林、肥厚的草丛和土壤,被一扫而光。大地表面由此变得光秃,显得十分凄凉,就连合抱的参天大树也被从根部扭断。这次有史以来最大的海啸,是由于理查湾深处的弗亚维匝断层在 7 月 9 日晚 10 时左右突然发生运动,诱发海湾端头的悬崖发生山崩,大量岩块迅猛扑落到海中而引起的。

智利大海啸

1960 年 5 月 22 日 15 时 12 分,智利中部的太平洋沿岸发生 8.6 级强烈地震,造成海底下降,从而引起大海啸。海浪高达 25 m,近乎垂直的水墙冲向岸上,紧接着又退回大海,这样进退反复几次,卷走了沿海地区无数房屋,摧毁了码头,轮船被海浪推到陆地搁浅,1000 人死亡。与此同时,海浪以 650 km/h 速度横跨太平洋。据记录,海浪到达各地高度分别是:在夏威夷群岛 10.5 m,大洋洲 6～9 m,日本和前苏联 6.5 m,美国 3.5 m,阿留申群岛 3 m,新西兰 2 m,太平洋其他地区 1～1.5 m。这是近年记录比较完整的一次大海啸,也是世界上由于海底急剧下降,引起危害最大的一次海啸。当海啸巨浪经 15 h 抵达夏威夷群岛西岸的黑罗港时,尽管当地已提前 5 h 接到海啸警报,但 10 m 高的巨浪仍使市区遭受很大损失,冲垮了防波堤,约 2 km² 的土地被淹没,黑罗港大片市区几乎全部被毁。汽车、房屋、机器成了一堆破烂,造成 61 人死亡,282 人受伤。海浪继续向西推进约 8 h,到达远离智利 1.5 万 km 的日本,巨浪冲刷本州和北海道的太平洋沿岸,破坏了海港和码头设施。在岩手县,海浪把大渔船推上高出海平面 2.4 m 以上的码头,跌落在离海 46 m 陆地的房屋断垣残壁间。仅三陆沿岸一带,就死亡 119 人,下落不明者 20人,冲走、毁坏房屋几百户,造成 2830 户人家流离失所。全日本共有 800 人因这次海啸遇难,15 万人无家可归。在前苏联堪察加,该地有记录以来,第一次受南半球由地震所引起海啸的影响。

这次大海啸使浩瀚的太平洋水域,受到强烈的扰动,直到一周后还没有恢复平静。可见这次海啸波及面之广、危害之大,实属罕见。

美国阿拉斯加瓦尔迪兹港湾大海啸

1964 年 3 月 28 日,美国阿拉斯加南部的瓦尔迪兹港湾发生大海啸,港湾内海啸波高达 30 多 m。到湾顶端其波峰倒卷时,巨浪高达 50 多 m。到达科迪亚克岛时为 20 多 m。引起这次海啸的原因是 3 月 27 日傍晚阿拉斯加大断层活动产生的8.4 级大地震。这是北美洲有史以来最大的一次地震,造成海岸线变动和大面积海底运动,从而引发了这次大海啸。阿拉斯加受灾最重,130 余人丧生,财产损失约 5.4 亿美元。海啸波及美洲的太平洋沿岸、夏威夷和日本,直至南极,均有不同程度的损失。美国的加利福尼亚州沿海小镇,在 9 m 浪高的袭击下,几乎全部摧毁。

菲律宾海啸

1976 年 8 月 17 日 00 时 13 分,菲律宾群岛南部棉兰老岛以南的苏拉威西海中,发生 8 级强烈地震。这是菲律宾历史上最大的一次地震。由此引起了该岛南部沿海地区猛烈的海啸。5 m 多高的海浪席卷上岸,冲垮了几百栋建筑物,正睡熟的人们被海水卷走,死者中有许多是儿童。这次海啸发生几天后(即 8 月 22 日),菲律宾官方宣布,在南部的这次地震和海啸中,已证实死亡 4000 人,失踪 4000 人,无家可归者达 17 万人之多,损失小渔船 4000 只。

希腊塞萨洛尼基海啸

又称萨洛尼卡海啸。1978 年 6 月 20 日 01 时 05 分,塞萨洛尼基发生 6.8 级地震,引起海啸。近 6 m 高的海浪冲击到南斯拉夫的亚得里亚海岸,把一些渔船卷上海岛,许多房屋被淹,造成几百万美元的财产损失。海啸波及地中海东部地区,使得 8 名黎巴嫩游泳者被海浪卷走而丧生。

印度尼西亚弗洛勒斯岛海啸

1992 年 12 月 12 日 05 时 29 分,该地由于发生 6.8 级强烈地震而引起海啸。高达 25 m 的海浪,侵入陆地达 300 m 远,摧毁了港口和滨海区,沿海岸地区所有村庄全部被冲毁。这次海啸使该岛 1584 人丧生，500 人受伤。与此同时，海啸还袭击了毛梅曾镇海湾的 4 个岛屿，共有 763 人被海浪卷走。这些岛屿全遭海水淹没，只有人口最稠密的巴比岛上一间回教庙的顶部露出水面。

日本北海道大海啸

　　1993 年 7 月 12 日晚 10 时 17 分，北海道西南海岸发生 7.8 级大地震。地震引起的海啸，以每小时 500 km 的速度向四周推进，袭击了北海道及本州岛沿岸，其中受灾最严重的地方是距北海道本土 20 km 的奥尻岛。地震发生后仅 5 min，海啸就在避暑胜地奥尻岛登陆，海浪高达 10 m，在藻内地区海浪最高竟达 30.5 m，创 20 世纪地震海啸的最高纪录。在该岛南部青苗地区居民，还来不及逃离现场，凶猛的海水越过防波堤扑面而来。据统计，由于这次地震及震后的海啸、火灾而造成 146 人死亡，117 人失踪。海啸引起的海峰，波及韩国、俄罗斯远东地区。韩国就有约 60 只渔船遭沉没，11 只渔船被毁坏。

　　（资料来源：http://bbs.thmz.com/simple/？t745978.html）

思 考 题

　　1. 海啸波有哪些特点？

　　2. 海啸的产生需要具备哪些条件？

　　3. 海啸的主要诱发因素有哪些？

　　4. 中国近海最容易发生海啸的地方在哪里？为什么？

　　5. 2011 年 3 月 11 日，日本发生大地震引发海啸后，为什么造成的人员伤亡如此严重？

　　6. 为什么海啸发生时，在深海区的船只是安全的？

第 6 章　气象灾害

我国是世界上气象灾害最严重的国家之一，所有地球上能够出现的气象灾害在中国都有发生。在全球变暖的大背景下，我国的气象灾害呈现出越演越烈趋势。

6.1　气象灾害概述

6.1.1　气象灾害的概念

天气是指一个地方瞬时或较短时间内的风、云、降水、温度、气压等气象要素的综合状态，也就是我们能够看到和感受到的对日常生产、生活产生影响的阴、晴、冷、暖、干、湿等大气现象。

气候是指对一个地方长期的、有规律性的天气特征加以概括总结，得到的大气平均状况。世界气象组织规定，能够揭示气候特征的最短年限为 30 年，也就是说，至少要有 30 年的气象记录才能研究一个地方的气候特征，也只有这样才能得到具有代表性的标准的气候特征。

天气和气候都是由于地球大气圈的运动和变化引起的。地球在自转和公转，大气圈也随着转动。大气圈受太阳照射的角度不同而受热不均，再加上大气圈中水汽分布的不均匀，因此大气圈变化莫测。

有些天气的变化会给人类带来灾难。由大气圈变异活动引起的对人类生命财产和国民经济及国防建设等造成的直接或间接损害称为气象灾害。根据《气象灾害防御条例》，气象灾害，是指台风、暴雨（雪）、寒潮、大风（沙尘暴）、低温、高温、干旱、雷电、冰雹、霜冻和雾等所造成的灾害。

6.1.2　我国气象灾害的特点

我国大部属于亚洲季风气候区，降水量受海陆分布、地形等因素影响，在区域间、季节间和多年间分布很不均衡，是世界上少数几个季风最典型、季风气候最显著的国家之一。我国地域辽阔,地形复杂,既有号称"世界屋脊"的青藏高原,又有西北大面积沙漠和干旱、半干旱地带,而长江流域及其以南地区又是洪涝频发区,是世界上主要的"气候脆弱区"之一,自然灾害频发、分布广、损失大,是世界上自然灾害最为严重的国家之一(图 6-1)。

我国受季风气候影响十分强烈,气象灾害频繁,局地性或区域性干旱灾害几乎每年都会出现,东部沿海地区平均每年约有 7 个热带气旋登陆。

我国气象灾害呈现以下特点:

种类多　主要有暴雨洪涝、干旱、热带气旋、霜冻低温等冷冻害、风雹、沙尘暴等。

范围广　一年四季,无论在高山、平原、江、河、海以及空中,处处都有气象灾害。

频率高　我国 1950—1988 年的 38 年内每年都出现旱、涝和台风等多种灾害,平均每年出现旱灾 7.5 次,涝灾 5.8 次,登陆我国的热带气旋 6.9 个。

持续时间长　同一种灾害常常连季、连年出现。例如,1951—1980 年华北地区出现春夏连旱或伏秋连旱的年份有 14 年。

群发性突出　某些灾害往往在同一时段内发生,雷雨、冰雹、大风、龙卷风等强对流性天气在每年 3—5 月常有群发现象。

连锁反应显著　天气气候条件往往能形成或引发、加重洪水、泥石流和植物病虫害等自然灾害,产生连锁反应。

灾情重　我国气象灾害所造成的经济损失占所有自然灾害造成经济总损失的 70% 以上。据 1990—2004 年统计,15 年间我国因气象灾害造成的经济损失平均每年 1762 亿元,其中 1998 年高达 3007 亿元。每年受气象灾害影响的人口约 3.8 亿人次,造成的经济损失约占国内生产总值(GDP)的 2%～6%,相当于 GDP 增加值的 10%～20%。因气象灾害平均每年造成农作物受灾面积达 4940 万 hm^2 以上,受灾农作物占所有农作物的 20%～35%,造成粮食损失约 200 亿 kg。气象灾害已经成为我国经济社会可持续发展的重要制约因素之一。

《中国的减灾行动》白皮书称,当前和今后一个时期,在全球气候变化背景下,极端天气气候事件发生的几率进一步增大,降水分布不均衡、气温异常变化等因素导致的洪涝、干旱、高温热浪、低温雨雪冰冻、森林草原火灾、农林病虫害等灾害可能增多,出现超强台风、强台风以及风暴潮等灾害的可能性加大,局部强降雨引发的山洪、滑坡和泥石流等地质灾害防范任务更加繁重。

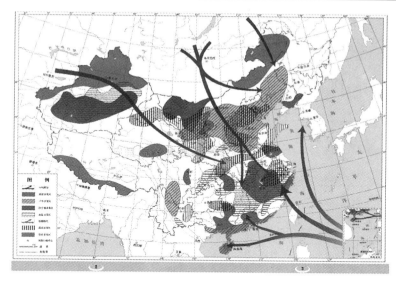

图 6-1　我国主要气象灾害分布综合示意图(1961—2006 年)

6.1.3　气象灾害预警信号

2007 年中国气象局发布《气象灾害预警信号发布与传播办法》,规定了 14 种气象信号的标准、图标以及防御措施(图 6-2)。

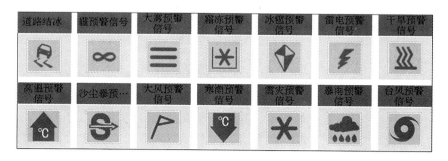

图 6-2　气象灾害预警信号

6.2　干旱

6.2.1　干旱的概念

干旱是指水分的收支或供求不平衡而形成的水分短缺现象。干旱的发生与许多因素有关,如降水、蒸发、气温、土壤底墒、灌溉条件、种植结构、作物生育期的抗旱能力及工业和城乡用水等,因而不同学科不同领域对干旱的定义有所不同,如气象干旱、水文干旱、农业干旱等。

通常以降水的短缺程度、土壤水分状况作为干旱指标,如降水量、连续无雨日数、降水距平百分率、土壤相对湿度,另外,还有考虑除降水之外的影响因素,如气温、蒸发等的综合干旱指数,如 Z 指数、帕默尔干旱指数等。按其干旱程度,可分为 4 种类型,如表 6-1 所示。

表 6-1　不同干旱程度连续无降雨天数(天)

季节 程度	春季	夏季	秋冬季
小旱	16~30	16~25	31~50
中旱	31~45	26~35	51~70
大旱	46~60	36~45	71~90
特大旱	>61	>46	>91

6.2.2　旱情

指在作物生育期内,由于降水少、河流及其他水资源短缺,土壤含水量降低,对农作物某一生长阶段的供水量少于其需水量,从而影响作物正常生长,使群众生产、生活受到影响。受到影响的那部分面积称为受旱面积。

6.2.3　旱灾

旱灾是指因久晴无雨或少雨,降水量较常年同期明显减少,在旱情发生后由于水源、水利基础条件或经济条件的限制,未能及时采取必要的抗旱措施,而造成农田减产或城镇工业生产受到损失的现象。其干旱程度的确定均与前期降水量、干旱持续日数、地下水位以及农作物种类、品种及其生长发育时期等有密切关系。因此,干旱的具体指标因地因时因农作物而异。农田减产 3 成以上的面积称为成灾面积,其中减产 8 成以上叫绝收。

干旱并不等于旱灾,干旱只有造成损失才能成为灾害。沙漠虽然干旱,却不会给人们带来损失,这里的干旱不是灾害,而是自然现象。

旱灾是世界上影响面最广、造成农业损失最大的自然灾害类型,我国是一个农业大国,旱灾是影响我国农业生产的最主要气象灾害。据统计,我国每年旱灾损失占各种自然灾害的 15% 以上;每年因旱灾减少粮食 100 亿 kg。

近 50 多年来,随着我国经济发展和人口增加,加上水资源遭到污染,水资源短缺现象日益严重,在全球变暖和北方干旱化的背景下,我国旱灾呈上升趋势,全国有77.4%的省区旱灾增加。其次是造成水资源不足,如华北地区,近 30 年来由于降水量呈现减少趋势,加上长期以来对地下水超采,水位逐年下降,沿海一些城市出现地面下沉,海水倒灌现象。这一切不仅已成为很多大中城市进一步发展的制约条件,严重影响工农业生产的发展,甚至会危及整个城市的安定。长期干旱还会导致生态环境恶化,诸如沙漠化、风蚀加剧等。

6.2.4　干旱化

指干旱的程度日益严重的长期变化趋势。干旱化是与旱灾完全不同的另一种干旱灾害。但是,干旱化与旱灾有一定的关系,就是随着干旱化的发展,旱灾也必然随之增多和加剧。因此,旱灾频率与强度的升级可作为干旱化的一个指标。干旱化表现在旱灾区不断增加,灾情更加严重,并使原来的田园荒芜、生态退化,甚至变成荒漠。

随着人类的经济发展和人口膨胀,水资源短缺现象日趋严重,这也直接导致了干旱地区的扩大与干旱化程度的加重,干旱化趋势已成为全球关注的问题。

6.2.5　干旱地区分布

通常将年降水量少于 250 mm 的地区称为干旱地区,年降水量为 250～500 mm 的地区称为半干旱地区。世界上干旱地区约占全球陆地面积的 25%,大部分集中在非洲撒哈拉沙漠边缘、中东和西亚、北美西部、澳洲的大部和中国的西北部。这些地区常年降雨量稀少而且蒸发量大,农业主要依靠山区融雪或者上游地区来水。世界上半干旱地区约占全球陆地面积的 30%,包括非洲北部一些地区、欧洲南部、西南亚、北美中部及中国北方等(图 6-3)。这些地区降雨较少,而且分布不均,因而极易造成季节性干旱,或者常年干旱甚至连年干旱。

首先,我国地处亚洲季风气候区,降水不仅具有明显的季节性和地域性,而且年际变化很大,由此引起的干旱除具有普遍性外,还具有明显的季节性和地域性。全国各地皆以冬春旱或春旱发生的机会最多,持续时间最长。干旱出现频率在 40% 以上,华南和西南地区达 50%～60%。最严重的是冬春连旱,大旱年一般都属冬春连旱的情况。

其次,我国干旱具有明显的地域性。东北地区由于降水比较稳定,干旱出现较少;黄淮海地区的降水变化大,干旱频率全年各季均较多;华南地区干旱主要集中在冬春和秋季两个时段;西南地区则主要集中在冬春和夏季两个时段。

第三,我国干旱具有持续性。在我国历史上,干旱连年出现是经常的,例如,北京地区在 1470—1949 年间发生干旱 170 次,其中有 115 次是连年发生的。1637—1643

年和 1939—1945 年干旱竟连续 7 年之久。1949 年以后,干旱仍有连年发生的现象,如长江中下游地区 1958—1961 年连续 4 年干旱,导致农业减产;1966—1968 年连续 3 年干旱。干旱的持续性往往使旱情加剧,灾害严重。

我国各地均可发生干旱,但发生频率和程度不同。由近 50 年资料统计表明,我国有 5 个明显的干旱中心(图 6-4):

(1)东北干旱区。该区干旱主要出现在 4—8 月的春、夏季节,春旱出现的概率为 66%,夏旱的概率为 50%。

(2)黄淮海干旱区(西北东部和华北)。该区降水较少,变率大,是我国最大的干旱区,干旱发生次数也居全国之首。作物生长期间的 3—10 月均可能出现干旱,少数年份局部地区还会出现春夏秋连旱,但以春旱为主,几乎每年都有不同程度的春旱发生。

(3)长江流域地区。该区 3—11 月均可出现干旱,但主要集中在夏季和秋季,以 7—9 月出现干旱的机会最多,伏旱危害最大。

(4)华南地区。该区一年四季均可出现干旱,但由于华南地区雨季来得早,夏秋季常有台风降水,故干旱主要出现在秋末和冬季及前春。多数年份干旱时间为 3~4 个月,最长达 7~8 个月。

(5)西南地区。该区干旱范围较小,干旱一般从上一年的 10 月或 11 月开始,到下一年的 4 月或 5 月,个别年份的局部地区持续到 6 月份,但干旱主要出现在冬春季节。

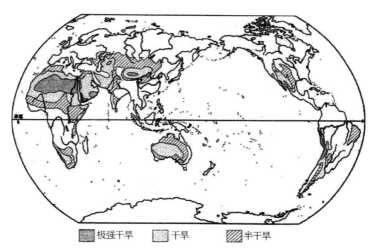

图 6-3　全球干旱区和半干旱区分布(来源:http://www.chinabaike.com/)

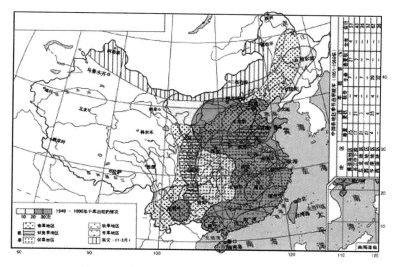

图 6-4　我国的干旱灾害和季节干旱地区分布

6.2.6　干旱的主要原因

　　干旱与人类活动所造成的植物系统分布、温度平衡分布、大气环流状态改变、化学元素分布改变等与人类活动相关的系统改变有直接的关系:包括地理位置和海拔高度、与各大水系距离远近、地球地壳板块滑移漂移、天文潮汐、地方植被覆盖水平等有直接关联。缺少降水,而降水缺乏的出现时间、分布情况及严重程度又与当时的水储备、水需求和水的使用等密切相关。人口增长和农业方面对水的需求及土地使用情况的改变,都会直接影响水源储备条件以及汇水区的水文响应。对水资源的需求压力增加,也使得对干旱的抵御更为脆弱。

　　干旱危害的程度,不仅与干旱的强度有关,而且还与干旱范围有关。严重的干旱往往是范围较大持续时间较长的干旱。我国大范围少雨干旱,在很大程度上取决于西太平洋副热带高压的位置和强度,以及西风环流形势的稳定发展。例如,1972 年出现的全国性干旱主要是由于副热带高压活动位置较常年偏东,强度较常年偏弱。大范围干旱还与地球以外的其他行星活动有关。如太阳黑子活动的 11 年周期就与地球上的大旱大涝存在明显的关系。近年来,气象工作者又发现厄尔尼诺现象与我国大范围旱涝也有密切关系。可见,形成大范围干旱的条件主要是由大气环流和海温的异常变化而引起的。

6.2.7　干旱造成的危害

　　干旱的直接危害是造成农牧业减产,人畜饮水发生困难,农牧民群众陷于贫困之中。干旱的间接危害是引发其他自然灾害的发生。作为一种自然灾害,干旱往往能给我们的生活和生产带来很多危害和影响,主要有以下方面。

6.2.7.1　干旱是危害农牧业生产的第一灾害

气象条件影响作物的分布、生长发育、产量及品质的形成,而水分条件是决定农业发展类型的主要条件。干旱由于其发生频率高、持续时间长、影响范围广、后延影响大,成为影响我国农业生产最严重的气象灾害。我国是一个人口大国,粮食问题始终是关系国家安全、社会稳定的重大战略问题,与其他自然灾害相比,旱灾是影响我国粮食生产的主要因素,因为旱灾造成的粮食损失要占全部自然灾害粮食损失的一半以上。据统计分析,我国受旱面积 20 世纪 50 年代为 1.7 亿多亩,90 年代为 3.64 亿亩;因旱损失粮食 50 年代年均 43.5 亿 kg,90 年代为 195.7 亿 kg。干旱始终困扰着我国经济、社会特别是农业的发展。

干旱同时是我国主要的畜牧气象灾害,主要表现在影响牧草、畜产品和加剧草场退化和沙漠化等方面。

6.2.7.2　干旱促使生态环境进一步恶化

(1)气候暖干化造成湖泊、河流水位下降,部分干涸和断流。由于干旱缺水造成地表水源补给不足,只能依靠大量超采地下水来维持居民生活和工农业发展,然而超采地下水又导致了地下水位下降、漏斗区面积扩大、地面沉降、海水入侵等一系列的生态环境问题。

(2)干旱导致草场植被退化。我国大部分地区处于干旱半干旱和亚湿润的生态脆弱地带,气候特点为夏季盛行东南季风,雨热同季,降水主要发生在每年的 4—9 月。北方地区雨季虽然也是每年的 4—9 月,但存在着很大的空间异质性,有十年九旱的特点。由于气候环境的变化和不合理的人为干扰活动,导致了植被严重退化,进入 21 世纪以后,连续几年,干旱有加重的趋势,而且是春夏秋连旱,对脆弱生态系统非常不利。

(3)气候干旱加剧土地荒漠化进程。

6.2.7.3　气候暖干化引发其他自然灾害发生

冬春季的干旱易引发森林火灾和草原火灾。自 2000 年以来,由于全球气温的不断升高,导致北方地区气候偏旱,林地地温偏高,草地枯草期长,森林地下火和草原火灾有增长的趋势。

6.2.7.4　造成经济和人民生命财产损失

干旱给国家的经济建设和人民生命财产造成的损失越来越大,严重影响社会公共安全、国民经济发展和人民的生存环境。随着经济的发展和人口的增长,干旱造成的损失绝对值呈明显增大的趋势。

6.2.8　防止干旱的主要措施

干旱的形成是由多种因素引起的,防御干旱应该是长期、短期和应急措施等多方面结合。

(1)调整农林牧业结构,改善旱区农业生态环境

植树造林,改善区域气候,以遏制生态环境恶化,降低干旱的危害。林木和草地具有生物覆盖、生物穿透、防风固沙、保持水土等功能。北方干旱区,不仅有高山、高原、丘陵、盆地,更多的是沟、谷、川和坡地。地形复杂,气候多样,农业不能单抓粮食生产,必须实行山、水、土、草、林、田的综合治理,因地制宜实行农林牧业相结合的农业生态结构。

(2)掌握干旱规律,调整作物布局

调整作物种植结构,改进耕作制度,改变作物构成,选育耐旱品种,充分利用有限的降雨。在干旱多发地区,农业生产应重视选择耐旱的和产量稳定性的作物,这是克服或避免干旱威胁的根本措施之一。掌握干旱和作物生长发育期规律,合理安排农业生产,是防御干旱夺丰收的有效措施。

(3)加强农田基本建设,增强土壤抗旱能力

干旱缺水是农业生产的主要限制因子。目前,我国旱区,年平均降水量一般在$300 \sim 400$ mm 以下,如果把自然降水量最大限度地蓄起来,把地中墒有效地保起来,这也是防御干旱的有效措施。另外,培肥地力,能促使作物根系发育,增加"根找水"的能力,达到以"肥调水"的抗旱作用。

(4)提高水资源利用率

研究应用现代技术和节水措施,如人工降雨、喷滴灌、地膜覆盖、保墒,实现节约用水,合理灌溉,科学用水。

(5)抑制蒸发、蒸腾

抑蒸抗旱化学药剂,目前在国内外逐渐得到广泛应用。药剂为农用液态膜,其原理是利用有机高分子物质在水的参与下形成液态膜,具有对水分子的调节和控制功能,达到吸水保水、抑制蒸发、减少蒸腾、节水省水和有效供水的目的,从而在干旱胁迫时提高降水保墒率和水分利用率,增强作物的抗旱性。抗旱化学药剂包括保水剂、抗旱剂和土壤结构改良剂三种。保水剂主要用作种子包衣和幼苗根部涂层;土壤结构改良剂主要用在播种和移栽后对土壤进行喷施保护。

6.2.9　干旱预警信号

干旱预警信号分二级,分别以橙色、红色表示(表 6-2)。

表 6-2　干旱预警信号分级

图例	含义	防御指南
	预计未来一周综合气象干旱指数达到重旱(气象干旱为 25～50 年一遇),或者某一县(区)有 40% 以上的农作物受旱。	1. 有关部门和单位按照职责做好防御干旱的应急工作; 2. 有关部门启用应急备用水源,调度辖区内一切可用水源,优先保障城乡居民生活用水和牲畜饮水; 3. 压减城镇供水指标,优先经济作物灌溉用水,限制大量农业灌溉用水; 4. 限制非生产性高耗水及服务业用水,限制排放工业污水; 5. 气象部门适时进行人工增雨作业。
	预计未来一周综合气象干旱指数达到特旱(气象干旱为 50 年以上一遇),或者某一县(区)有 60% 以上的农作物受旱。	1. 有关部门和单位按照职责做好防御干旱的应急和救灾工作; 2. 各级政府和有关部门启动远距离调水等应急供水方案,采取提外水、打深井、车载送水等多种手段,确保城乡居民生活和牲畜饮水; 3. 限时或者限量供应城镇居民生活用水,缩小或者阶段性停止农业灌溉供水; 4. 严禁非生产性高耗水及服务业用水,暂停排放工业污水; 5. 气象部门适时加大人工增雨作业力度。

6.3　暴雨与洪涝

我国的洪涝灾害是仅次于旱灾的一种气象灾害,洪涝灾害具有范围广、发生频繁、突发性强、损失大的特点。洪涝灾害与降水时空分布与地形有关,我国的洪涝灾害主要发生在 4—9 月,区域上是东部多、西部少;沿海地区多,内陆地区少;平原地区多,高原和山地少。

6.3.1　暴雨

6.3.1.1　暴雨概述

暴雨是降水强度很大的雨。一般指每小时降雨量 16 mm 以上,或连续 12 h 降雨量 30 mm 以上,或连续 24 h 降雨量 50 mm 以上的降水。我国气象上规定,24 h

降水量为 50 mm 或其以上的降水称为"暴雨"。按其降水强度大小又分为三个等级，即 24 h 降水量为 50~99.9 mm 称"暴雨"；100~200 mm 以下为"大暴雨"；200 mm 以上称"特大暴雨"。由于各地降水和地形特点不同，所以各地暴雨洪涝的标准也有所不同。

（1）暴雨形成。暴雨形成的过程是相当复杂的，一般从宏观物理条件来说，产生暴雨的主要物理条件是充足的源源不断的水汽、强盛而持久的气流上升运动和大气层结构的不稳定。大中小各种尺度的天气系统和下垫面特别是地形的有利组合可产生较大的暴雨。引起我国大范围暴雨的天气系统主要有锋、气旋、切变线、低涡、槽、台风、东风波和热带辐合带等。此外，在干旱与半干旱的局部地区热力性雷阵雨也可造成短历时、小面积的特大暴雨。其形成和强度主要与 6 个条件有密切的关系：丰富的水汽分布和供应；大气的上升运动；层结稳定度和中尺度不稳定性；风的垂直切变；云的微物理过程；地形。

（2）季节地域分布。我国是多暴雨的国家，除西北个别省、区外，几乎都有暴雨出现。冬季暴雨局限在华南沿海，4—6 月间，华南地区暴雨频频发生。6—7 月间，长江中下游常有持续性暴雨出现，历时长、面积广、暴雨量也大。7—8 月是北方各省的主要暴雨季节，暴雨强度很大。8—10 月雨带又逐渐南撤。夏秋之后，东海和南海台风暴雨十分活跃，台风暴雨的点雨量往往很大。暴雨集中的地带主要有两条：一条是辽东半岛—山东半岛—东南沿海；另一条是大兴安岭—太行山—武夷山东麓。此外阴山、秦岭、南岭等山脉的南麓也是暴雨的多发地区。暴雨日数的地域分布呈明显的南方多，北方少；沿海多，内陆少；迎风坡侧多，背风坡侧少的特征。

6.3.1.2　暴雨影响

暴雨是一种影响严重的灾害性天气。某一地区连降暴雨或出现大暴雨、特大暴雨，常导致山洪暴发，水库垮坝，江河横溢，房屋被冲塌，农田被淹没，交通和电信中断，会给国民经济和人民的生命财产带来严重危害。暴雨尤其是大范围持续性暴雨和集中的特大暴雨，不仅影响工农业生产，而且可能危害人民的生命，造成严重的经济损失。特别是对于一些地势低洼、地形闭塞的地区，雨水不能迅速宣泄造成农田积水和土壤水分过度饱和，会造成更多的灾害。

暴雨的危害主要有两种：

（1）渍涝危害。由于暴雨急而大，排水不畅易引起积水成涝，土壤孔隙被水充满，造成陆生植物根系缺氧，使根系生理活动受到抑制，加强了嫌气过程，产生有毒物质，使作物受害而减产。

（2）洪涝灾害。由暴雨引起的洪涝淹没作物，使作物新陈代谢难以正常进行而发生各种伤害，淹水越深，淹没时间越长，危害越严重。特大暴雨引起的山洪暴发、河流泛滥，不仅危害农作物、果树、林业和渔业，而且还冲毁农舍和工农业设施，甚至造成人畜伤亡,经济损失严重。

暴雨有危害人类的一面,也有造福人类的一面,在许多情况下,适量的暴雨利大于弊。久旱之后,一场暴雨会将旱情解除。我国南方伏旱期间,人们常会盼望热带气旋到来,因为它带来的暴雨可以解除旱情。我国北方的许多地方,全年的降水量决定于一两场暴雨,暴雨无则旱象显。在许多城市用水日趋紧张的今天,有关人士更是渴盼暴雨给水库蓄满水。

6.3.1.3　暴雨预防

(1)暴雨预警信号分级

暴雨预警信号分四级,分别以蓝色、黄色、橙色、红色表示(表6-3)。

表 6-3　暴雨预警信号分级

图例	标准	防御指南
暴雨 蓝 RAIN STORM	12 h内降雨量将达50 mm以上,或者已达50 mm以上且降雨可能持续。	1. 政府及相关部门按照职责做好防暴雨准备工作; 2. 学校、幼儿园采取适当措施,保证学生和幼儿安全; 3. 驾驶人员应当注意道路积水和交通阻塞,确保安全; 4. 检查城市、农田、鱼塘排水系统,做好排涝准备。
暴雨 黄 RAIN STORM	6 h内降雨量将达50 mm以上,或者已达50 mm以上且降雨可能持续。	1. 政府及相关部门按照职责做好防暴雨工作; 2. 交通管理部门应当根据路况在强降雨路段采取交通管制措施,在积水路段实行交通引导; 3. 切断低洼地带有危险的室外电源,暂停在空旷地方的户外作业,转移危险地带人员和危房居民到安全场所避雨; 4. 检查城市、农田、鱼塘排水系统,采取必要的排涝措施。
暴雨 橙 RAIN STORM	3 h内降雨量将达50 mm以上,或者已达50 mm以上且降雨可能持续。	1. 政府及相关部门按照职责做好防暴雨应急工作; 2. 切断有危险的室外电源,暂停户外作业; 3. 处于危险地带的单位应当停课、停业,采取专门措施保护已到校学生、幼儿和其他上班人员的安全; 4. 做好城市、农田的排涝,注意防范可能引发的山洪、滑坡、泥石流等灾害。
暴雨 红 RAIN STORM	3 h内降雨量将达100 mm以上,或者已达100 mm以上且降雨可能持续。	1. 政府及相关部门按照职责做好防暴雨应急和抢险工作; 2. 停止集会、停课、停业(除特殊行业外); 3. 做好山洪、滑坡、泥石流等灾害的防御和抢险工作。

(2)预防措施

①做好暴雨来临前的准备。检查房屋,如果是危旧房屋或处于地势低洼的地方,应及时转移;暂停室外活动,学校可以暂时停课;检查电路、炉火等设施是否安全,关

闭电源总开关;提前收盖露天晾晒物品,收拾家中贵重物品置于高处;暂停田间劳动,户外人员应立即到地势高的地方或山洞暂避。

②明确责任,各尽其职。海洋与渔业部门要做好出海渔船归港工作,督促尚未归港船只迅速回港或到就近港口避风。旅游部门要立即停止组织海上观光项目,防止发生险情。港口企业要提前加固装卸设备、设施,做好防洪抗洪物资储备。公安、交通部门要加强重点路段的管理,及时疏导交通,确保行车安全。教育部门和各类工矿企业要提前落实防风、防雪、防冻安全措施,确保广大学生和工矿企业职工人身安全。各级政府部门要坚持 24 h 值班,落实领导带班制度。气象部门要密切关注天气变化情况,及时提供海上防风暴潮预警信息。

6.3.2　洪涝

6.3.2.1　洪涝灾害概念

洪涝灾害指因大雨、暴雨或持续降雨使低洼地区淹没、渍水的现象。雨涝主要危害农作物生长,造成作物减产或绝收,破坏农业生产以及其他产业的正常发展。其影响是综合的,还会危及人的生命财产安全,影响国家的长治久安等。

灾害形成必须具备两方面条件:

(1)自然条件:洪水是形成洪水灾害的直接原因。只有当洪水自然变异强度达到一定标准,才可能出现灾害。主要影响因素有地理位置、气候条件和地形地势等。

(2)社会经济条件:只有当洪水发生在有人类活动的地方才能成灾。受洪水威胁最大的地区往往是江河中下游地区,而中下游地区因其水源丰富、土地平坦又常常是经济发达地区。洪水灾害的威胁将制约社会经济发展和影响人民生命财产安全。

6.3.2.2　洪涝灾害类型

洪水可分为河流洪水、湖泊洪水、风暴潮洪水等。其中,河流洪水以成因不同又分为以下几种类型:

(1)暴雨洪水:是最常见、威胁最大的洪水。它是由较大强度的降雨形成的,又简称雨洪。

(2)山洪:是强降雨后,山区溪沟中发生暴涨、暴落的洪水。山洪具有突发性、雨量集中、破坏力强等特点,常伴有泥石流、山体滑坡、塌方等灾害。

(3)融雪洪水:主要发生在高纬度积雪地区或高山积雪地区。

(4)冰凌洪水:常发生在黄河、松花江等北方江河中。由于河道中的某一河段由低纬度流向高纬度,在气温回升时,低纬度河段上游先解冻,而高纬度仍在封冻,上游来水和冰块堆积在下游河床,形成冰坝,造成洪水泛滥;另外,河流封冻时也可能产生冰凌洪水。

（5）溃坝洪水：是大坝或水库突然决堤、溃塌而造成的洪水。

除此以外，涝灾又有内涝和"关门涝"之分。内涝是指超强度的降水来不及从河道中排出，形成积涝。"关门涝"指河水居高不下，致使支流下游的湖泊、洼地无法排出积水而成区域性涝渍灾害。

6.3.2.3　我国洪水频繁发生的原因

这与我国的气候和地理条件密切相关。我国位于欧亚大陆的东南部，东临太平洋，跨高、中、低三个纬度区，具有明显的季风气候特点，夏季吹南风，空气潮湿，降雨多集中在夏季，且多以暴雨形式出现，强度大。短时间内大量降水，地面没有足够的空间来分散或贮存这些水，形成洪水。同时近年的气候异常，人类不合理的生产活动，如盲目开垦砍伐森林、江河泥沙淤积、围湖造田等也是形成洪水的原因。

6.3.2.4　洪涝灾害的时空分布

洪水往往分布在人口稠密、农业垦殖度高、江河湖泊集中、降雨充沛的地方，如北半球暖温带、亚热带。中国、孟加拉国是世界上洪涝灾害最频繁的地方，美国、日本、印度和欧洲的洪涝灾害也较严重。根据历史统计资料，我国洪涝最严重的地区主要为东南沿海地区、湘赣地区、淮河流域，次多洪涝区有长江中下游地区、南岭、武夷山地区、海河和黄河下游地区、四川盆地、辽河、松花江地区。全国洪涝最少的地区是西北、内蒙古和青藏高原，次为黄土高原、云贵高原和东北地区。概括而言，洪涝分布总的特点是东部多，西部少；沿海多，内陆少；平原湖区多，高原山地少；山脉东、南坡多，西、北坡少。

6.3.2.5　洪涝灾害的危害

洪涝灾害出现频率高，波及范围广，来势凶猛，破坏性极大。它不但淹没房屋，造成大量人员伤亡，而且还卷走人居住地的一切物品，包括粮食，并淹没农田，毁坏作物，导致粮食大幅度减产，从而造成饥荒。洪水还会破坏工厂厂房、通信与交通设施，从而造成对国民经济各部门的破坏。21世纪以来，世界各国发生过的特大洪涝灾害，都导致上万人的死亡和千百万人的流离失所。

6.3.2.6　洪涝灾害防治措施

包括工程措施、非工程措施。

（1）防洪工程措施：包括河道堤防、水库、分洪工程、蓄滞洪区和河道整治工程等。加固河堤，加强堤防建设、河道整治以及水库工程建设是避免洪涝灾害的直接措施。

防洪工程是一项长期艰巨的任务，要根据江河流域的自然地理条件，开展综合治理，修筑堤防、整治河道，合理采取蓄、泄、滞、分等工程措施。沿着江河修筑堤防，保护两岸地区不受洪水淹没，同时采取河道清障、清淤，采用人工裁弯取直等措施，增加河段的泄洪能力。在重点保护对象附近,建设江河的分洪工程,设立蓄洪、滞洪区,配合江河堤防联合运用,以确保保护对象的安全。城市要重点加强防护,提高沿江沿河大中城市堤防的防洪标准,加固加高堤防应达到百年一遇标准,以适应城市经济发展的需要。

（2）非工程措施:主要是通过恢复植被改善气候环境,做好水土保持工作。绿化造林封山植树、退耕还林等,绿化造林能促进土壤吸收较多的水分,减弱暴雨对地面的直接冲刷,防止水土流失,避免造成下游湖泊、河道淤积,确保河道的泄洪能力和湖泊的蓄洪功能。长期持久地推行水土保持可以从根本上减少发生洪涝的机会。

6.3.2.7　洪涝灾害自救方法

（1）洪水到来时,来不及转移的人员,要就近迅速向山坡、高地、楼房、避洪台等地转移,或者立即爬上屋顶、楼房高层、大树、高墙等高的地方暂避。

（2）如洪水继续上涨,暂避的地方已难自保,则要充分利用准备好的救生器材逃生,或者迅速找一些门板、桌椅、木床、大块的泡沫塑料等能漂浮的材料扎成筏逃生。

（3）如果已被洪水包围,要设法尽快与当地政府防汛部门取得联系,报告自己的方位和险情,积极寻求救援。

注意:千万不要游泳逃生,不可攀爬带电的电线杆、铁塔,也不要爬到泥坯房的屋顶。

（4）如被卷入洪水中,一定要尽可能抓住固定的或能漂浮的东西,寻找机会逃生。

（5）发现高压线铁塔倾斜或者电线断头下垂时,一定要迅速远避,防止触电。

（6）洪水过后,要做好各项卫生防疫工作,预防疫病的流行。

6.4　台风

6.4.1　台风概述

6.4.1.1　什么是台风

说起台风,应先从气旋说起。气旋是指在同一高度上中心气压比四周低的水平涡旋。在北半球,空气作逆时针旋转;南半球则相反。因为台风这种大气中的涡旋产生在热带洋面,所以称为“热带气旋”。台风指中心附近最大风力达到12级或其以上的热带气旋。因此,台风是产生于热带洋面上的一种强烈的热带气旋。实际上台风是绕着自己的中心急速旋转的同时又向前移动的空气涡旋。

6.4.1.2　台风的形成和源地

（1）台风的形成
台风形成需具备以下几个条件:

　　①广阔的暖洋面,海水温度在 26.6℃以上,提供了热带气旋所需的高温、高湿的空气。

　　②对流层风速的垂直切变小,有利于热量聚集。

　　③地转参数 f 大于一定值(纬度大于 5°的地区),有利于形成强大的低压涡旋。

　　④热带存在低层扰动(下热上冷的不稳定大气层结),提供持续的质量、动量和水汽输入。

　　据统计,台风常常产生在洋面温度超过 26～27℃以上的地区。在温度高的海域内,正好碰上了大气里发生一些扰动,大量空气开始往上升,这时上升海域的外围空气就源源不绝地流入上升区。又因地球转动的关系,使流入的空气像车轮那样旋转起来。当上升空气膨胀变冷,冷凝成水滴放出热量,这又助长了低层空气不断上升,使地面气压下降得更低,空气旋转得更加猛烈,台风就形成了。

　　(2)台风的源地

　　根据世界气象组织对 1968—1990 年资料的统计结果,全球每年平均约有 83 个热带气旋发生。全球的热带气旋源地包括八大海区,主要分布在南北两个半球的 5°～20°的纬度之间,其中 10°～20°之间生成的热带气旋占总数的 65%。在 20°以外较高纬度发生的热带气旋只占 13%,而且都发生在西北太平洋和西北大西洋这两个海域。发生在 5°以内赤道附近的热带气旋极少。

　　全年约有三分之二的热带气旋形成于北半球,一半以上发生在北太平洋,且大洋西部约为东部的 2 倍,即西北太平洋发生的热带气旋数最多,而这些热带气旋中约有 80%会发展成台风。西北太平洋海域也是全年各月都可能有台风发生的唯一地区。

　　台风的主要源地分布如下:

　　(1)北太平洋西部:包括南海,影响地区包括中国、菲律宾、韩国、日本、越南、太平洋上各岛,间中也可以影响泰国及印度尼西亚。每年西北太平洋生成的热带气旋占全球的三分之一。中国的沿岸是全球最多热带气旋登陆的地方;而每年也有 6～7 个热带气旋登陆菲律宾。

　　(2)北太平洋东部:第二多产生热带气旋地区,影响地区包括墨西哥、夏威夷、太平洋上岛国,罕有情况下可影响加利福尼亚及中美洲的北部地区。

　　(3)北大西洋:包括加勒比海、墨西哥湾。每年生成数目差距很大,由 1 个至超过 20 个不等,每年平均大约有 10 个生成。主要影响美国东岸及墨西哥湾沿岸各州、墨西哥及加勒比海各国,最远影响可达委内瑞拉和加拿大。

　　(4)南太平洋西部:主要影响澳大利亚及大洋洲各国。

　　(5)北印度洋:包括孟加拉湾和阿拉伯海,主要在孟加拉湾生成。北印度洋的风季有两个巅峰:一个在季风开始之前的 4 月和 5 月,另一个在季风结束后的 10 月和 11 月。影响印度、孟加拉、斯里兰卡、泰国、缅甸和巴基斯坦等国,有时更会影响阿拉伯半岛。

（6）南印度洋东部：影响印度尼西亚及澳大利亚西部。

（7）南印度洋西部：主要影响马达加斯加、莫桑比克、毛里求斯、留尼汪岛、坦桑尼亚、科摩罗和肯尼亚等地。

6.4.1.3　台风的结构

台风近似圆形。一个发展成熟的台风，在水平上，从里向外大约可分为台风眼区、近中心附近的强风区和暴雨区（称为台风眼壁），外围的大风区和降水区（图 6-5）。

图 6-5　卫星拍摄的台风遥感影像（来源：中国气象局网站）

台风眼　是台风发展成熟的一个重要标志，它是由台风眼壁所围成的一个区域。在台风眼内，既无狂风也无暴雨，天上仅有薄云。台风眼经过的地区会突然变得风平浪静，暴雨骤止，并可能持续 20 min 至 1 h，人们常常会误认为台风已过，实则是正好处于台风眼之中。越是风平浪静，越是表明台风非常强大。

台风眼壁（近中心附近的强风区和暴雨区）　在台风眼外围，有一个环状的对流很强的云带，称为台风眼壁或台风云墙。这是台风最重要的一部分，台风形成的 12 级以上的最强的狂风和高达 10 m 以上的怒涛主要发生在眼壁区内。同时，台风眼壁也是造成台风暴雨的主要区域之一。在眼壁区内还会出现龙卷风、闪电、雷暴，有时还会伴有冰雹。

螺旋云雨带（外围的大风区和降水区）　台风螺旋云雨带紧接在台风眼壁之外，

范围很广，形式多样，是台风结构中一个非常重要的特征，是判断热带气旋强度能否发展加大的重要标志，还可以用来判断台风影响外围云雨带的分布及其阵性的特征。在螺旋云雨带影响的地方常伴有阵性降水和阵风，其降雨强度和时间随云雨带发展范围和强度不同而不同。

6.4.1.4　热带气旋的分级

世界气象组织规定，热带气旋分为六级，如表 6-4 所示。

表 6-4　热带气旋分级

等级	底层中心附近最大平均风速（m/s）	风力（级）
热带低压	10.8～17.1	6～7
热带风暴	17.2～24.4	8～9
强热带风暴	24.5～32.6	10～11
台风	32.7～41.4	12～13
强台风	41.5～50.9	14～15
超强台风	≥51.0	≥16

6.4.1.5　台风的编号

台风的编号也就是热带气旋的编号。人们之所以要对热带气旋进行编号，一方面是因为一个热带气旋常持续一周以上，在大洋上同时可能出现几个热带气旋，有了序号，就不会混淆。我国把进入东经 150°以西、北纬 10°以北、近中心最大风力大于 8 级的热带气旋按每年出现的先后顺序编号。我国的台风编号是按世界气象组织要求进行的，编号由 4 位数字组成，前两位数代表公历年份的十位数和个位数，后两位为台风每年出现的先后顺序，如 1997 年 7 号台风，即编为 9707 号。

6.4.1.6　台风的命名

1997 年 11 月 25 日至 12 月 1 日，在香港举行的世界气象组织（简称 WMO）台风委员会第 30 次会议决定，西北太平洋和南海的热带气旋采用具有亚洲风格的名字命名。新的命名方法是事先制定的一个命名表，然后按顺序年复一年地循环重复使用。命名表共有 140 个名字，分别由 WMO 所属的亚太地区的柬埔寨、中国、朝鲜、中国香港、日本、老挝、中国澳门、马来西亚、密克罗尼西亚、菲律宾、韩国、泰国、美国及越南等 14 个国家和地区提供。每个国家或地区提供 10 个名字。这 140 个名字分成 10 组，每组的 14 个名字按每个成员国或地区英文名称的字母顺序依次排列，按顺序循环使用。

6.4.2　台风的灾害

台风是一种破坏力很强的灾害性天气系统，台风在海上移动会掀起巨浪，狂风暴雨接踵而来,对航行的船只可造成严重的威胁。当台风登陆时,狂风暴雨会给人们的生命财产造成巨大的损失,尤其对农业、建筑物的影响更大。台风主要通过强风、暴雨、风暴潮三种方式造成危害。

（1）强风。台风是一个巨大的能量库,其风速都在 17.2 m/s(风力 8 级)以上,甚至在 60 m/s 以上。据测,当风力达到 12 级时,垂直于风向平面上每平方米风压可达 230 kg。

（2）暴雨。台风是非常强的降雨系统。一次台风登陆,降雨中心一天之中可降下 100～300 mm 的大暴雨,甚至可达 500～800 mm。台风暴雨造成的洪涝灾害,是最具危险性的灾害。台风暴雨强度大,洪水出现频率高,波及范围广,来势凶猛,破坏性极大。

（3）风暴潮。风暴潮是发生在海洋沿岸的一种严重自然灾害,这种灾害主要是由大风和高潮水位共同引起的,使局部地区猛烈增水,酿成重大灾害。当台风移向陆地时,由于台风的强风和低气压的作用,使海水向海岸方向强力堆积,潮位猛涨,海水浪头似排山倒海般向海岸压去。强台风的风暴潮能使沿海水位上升 5～6 m。风暴潮与天文大潮高潮位相遇,产生高频率的潮位,导致潮水漫溢,海堤溃决,冲毁房屋和各类建筑设施,淹没城镇和农田,造成大量人员伤亡和财产损失。风暴潮还会造成海岸侵蚀、海水倒灌、土地盐渍化等灾害。

台风风暴潮多见于夏秋季节台风鼎盛时期,这类风暴潮的特点是来势猛、速度快、强度大、破坏力强,凡是有台风影响的海洋沿岸地区均可能发生;温带风暴潮多发生于春秋季节,夏季也有发生,一般特点是增水过程比较平缓,增水高度低于台风风暴潮,中纬度沿海地区常会出现,以欧洲北海沿岸、美国东海岸及我国的北方海区沿岸为多。

西北太平洋是全世界最适合台风生成的地区,台风生成频率占全球的 36%。我国是受台风袭击最多的国家之一,近 50 年的统计,每年约有 7～8 个台风登陆我国。据 1988—2004 年的统计,我国大陆每年因台风造成的经济损失为 233.5 亿元,死亡 440 人,倒塌房屋 30.7 万间,农作物受灾面积 288.5×10⁴ hm²。

我国纬度跨度大,南方部分地区常常遭受热带气旋灾害,且发生频率高、损失大。我国热带气旋发生频度之高在国际上都是罕见的。全球平均每年出现约 80 个中心附近最大风力达 8 级及其以上的热带气旋,其中在西北太平洋发生最多,约 28 个,占 35% 左右。平均每年约有 7 个热带气旋登陆我国沿海地区。1922 年 8 月 2 日,一次强台风风暴潮袭击汕头地区,造成特大风暴潮灾害,有 7 万余人丧生,无数的人流离失所,这是 20 世纪以来我国死亡人数最多的一次风暴潮灾害,当时台风强度超过 12 级,造成增水达 3.5 m。有的年份热带气旋在很短的时间内连续登陆,给防御工作造成了很大困难。2004 年 8 月 12 日,登陆浙江温岭的 0414 号台风(云娜),是 48 年来登陆浙江最强的台风,也是 8 年来登陆我国内地最强的台风。受台风"云娜"影响,浙江、福建、江西、安徽、河南、湖北、湖南等省降大到暴雨,部分地区降大暴雨或特大暴雨,降水在有效缓解旱情增加河塘、水库蓄水的同时,也给浙江等省造成严重影响,共造成 1800 多万人受灾、死亡 184 人、9 人失踪,农作物受灾面积 70 多万 hm²,直接经济损失 200 多亿元。

历史上有记录的最强热带气旋是 1979 年 10 月 12 日发生在太平洋西北的台风"提普",估计中心持续风速为 85 m/s。热带气旋造成的最大降雨发生在 1966 年 1 月 7—8 日,热带气旋"丹尼斯"在 12 h 之内降雨 1144 mm。造成死亡人数最多的热带气旋是发生在 1970 年的孟加拉气旋,至少有 30 万人死于与此相关的风浪。造成最严重破坏的热带气旋是 1992 年的飓风"安德鲁",它袭击了巴哈马群岛、美国的佛罗里达等地,造成的财产损失高达 265 亿美元。

6.4.3　台风的益处

台风除了给登陆地区带来暴风雨等严重灾害外,也有一定的好处。对某些地区来说,如果没有台风,就没有这些地区庄稼的生长、农业的丰收。台风有时也能起到解除干旱的有益作用。此外,台风对于调剂地球热量、维持热平衡更是功不可没。

科学研究发现,台风对人类带来的益处有以下几方面:

(1)随着全球人口激增和工农业发展,对淡水的需求量日益扩大,加上陆地上有限的淡水资源分布不均匀,世界性水荒已日趋严重。而台风这一热带气旋却为人们带来了丰沛的淡水。台风给中国沿海、日本沿岸、印度、东南亚和美国东南部带来大量的雨水,约占这些地区总降水量的 1/4 以上,对改善这些地区的淡水供应和生态环境都有十分重要的意义。

(2)靠近赤道的热带、亚热带地区日照时间最长,干热难忍,如果没有台风来驱散这些地区的热量,那里将会更热,地表沙荒将更加严重。同时寒带将会更冷,温带将会消失。我国将没有昆明这样的春城,也没四季常青的广州,"北大仓"、内蒙古草原亦将不复存在。

(3)台风最高时速可达 200 km 以上,其能量相当于 400 颗 2000 t 级氢弹爆炸时所放出的能量,所到之处,摧枯拉朽。这巨大的能量可以直接给人类造成灾难,但也全凭着这巨大的能量流动使地球保持着热平衡,使人类安居乐业,生生不息。

(4)能量巨大的台风在形成及运行时,借助闪电等作用,可以击碎水分子长链,形成具有活性的短链水分子。而地球上的生物在吸入这些短链水分子后,可增添生命的活力,从而使地球生态持久发展下去。

(5)台风还能增加捕鱼产量。每当台风吹袭时翻江倒海,将江海底部的营养物质卷上来,鱼饵增多,吸引鱼群在水面附近聚集,渔获量自然就提高了。

6.4.4　台风的防范

加强台风的监测和预报是减轻台风灾害的重要措施。对台风的探测主要是利用气象卫星。在卫星云图上能清晰地看见台风的存在和大小。利用气象卫星资料可以确定台风中心的位置,估计台风强度,监测台风移动的方向和速度,以及狂风暴雨出现的地区等,对防止和减轻台风灾害起着关键作用。当台风到达近海时,还可用雷达监测台风动向。还有,气象台的预报员根据所得到的各种资料,分析台风的动向、登陆的地点和时间,及时发布台风预报,台风警报或紧急警报,通过电视、广播等媒介为公众服务,同时为各级政府提供决策依据。发布台风预报或警报是减轻台风灾害的重要措施。

在科学技术高速发展的今天,用现代化设备已经可以精确地预测出台风的具体移动方向、登陆地点及时间。只要采取有效的防御措施,提高科学探测预警水平,全力做好防、抗、救工作,趋利避害,就可以使受灾程度降至最低。

6.4.4.1 台风预警信号

台风预警信号分四级,分别以蓝色、黄色、橙色和红色表示,见表 6-5。

表 6-5 台风灾害预警信号和防御指南

图标	含义	防御指南
	24 h 内可能或者已经受热带气旋影响,沿海或者陆地平均风力达 6 级以上,或者阵风 8 级以上并可能持续。	1. 政府及相关部门按照职责做好防台风准备工作; 2. 停止露天集体活动和高空等户外危险作业; 3. 相关水域水上作业和过往船舶采取积极的应对措施,如回港避风或者绕道航行等; 4. 加固门窗、围板、棚架、广告牌等易被风吹动的搭建物,切断危险的室外电源。
	24 h 内可能或者已经受热带气旋影响,沿海或者陆地平均风力达 8 级以上,或者阵风 10 级以上并可能持续。	1. 政府及相关部门按照职责做好防台风应急准备工作; 2. 停止室内外大型集会和高空等户外危险作业; 3. 相关水域水上作业和过往船舶采取积极的应对措施,加固港口设施,防止船舶走锚、搁浅和碰撞; 4. 加固或者拆除易被风吹动的搭建物,人员切勿随意外出,确保老人小孩留在家中最安全的地方,危房人员及时转移。
 	12 h 内可能或者已经受热带气旋影响,沿海或者陆地平均风力达 10 级以上,或者阵风 12 级以上并可能持续。	1. 政府及相关部门按照职责做好防台风抢险应急工作; 2. 停止室内外大型集会、停课、停业(除特殊行业外); 3. 相关应急处置部门和抢险单位加强值班,密切监视灾情,落实应对措施; 4. 相关水域水上作业和过往船舶应当回港避风,加固港口设施,防止船舶走锚、搁浅和碰撞; 5. 加固或者拆除易被风吹动的搭建物,人员应当尽可能待在防风安全的地方,当台风中心经过时风力会减小或者静止一段时间,切记强风将会突然吹袭,应当继续留在安全处避风,危房人员及时转移; 6. 相关地区应当注意防范强降水可能引发的山洪、地质灾害。

续表

图标	含义	防御指南
	6 h 内可能或者已经受热带气旋影响,沿海或者陆地平均风力达 12 级以上,或者阵风达 14 级以上并可能持续。	1. 政府及相关部门按照职责做好防台风应急和抢险工作; 2. 停止集会、停课、停业(除特殊行业外); 3. 回港避风的船舶要视情况采取积极措施,妥善安排人员留守或者转移到安全地带; 4. 加固或者拆除易被风吹动的搭建物,人员应当待在防风安全的地方,当台风中心经过时风力会减小或者静止一段时间,切记强风将会突然吹袭,应当继续留在安全处避风,危房人员及时转移; 5. 相关地区应当注意防范强降水可能引发的山洪、地质灾害。

6.4.4.2　台风来临前的准备

(1)关紧门窗,取下悬挂物,收起阳台上的东西,尤其是花盆等重物,加固室外易被吹动的物体。

(2)台风来临前应准备好手电筒、收音机、食物、饮用水及常用药品等,以备急需。如果家中有病人,还要准备好必需的药品,特别是家中有高血压、糖尿病、心脏病病人,应准备好相应药品。

(3)如果住在危房旧房和低洼地段,应马上转移避险。转移时除了要保管好家里的贵重物品外,还要带上随身的日用品及雨衣、雨靴、篷布,多准备点衣物和食物。

(4)停止露天集体活动,停止田间劳动及水上作业。

(5)清理排水管道,保持排水畅通。

(6)尽量避免在靠河、湖、海的路堤和桥上行走,以免被风吹倒或吹落水中。更不要到台风可能经过的地区或海边游泳。

6.4.4.3　台风应对措施

(1)避险常识

根据历年的防台抗灾经验,在台风来临前,要弄清楚自己所处的区域是否是台风要袭击的危险区域,并且了解撤离的路径及政府提供的避风场所;备足蜡烛和手电筒等应急照明工具、干粮等食品和饮用水。在台风来临时,一定要在坚固的房屋内躲避,千万不要外出。同时注意可能造成人员伤亡的情况,提高自我防范意识。

避风避雨远离危房

强风有可能吹倒建筑物、高空设施,易造成人员伤亡。如各类危旧住房、厂房、工棚、临时建筑(如围墙等)、在建工程、市政公用设施(如路灯等)、游乐设施、各类吊机、施工电梯、脚手架、电线杆、树木、广告牌、铁塔等倒塌,造成压死压伤。

【防范措施】在台风来临前,要及时转移到安全地带,避开以上容易造成伤亡的地点,千万不要在以上地方避风避雨。

高空物品及时加固

强风会吹落高空物品,易造成砸伤砸死事故。如阳台、屋顶上的花盆、空调室外机、雨篷、太阳能热水器、屋顶杂物,建筑工地上的零星物品、工具、建筑材料等容易被风吹落造成人员伤亡。

【防范措施】要及时固定好花盆等物品,建筑企业要整理堆放好建筑器材、工具、零星材料,以确保安全。

走路远离河湖海桥

门窗玻璃、幕墙玻璃等易被强风吹碎,造成玻璃飞溅打死打伤人员;行人在路上、桥上、水边被吹倒或吹落水中,被摔死摔伤或溺水;电线被风吹断,使行人触电伤亡;海上(内陆)船只被风浪掀翻沉没,公路上行驶的车辆,特别是高速公路上的车辆被吹翻等造成伤亡。

【防范措施】在台风来临前,行人要及时在安全的地方避风避雨,尽量避免在靠河、靠湖、靠海的路堤和桥上行走,船只要及时回港避风、固锚,船上的人员必须上岸避风,车辆尽量避免在强风影响区域行驶。

(2)海上遭遇台风如何避航

台风来临前,海上船舶怎么办

(1)台风来临前,船舶应听从指挥,立即到避风场所避风。

(2)万一躲避不及或遇上台风时,应及时与岸上有关部门联系,争取救援。

(3)等待救援时,应主动采取应急措施,迅速果断地采取离开台风的措施,如停(滞航)、绕(绕航)、穿(迅速穿过)。

(4)强台风过后不久的风浪平静,可能是台风眼经过时的平静,此时泊港船主千万不能为了保护自己的财产,回去加固船只。

(5)有条件时在船舶上配备信标机、无线电通信机、卫星电话等现代设备。

(6)在没有无线电通信设备的时候,当发现过往船舶或飞机,或与陆地较近时,可以利用物件及时发出易被察觉的求救信号,如堆"SOS"字样,放烟火,发出光信号、声信号,摇动色彩鲜艳的物品等。

遭遇台风时,如何避航

在海上航行的船舶遭遇台风时,为了避免被卷入台风中心或中心外围暴风区,一般采取避航方法。船舶可根据台风的动态和强度不失时机地改变航向和航速,使船位与台风中心保持一定的距离,处于本船所能抗御的风力等级的大风范围以外。

台风右半圆的风向和台风的移动路线接近一致,右半圆风速比左半圆大,而且绝大多数台风都是向右转向,容易把处在右半圆的船舶卷入台风中心。因此,在航海上把台风的右半圆称为"危险半圆",把左半圆称为"可航半圆"。

船舶在海上遇到台风时,应根据台风的情况和动态预报以及现场观测的风力、风向和气压的变化情况判明本身所在位置,以便采取适当的航行方法,尽快远离台风中心。

判断船位的方法和应采取的航行措施如下:

①风向顺时针变化,气压不断下降,风力逐渐增大:此时船位是处在台风的危险半圆的前半部,即危险象限,应以船首右舷顶风全速航行。

②风向逆时针变化,气压不断下降,风力逐渐增大:此时船位是处在台风的可航半圆的前半部,应以右舷船尾受风全速航行。

③风向不变,气压不断下降,风力逐渐增大:此时船位是处在台风的行进路上,应以右舷船尾受风全速航行。

6.4.5 如何判断台风是否远离

台风侵袭期间风狂雨骤时,突然风歇雨止,这是否表示台风已经远离了呢?

当风雨骤然停止时,有可能是进入台风眼的现象,并非台风已经远离,短时间后狂风暴雨将会突然再来袭。此后,风雨渐次减小,并变成间歇性降雨,慢慢地风变小,云升高,雨渐停,这才是台风离开了。如果台风眼并未经过当地,但风向逐渐从偏北风变成偏南风,且风雨渐小,气压逐渐上升,云也逐渐消散,天气转好,这也表示台风正在远离中。

6.5 雪灾

6.5.1 雪灾概述

6.5.1.1 什么是雪灾

雪灾是因长时间大量降雪造成大范围积雪成灾的自然现象。它是我国牧区常发生的一种畜牧气象灾害,主要是指依靠天然草场放牧的畜牧业地区,由于冬半年降雪过多和积雪过厚,雪层维持时间长,影响畜牧正常放牧活动的一种灾害。雪灾亦称白灾。

雪灾主要发生在稳定积雪地区和不稳定积雪山区,偶尔出现在瞬时积雪地区。我国牧区的雪灾主要发生在内蒙古草原、西北和青藏高原的部分地区。

6.5.1.2 雪灾的类型及指标

(1)积雪类型

雪灾是由积雪引起的灾害。根据积雪稳定程度,将我国积雪分为5种类型:

永久积雪　在雪线以上降雪积累量大于当年消融量,积雪终年不化。

稳定积雪(连续积雪)　空间分布和积雪时间(60 天以上)都比较连续的季节性积雪。

不稳定积雪(不连续积雪)　虽然每年都有降雪,且气温较低,但在空间上积雪不连续,多呈斑状分布,在时间上积雪日数 10~60 天,且时断时续。

瞬间积雪　主要发生在华南、西南地区,这些地区平均气温较高,但在季风特别强盛的年份,因寒潮或强冷空气侵袭,发生大范围降雪,但很快消融,使地表出现短时(一般不超过 10 天)积雪。

无积雪　除个别海拔高的山岭外,多年无降雪。

(2)雪灾指标

雪灾主要发生在稳定积雪地区和不稳定积雪山区,偶尔出现在瞬时积雪地区。人们通常用草场的积雪深度作为雪灾的首要标志。由于各地草场差异、牧草生长高度不等,因此形成雪灾的积雪深度是不一样的。内蒙古和新疆根据多年观察调查资料分析,对历年降雪量和雪灾形成的关系进行比较,得出雪灾的指标为:

轻雪灾　冬春降雪量相当于常年同期降雪量的120%以上;

中雪灾　冬春降雪量相当于常年同期降雪量的140%以上;

重雪灾　冬春降雪量相当于常年同期降雪量的160%以上。

雪灾的指标也可以用其他物理量来表示,诸如积雪深度、密度、温度等,不过上述指标的最大优点是使用简便,且资料易于获得。

(3)雪灾分类

根据我国雪灾的形成条件、分布范围和表现形式,将雪灾分为 3 种类型:雪崩、风吹雪灾害(风雪流)和牧区雪灾。

按雪灾发生的气候规律可分为两类:猝发型和持续型。

①猝发型雪灾发生在暴风雪天气过程中或以后,在几天内保持较厚的积雪对牲畜构成威胁。本类型多见于深秋和气候多变的春季。

②持续型雪灾达到危害牲畜的积雪厚度随降雪天气逐渐加厚,密度逐渐增加,稳定积雪时间长。此型可从秋末一直持续到第二年的春季。

当然,积雪对牧草的越冬保温可起到积极的防御作用,旱季融雪可增加土壤水分,促进牧草返青生长。积雪又是缺水或无水冬春草场的主要水源,可解决人畜的饮水问题。但是雪量过大,积雪过深,持续时间过长,则造成牲畜吃草困难,甚至无法放牧,从而形成了雪灾。

6.5.2　雪灾的危害

雪灾的危害主要表现为:造成人员伤亡;毁坏房屋;生物多样性遭到破坏,造成动物、植物伤亡,如仔猪等牲畜也容易因冻病死亡;破坏或影响交通、通信、输电线路等生命线工程,华北地区曾出现过因大雪而造成的大范围停电事故;大量积雪可压塌大棚,使蔬菜遭受冻害,积雪也能遮挡室温和大棚的光照,对蔬菜生产有较大影响;雪往往伴随大风降温出现,雪后气温骤降,如不及时采取防范措施,往往造成低温冻害。雪灾是我国牧区常发生的一种畜牧气象灾害,对牧民的生命安全和生活造成威胁。对畜牧业的危害,主要是积雪掩盖草场,且超过一定深度,有的积雪虽不深,但密度较大,或者雪面覆冰形成冰壳,牲畜难以扒开雪层吃草,造成饥饿,有时冰壳还易划破羊和马的蹄腕,造成冻伤,致使牲畜瘦弱,常常造成牧畜流产,仔畜成活率低,老弱幼畜饥寒交迫,死亡增多。

　　我国的雪灾主要发生在内蒙古草原、西北和青藏高原的部分地区。1992—1993年冬春之交,内蒙古、青海、西藏和甘肃等省、自治区的部分地区先后连降大雪,受灾草场 3 亿多亩,受灾人口 110 万,死亡牲畜 100 万头(只)。

　　2008 年 1 月 10 日起发生在我国的南方冰冻雨雪是极为罕见的一次雪灾,浙江、江苏、安徽、江西、河南、湖北、湖南、广东、广西、重庆、四川、贵州、云南、陕西、甘肃、青海、宁夏、新疆等 22 个省(区、市)均受到低温、雨雪、冰冻灾害影响。雪灾死亡 129人,失踪 4 人,紧急转移安置 166 万人;农作物受灾面积 2.17 亿亩,绝收 3076 亩;森林受损面积近 3.4 亿亩;倒塌房屋 48.5 万间,损坏房屋 168.6 万间,直接经济损失达到 1516.5 亿元。

　　值得一提的是,2008 年的大雪灾,所有的中国人都记忆犹新,许多人可能一生都难以忘记这一场大雪:京珠高速公路韶关段封闭,冰雪灾情严重;贵阳凝冻再现冰瀑奇观;旅客乘坐大巴因雪灾分别在湖南、韶关乐昌被堵了十天十夜……临近春节,长江中下游大部分地区突降暴雪,大片大片的雪花覆盖了南方的土地。输电铁塔被积在支架上的冰凌压塌,许多城市的电力供应中断,城市一片漆黑。受灾城市中的自来水管因为低温而结冰,人们的日常用水严重缺乏,只能靠消防车为居民运来食用水。高速公路、铁路、机场上结起了厚厚的冰层,各种交通工具均无法正常运行,正值春运高峰期,大量准备回家过年的旅客被滞留在车站、机场。冰天雪地的险恶气候环境让千万私家车主和正准备驾车、乘车返家的人几近崩溃:高速路车祸、堵车、车辆损坏……

　　这场雪灾的到来主要是因为全球气温变暖的大背景下,局部地区仍会出现不正常的大面积降雪和严寒气候。这一场 50 年未见的大雪给我国南方地区造成了巨大灾害,并对社会经济和人民的生命财产造成了巨大的损失。

6.5.3　雪灾应对措施

6.5.3.1　暴雪预警信号

暴雪预警信号分四级,分别以蓝色、黄色、橙色和红色表示,见表 6-6。

表 6-6　暴雪预警信号分级表

图例	含义	防御指南
	12 h 内降雪量将达 4 mm 以上,或者已达 4 mm 以上且降雪持续,可能对交通或者农牧业有影响。	1. 政府及有关部门按照职责做好防雪灾和防冻害准备工作; 2. 交通、铁路、电力、通信等部门应当进行道路、铁路、线路巡查维护,做好道路清扫和积雪融化工作; 3. 行人注意防寒防滑,驾驶人员小心驾驶,车辆应当采取防滑措施; 4. 农牧区和种养殖业要储备饲料,做好防雪灾和防冻害准备; 5. 加固棚架等易被雪压的临时搭建物。
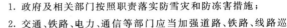	12 h 内降雪量将达 6 mm 以上,或者已达 6 mm 以上且降雪持续,可能对交通或者农牧业有影响。	1. 政府及相关部门按照职责落实防雪灾和防冻害措施; 2. 交通、铁路、电力、通信等部门应当加强道路、铁路、线路巡查维护,做好道路清扫和积雪融化工作; 3. 行人注意防寒防滑,驾驶人员小心驾驶,车辆应当采取防滑措施; 4. 农牧区和种养殖业要备足饲料,做好防雪灾和防冻害准备; 5. 加固棚架等易被雪压的临时搭建物。
	6 h 内降雪量将达 10 mm 以上,或者已达 10 mm 以上且降雪持续,可能或者已经对交通或者农牧业有较大影响。	1. 政府及相关部门按照职责做好防雪灾和防冻害的应急工作; 2. 交通、铁路、电力、通信等部门应当加强道路、铁路、线路巡查维护,做好道路清扫和积雪融化工作; 3. 减少不必要的户外活动; 4. 加固棚架等易被雪压的临时搭建物,将户外牲畜赶入棚圈喂养。
	6 h 内降雪量将达 15 mm 以上,或者已达 15 mm 以上且降雪持续,可能或者已经对交通或者农牧业有较大影响。	1. 政府及相关部门按照职责做好防雪灾和防冻害的应急和抢险工作; 2. 必要时停课、停业(除特殊行业外); 3. 必要时飞机暂停起降,火车暂停运行,高速公路暂时封闭; 4. 做好牧区等救灾救济工作。

6.5.3.2　暴雪预防措施

巡查道路,及时修复。出现暴雪天气时,交通、铁路、电力、通信等部门,加强巡查,必要时关闭结冰道路,一旦发现道路、铁路或线路被雪压断,确保及时修复。

出门在外,保暖防滑。面对暴雪天气,行人注意防寒防滑,上路时选择防滑性能好的鞋,不宜穿高跟鞋或硬塑料底的鞋;车辆外出,应采取必要的防滑措施,给车辆安装防滑链。

暴雪肆虐,加固防护。暴雪来临前或肆虐过程中,对有关临时搭建物,及时采取加固防护措施,避免被雪压垮甚至造成人员伤亡。

(1)应对暴雪灾害应采取的措施

我国几乎每年都会发生大雪灾害,常常导致人、畜与外界隔绝,因为寒冷、饥饿而遭受灾害。所以要做好预防和应急的措施。

①预防暴雪灾害的准备措施。在冬季来临前,要准备足够的粮食、饲料、燃料、衣物;加固房屋;熟悉居住环境,设置好地标;准备呼救信号、雪地用品和药物;注意保暖,避免冻伤,不触摸冰冷的物体;外出时要带防雪盲眼镜。

在家里或车上准备一把雪铲、手电筒和用电池的收音机;储存一些用来应急的水和不易腐烂的食物;关闭外面的水龙头,避免水管爆裂和发大水;把屋子里的特效药和医疗方法手册放在你容易拿到的地方;买一个可以在室内安全使用的煤油灯或者暖炉;储存一些盐、干草和沙子;使房子的入口通畅。

给你的车加满油以备你需要开车去一个更温暖的地方,再次检查汽车的防冻液。

②暴雪发生时的体能积蓄。发生暴风雪的时候,应该待在屋子里,并尽量使自己暖和。不要去铲雪、推车或尝试在雪中走很长的路,在极度寒冷的环境下,过多的流汗会使你发冷或者体温下降。对老年人或易受感染的人来说,突然用力会损害心脏。多吃一些高能量的食物,如燕麦、干果、面包和花生酱,以及足量的热饮来保持体温和液体摄入量。

(2)暴风雪突然袭来如何应对

①要尽量待在室内,不要外出。

②如果在室外,要远离广告牌、临时搭建物和老树,避免砸伤。路过桥下、屋檐等处时,要小心观察或绕道通过,以免因冰凌融化脱落伤人。

③非机动车应给轮胎少量放气,以增加轮胎与路面的摩擦力。

④要听从交通民警指挥,服从交通疏导安排。

⑤注意收听天气预报和交通信息,避免因机场、高速公路、轮渡码头等停航或封闭而耽误出行。

⑥驾驶汽车时要慢速行驶并与前车保持距离。车辆拐弯前要提前减速,避免踩急刹车。有条件要安装防滑链、佩戴墨镜。

⑦出现交通事故后,应在现场后方设置明显标志,以防连环撞车事故发生。

⑧如果发生断电事故,要及时报告电力部门迅速处理。

（3）遇到雪灾时如何应对

①注意防寒保暖,老、弱、病、幼人群不要外出。

②出门走路不要穿硬底或光滑底鞋,骑车人可适当给轮胎放些气。

③关好门窗,固紧室外搭建物。

④如果是危旧房屋,遇暴风雪时应迅速撤出。

⑤采用炉子取暖的家庭要提防煤气中毒。

（4）预防家畜冻伤

①对家畜补喂精饲料保膘。

②及时清除栏圈内粪便,勤换、勤晒褥草,保持舍内清洁、干净、温暖。

③预防寒风进入畜舍。

6.6　雷电

雷电是不可避免的自然灾害。地球上任何时候都有雷电在活动。雷电灾害是"联合国国际减灾十年"公布的最严重的十种自然灾害之一。全球每年因雷击造成人员伤亡、财产损失不计其数,导致火灾、爆炸、建筑物毁坏等事故频繁发生;从卫星、通信、导航、计算机网络直到每个家庭的家用电器都遭到雷电灾害的严重威胁。

6.6.1　雷电概述

6.6.1.1　雷电是什么

雷电是雷雨云中的放电现象。当雷雨云层接近大地时,地面感应出相反电荷,当电荷积聚到一定程度时,产生云和云间及云和大地间放电,迸发出光和声的现象。

6.6.1.2　雷电的形成

雷电在气象学上称为雷暴。形成雷暴的积雨云高耸浓密,云顶常有大量冰晶,云内垂直方向的热力对流发展旺盛,不断发生起电和放电(闪电)现象,其机制十分复杂。在放电过程中,闪电通道上的空气温度骤升,空气中水滴汽化膨胀,甚至还有电离现象产生,短时间内空气迅速膨胀,从而产生了冲击波,导致强烈的雷鸣(打雷)。由于云中的电荷在地面上引起感应电荷,使云底与地面之间形成"闪道"。当电荷积累和其他条件(如突出的建筑物、孤立的烟囱和旷地上的人等)具备时,就会发生闪电击地,即雷击,造成雷电灾害。

6.6.1.3　雷电的类型

根据雷电产生和危害特点的不同,可分为以下四种:

(1)直击雷

直击雷是指闪电直接击在建筑物、其他物体、大地或防雷装置上,产生电磁效应、热效应和机械效应。是空中带电荷的雷云直接与地面上的物体之间发生放电形成的。直击雷可在瞬间击伤击毙人畜。直击雷产生的数十万至数百万伏的冲击电压会毁坏发电机、电力变压器等电气设备绝缘,烧断电线或劈裂电杆造成大规模的停电,绝缘损坏可能引起短路导致火灾或爆炸事故。例如,1970 年 7 月 27 日中午 13 时,北京天安门广场上一个直击雷打倒 10 名游客,其中 2 人因电流通过身体抢救无效而身亡。

另外,直击雷巨大的雷电流通过被雷击物,在极短的时间内转换成大量的热能,造成易燃物品的燃烧或造成金属熔化飞溅而引起火灾。例如,1989 年 8 月 12 日,青岛市黄岛油库 5 号油罐遭雷击爆炸,大火烧了 60 h,火焰高 300 m,烧掉 4 万 t 原油,烧毁 10 辆消防车,使 19 人丧生,74 人受伤,还使 630 t 原油流入大海。

(2)球形雷

在雷雨季节偶尔会出现球状发光气团,它能沿地面滚动或在空气中飘行,从开着的窗户飘然而入时,释放出能量容易造成人员伤害。这种球形雷的机理尚未研究清楚。球形雷有“跟风”的习性,即跟着气流运动。人碰到球形雷时若拔腿就跑,球形雷会紧随而至。最好的避险方法是立即双手抱头,双脚并拢蹲下。1978 年 8 月 17 日晚上,原苏联登山队在高加索山坡上宿营,5 名队员钻在睡袋里熟睡,突然一个网球大的黄色的火球闯进帐篷,在离地 1 m 高处漂浮,刷的一声钻进睡袋,顿时传来咝咝烤肉的焦臭味,此球在 5 个睡袋中轮番跳进跳出,最后消失,致使 1 人被活活烧死,4 人严重烧伤。

(3)感应雷

直击雷放电时,由于雷电流变化的梯度较大,周围产生交变磁场,使周围金属构件产生较大感应电动势,形成火花放电,此为感应雷。感应雷极易造成火灾。例如,1992 年 6 月 22 日,北京一个落地雷砸在国家气象中心大楼的顶上,虽然该大楼安装了避雷针,但是巨大的感应雷还是把楼内 6 条国内同步线路和一条国际同步线路击断,使计算机系统中断 46 h,直接经济损失数十万元。

(4)雷电波侵入

雷电波侵入是由于雷击在架空线路上或空中金属管道上产生的冲击电压沿线或管道迅速传播的雷电波。其传播速度为 $3×10^8$ m/s。雷电波侵入可毁坏电气设备的绝缘,使高压窜入低压,造成严重的触电事故。属于雷电波侵入造成的雷电事故很多,在低压系统中这类事故约占总雷害事故的 70%。例如,雷雨天,室内电气设备突然爆炸起火或损坏,人在屋内使用电器或打电话时突然遭电击身亡都属于这类事故。又如,1991 年 6 月 10 日凌晨 01 时许,黑龙江省牡丹江市上空电闪雷鸣,震耳欲聋的落地雷惊醒酣睡中的居民,全区电灯不开自亮又瞬间熄灭,造成 20 多台彩电损坏。

6.6.2　雷电的危害

6.6.2.1　雷击易发生的地方

(1)缺少避雷设备或避雷设备不合格的高大建筑物、储罐等。

(2)没有良好接地的金属屋顶。

(3)潮湿或空旷地区的建筑物、树木等。

(4)由于烟气的导电性,烟囱特别易遭雷击。

(5)建筑物上有无线电而又没有避雷器和没有良好接地的地方。

6.6.2.2　雷电的危害

雷电在一定的条件下会对人身或其他物体造成伤害。当条件适合时,雷雨云就可能对建筑物或树木放电,巨大的放电电流就会顺着建筑物或树木形成放电通路而流入大地。放电电流在放电回路中,会产生很大的能量而形成破坏作用,如击毁建筑物、击劈树木、引起火灾等,这时如果人的身体成了放电回路或接近放电回路,就会被电击或电灼而造成伤亡。

对人类危害最大的是落地雷,其所形成的巨大电流、炽热的高温和电磁辐射及伴随的冲击波等,都具有很大的破坏力,足以使人体伤亡,建筑物破坏。近年来还出现了意料不到的新现象,有时没有见到落地雷也可成灾。

雷电的主要危害为:

(1)雷电流高压效应会产生高达数万伏甚至数十万伏的冲击电压,如此巨大的电压瞬间冲击电气设备,足以击穿绝缘设备而发生短路,导致燃烧、爆炸等直接灾害。

(2)雷电流高热效应会放出几十至上千安的强电流,并产生大量热能,在雷击点的热量会很高,可导致金属熔化,引发火灾和爆炸。

(3)雷电流机械效应主要表现为被雷击物体发生爆炸、扭曲、崩溃、撕裂等现象,导致财产损失和人员伤亡。

(4)雷电流静电感应可使被击导体感生出与雷电性质相反的大量电荷,当雷电消失来不及流散时,即会产生很高电压发生放电现象从而导致火灾。

(5)雷电流电磁感应会在雷击点周围产生强大的交变电磁场,其感生出的电流可引起变压器局部过热而导致火灾。

(6)雷电波的侵入和防雷装置上的高电压对建筑物的反击作用也会引起配电装置或电气线路断路而燃烧导致火灾。

6.6.3　雷电的防护

6.6.3.1　富兰克林和避雷针

雷击作为一种强大的自然力的爆发,目前人们还没有有效的办法来阻止雷电的出现,最有希望的就是及时作出准确的雷电预报,以便采取相应对策躲避雷击,最大限度地避免伤亡和损失。人们力所能及的主要是设法去预防和限制它的破坏性,最主要的措施是装设避雷针等防雷保护装置。避雷针的发明者是18世纪美国的实业家、科学家、社会活动家、思想家和外交家本杰明·富兰克林,富兰克林通过一系列实验,例如,著名的风筝实验第一次向人们揭示了雷电是一种大气火花放电现象的秘密。他最先提出了避雷针的设想,由此而制造的避雷针,避免了雷击灾难,破除了迷信。

避雷针的保护原理:当雷云放电接近地面时它使地面电场发生畸变,在避雷针的顶端,形成局部电场强度集中的空间,以影响雷电先导放电的发展方向,引导雷电向避雷针放电,再通过接地引下线和接地装置将雷电流引入大地,从而使被保护物体免遭雷击。

避雷针冠以"避雷"二字,仅仅是指其能使被保护物体避免雷害的意思,而其本身恰恰相反,却是"引雷"上身。

6.6.3.2　雷电预警信号

雷电预警信号分为三级,分别以黄色、橙色、红色表示,见表6-7。

表6-7　雷电预警信号分级

雷电预警信号	标准	防御指南
	6 h内可能发生雷电活动,可能会造成雷电灾害事故。	1. 政府及相关部门按照职责做好防雷工作; 2. 密切关注天气,尽量避免户外活动。
	2 h内发生雷电活动的可能性很大,或者已经受雷电活动影响,且可能持续,出现雷电灾害事故的可能性比较大。	1. 政府及相关部门按照职责落实防雷应急措施; 2. 人员应当留在室内,并关好门窗; 3. 户外人员应当躲入有防雷设施的建筑物或者汽车内; 4. 切断危险电源,不要在树下、电杆下、塔吊下避雨; 5. 在空旷场地不要打伞,不要把农具、羽毛球拍、高尔夫球杆等扛在肩上。

续表

雷电预警信号	标准	防御指南
	2 h 内发生雷电活动的可能性非常大，或者已经有强烈的雷电活动发生，且可能持续，出现雷电灾害事故的可能性非常大。	1. 政府及相关部门按照职责做好防雷应急抢险工作； 2. 人员应当尽量躲入有防雷设施的建筑物或者汽车内，并关好门窗； 3. 切勿接触天线、水管、铁丝网、金属门窗、建筑物外墙，远离电线等带电设备和其他类似金属装置； 4. 尽量不要使用无防雷装置或者防雷装置不完备的电视、电话等电器； 5. 密切注意雷电预警信息的发布。

6.6.3.3　室外防雷

(1)应迅速躲入防雷设施保护的建筑物内，或者很深的山洞里，汽车内是躲避雷击的理想地方。但不能将车停靠在大树下、电线杆下避雨。

(2)不要在山顶、山脊、建筑物顶部、高楼烟囱下、地势高的山丘或孤立的大树下停留。不要在大树、电线杆、广告牌、各类铁塔底下避雷雨，因为此时大树潮湿的枝干相当于一个引雷装置，如果用手接触大树、电线杆、广告牌、各类铁塔就仿佛手握防雷装置引下线一样，就很可能会被雷击。绝对远离输电线。

(3)在野外遇到雷电来不及躲避时，切勿奔跑，应双脚并拢蹲在低洼的地方，手放膝上，身体前屈，手臂不接地面。注意不要人群集中在一起或牵手靠在一起。

(4)在空旷的场地，不要打雨伞，不要把锄头、羽毛球拍、高尔夫球棍等金属工具扛在肩上。

(5)远离开阔地带的金属物品(拖拉机、农具、摩托车、自行车、高尔夫球车及高尔夫球棒等)。不要拿着金属物品在雷雨中停留，因为金属物品属于导电物质，在雷雨天气中能够起到引雷的作用。随身所带的金属物品，应该暂时放在 5 m 以外的地方，等雷电活动停止后再取回。

(6)切忌游泳或从事水上作业，不要在室外钓鱼、划船和游泳，不宜在外工作、下地劳动，尽快离开水面及其他空旷场地。要迅速到附近干燥的住房中去避雷。

(7)雷电天气不宜开摩托车、骑自行车赶路。

(8)不要在铁门、铁栅栏、金属晒衣绳以及架空金属体及铁路轨道附近停留。

(9)最好不要骑马、骑自行车、驾驶摩托车或开拖拉机。

(10)不要在户外接听和拨打手机，因为手机的电磁波也会引雷。

6.6.3.4　室内防雷

(1)一定要关好门窗，尽量远离门窗、阳台和外墙壁。防止雷电直击室内和球形雷飘进室内。

（2）不要触摸室内的任何金属管线。

（3）家庭使用电脑、彩电、音响、影碟机等弱电设备不要靠近外墙,雷电天气最好不要使用任何家用电器,建议拔下所有的电源插头。

（4）在雷电天气,不要使用淋浴器或接触水管,因为水管与防雷接地相连,雷电流可通过水流传导而致人伤亡。特别是不要使用太阳能热水器洗澡。

（5）发生雷击火灾时,要赶快切断电源,要使用干粉灭火器等专用灭火器灭火,并迅速拨打"119"或"110"电话报警。

（6）不要触摸或者靠近防雷引下线、自来水管、家用电器的接地线,以防接触电压或者接触雷击和旁侧闪击。

（7）雷雨天气时,尽量不要拨打、接听电话,或使用电话上网,应拔掉家用电器的电源、电话线及电视馈线等有可能将雷电引入室内的金属导线。稳妥科学的办法是在电源线上安装电源避雷器,在电话线上安装电话避雷器,在天馈线上安装天馈避雷器并做好可靠保护接地措施。

（8）保持屋内的干燥,房屋漏雨时,应该及时修理好。

（9）晾晒衣服被褥等用的铁丝不要拉到窗户、门口,以防铁丝引雷。

（10）不要在没有防雷装置或孤立的凉亭、草棚中避雨久留。注意避开电线,不要站立灯泡下,最好是断电或不使用电器。

6.6.3.5　怎样抢救被雷击伤的人员

受雷击而烧伤或严重休克的人,身体并不带电。应马上让其躺下,扑灭身上的火,并对他进行抢救。若伤者已停止呼吸或心脏停搏,应迅速对其进行口对口人工呼吸和心脏按压,并及时送往医院急救。实践证明:对雷电"休克假死"者越迅速耐心地做人工呼吸,救活的机会就越多,有些伤者经过人工呼吸 6 h 也可复活。抢救过来后,不能马上站立起来,应抬到床上休息,恢复正常后,方可让其行走,只有在医生到来前被雷击者出现僵硬、尸斑时才能停止抢救。

6.7　冰雹

6.7.1　冰雹概述

6.7.1.1　什么是冰雹

冰雹,也叫"雹",俗称雹子,有的地区叫"冷子",是从强烈发展的积雨云中降落到地面的固体降水物,小如豆粒,大若鸡蛋、拳头。它是一种以砸伤、砸毁地面物体为主的气象灾害。对农业危害很大,是我国严重灾害之一。

6.7.1.2　冰雹分级

根据一次降雹过程中,多数冰雹(一般冰雹)直径、降雹累计时间和积雹厚度,将冰雹分为 3 级。

轻雹　多数冰雹直径不超过 0.5 cm,累计降雹时间不超过 10 min,地面积雹厚度不超过 2 cm。

中雹　多数冰雹直径 0.5～2.0 cm,累计降雹时间 10～30 min,地面积雹厚度 2～5 cm。

重雹　多数冰雹直径 2.0 cm 以上,累计降雹时间 30 min 以上,地面积雹厚度 5 cm 以上。

6.7.2　冰雹危害

冰雹灾害是由强对流天气系统引起的一种剧烈的气象灾害,它出现的范围虽然较小,时间也比较短促,但来势猛、强度大,并常常伴随着狂风、强降水、急剧降温等阵发性灾害性天气过程。我国是冰雹灾害频繁发生的国家,冰雹每年都给农业、建筑、通信、电力、交通以及人民生命财产带来巨大损失。据统计,我国每年因冰雹所造成的经济损失达几亿元甚至几十亿元。

6.7.3　冰雹的防治

6.7.3.1　冰雹预警信号

冰雹预警信号分为二级,分别以橙色、红色表示,见表 6-8。

表 6-8　冰雹预警信号分级

图例	含义	防御指南
冰雹 橙 HAIL	6 h 内可能出现冰雹天气,并可能造成雹灾。	1. 政府及相关部门按照职责做好防冰雹的应急工作; 2. 气象部门做好人工防雹作业准备并择机进行作业; 3. 户外行人立即到安全的地方暂避; 4. 驱赶家禽、牲畜进入有顶篷的场所,妥善保护易受冰雹袭击的汽车等室外物品或者设备; 5. 注意防御冰雹天气伴随的雷电灾害。

续表

图例	含义	防御指南
	2 h内出现冰雹的可能性极大,并可能造成重雹灾。	1. 政府及相关部门按照职责做好防冰雹的应急和抢险工作; 2. 气象部门适时开展人工防雹作业; 3. 户外行人立即到安全的地方暂避; 4. 驱赶家禽、牲畜进入有顶篷的场所,妥善保护易受冰雹袭击的汽车等室外物品或者设备; 5. 注意防御冰雹天气伴随的雷电灾害。

6.7.3.2 冰雹避险要点

(1)关好门窗,妥善安置好易受冰雹影响的室外物品。

(2)切勿随意外出,确保老人小孩留在家中。

(3)暂停户外活动,如在户外,不要在高楼屋檐下、烟囱、电线杆或大树底下躲避冰雹。

(4)在防冰雹的同时,也要做好防雷电的准备。

6.7.3.3 如何减轻冰雹危害

(1)加强天气预报,减小冰雹损失。

(2)掌握冰雹多发时间,调整种植时间和种植结构。如选种土豆、花生、甘薯等根块类作物,减轻冰雹灾害。

(3)运用高科技手段,人工驱雹、消雹。当遇有冰雹云产生时可及时进行消雹作业。

(4)雹灾发生后,如果受灾作物还能恢复生长,应立即增加肥力,提高地温,或用水灌溉使冰雹尽快化掉,以减轻冰雹所带来的损失。

6.7.3.4 农业防雹措施

(1)采取有利的农业技术措施预防冰雹。根据冰雹出现的季节,使作物收获躲过冰雹的危害。如收获期的小麦易受雹灾,在种植措施上,应考虑适时早播,或种植早熟品种,使之提前收获,躲过降雹季节。当采取此种措施仍不能避免受害时,则要调整作物种植。在降雹较多的地区应选择硬秆作物种植,如玉米、谷子等,这些作物虽受雹害但易于恢复生长。当作物受灾后,要加强田间管理,如及时培土、中耕、浇水、施肥,精心管理,使作物尽快恢复生长。

(2)改变当地的气候环境预防冰雹,大力植树造林是减少冰雹危害的好方法。如我国云南、广西等西南山区,过去冰雹危害较多,由于几年来大力开展了植树造林,调节了气候,从而使冰雹大为减少。改良裸露的盐碱地也是减少冰雹的好办法。

（3）人工方法预防冰雹。此种方法又可分为防和消。"防"是在有条件的地方，根据天气预报和群众经验，当得知冰雹来临时，在重点作物或关键作物上搭设防雹棚或防雹罩，使作物免受危害，效果十分显著，但费工费物是一大不足之处。"消"是用人工方法消除冰雹，用土炮、土火箭等办法消除冰雹，在我国各地早已广为运用，也收到一定的效果。现代科技条件下，用火箭、高炮或飞机直接把碘化银、碘化铅、干冰等催化剂送到云里去，以破坏对雹云的水分输送，抑制雹胚增长。

6.8　大风和沙尘暴

6.8.1　大风

（1）大风的概念

大风本意是很强劲的风。现在气象学中专指 8 级风。大风时陆地上树枝折断，迎风行走感觉阻力很大；海洋上，近港海船均停留不出。相当于风速 17.2～20.7 m/s。

（2）应急要点

①大风天气，在施工工地附近行走时应尽量远离工地并快速通过。不要在高大建筑物、广告牌或大树的下方停留。

②及时加固门窗、围挡、棚架等易被风吹动的搭建物，妥善安置易受大风损坏的室外物品。

③机动车和非机动车驾驶员应减速慢行。

④立即停止高空、水上等户外作业；立即停止露天集体活动，并疏散人员。

⑤不要将车辆停在高楼、大树下方，以免玻璃、树枝等吹落造成车体损伤。

6.8.2　沙尘暴

6.8.2.1　什么是沙尘暴

沙尘暴是沙暴和尘暴两者兼有的总称，是指强风把地面大量沙尘物质吹起卷入空中，使空气特别混浊，水平能见度小于 1 km 的严重风沙天气现象。其中，沙暴系指大风把大量沙粒吹入近地层所形成的挟沙风暴；尘暴则是大风把大量尘埃及其他细粒物质卷入高空所形成的风暴。

6.8.2.2　沙尘天气类型

沙尘天气分为浮尘、扬沙、沙尘暴、强沙尘暴和特强沙尘暴 5 类。

(1)浮尘:尘土、细沙均匀地浮游在空中,使水平能见度小于 10 km 的天气现象。

(2)扬沙:风将地面尘沙吹起,使空气相当混浊,水平能见度在 1～10 km 以内的天气现象。

(3)沙尘暴:强风将地面大量尘沙吹起,使空气很混浊,水平能见度小于 1 km 的天气现象。

(4)强沙尘暴:大风将地面尘沙吹起,使空气很混浊,水平能见度小于 500 m 的天气现象。

(5)特强沙尘暴:狂风将地面大量尘沙吹起,使空气特别混浊,水平能见度小于 50 m 的天气现象。

6.8.2.3　沙尘暴的形成条件

(1)地面上的沙尘物质:这是形成沙尘暴的物质基础。

(2)大风:这是沙尘暴形成的动力基础,也是沙尘暴能够长距离输送的动力保证。

(3)不稳定的空气状态:这是重要的局地热力条件,沙尘暴多发生于午后傍晚,说明了局地热力条件的重要性。

(4)干旱的气候环境:沙尘暴多发生于北方的春季,而且降雨后一段时间内不会发生沙尘暴是很好的证据。春季沙漠的边缘地区,由于长期干旱,而且地表少有植被覆盖,当有大风来临的时候地表的沙尘很容易被吹起且被输移。

6.8.2.4　沙尘暴源地路径

我国西北地区由于独特的地理环境,也是沙尘暴频繁发生的地区,主要源地有古尔班通古特沙漠、塔克拉玛干沙漠、巴丹吉林沙漠、腾格里沙漠、乌兰布和沙漠和毛乌素沙地等。

我国的沙尘天气路径可分为西北路径、偏西路径和偏北路径。西北 1 路路径,沙尘天气一般起源于蒙古高原中西部或内蒙古西部的阿拉善高原,主要影响我国西北、华北;西北 2 路路径,沙尘天气起源于蒙古国南部或内蒙古中西部,主要影响我国西北地区东部、华北北部、东北大部;偏西路径,沙尘天气起源于蒙古国西南部或南部的戈壁地区、内蒙古西部的沙漠地区,主要影响我国西北、华北;偏北路径,沙尘天气一般起源于蒙古国乌兰巴托以南的广大地区,主要影响我国西北地区东部、华北大部和东北南部。

全球有四大沙尘暴高发区:中亚、北美、中非和澳大利亚。我国西北地区是中亚沙尘暴高发区的组成部分。我国沙漠、戈壁及沙漠化土地总面积为 168.9 万 km²,占国土面积的 17.6%,主要分布在新疆、甘肃、青海、宁夏和内蒙古(图 6-6)。

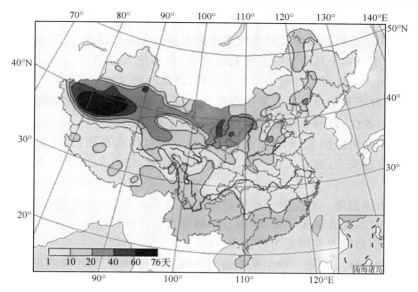

图 6-6　我国 1961—2000 年 40 年平均春季沙尘天气
（包括沙尘暴、扬沙和浮尘）日数分布图

6.8.2.5　沙尘暴危害

（1）沙尘暴主要危害方式

强风　携带细沙粉尘的强风摧毁建筑物及公用设施,造成人畜伤亡。

沙埋　以风沙流的方式造成农田、渠道、村舍、铁路、草场等被大量流沙掩埋,尤其是对交通运输造成严重威胁。

土壤风蚀　每次沙尘暴的沙尘源和影响区都会受到不同程度的风蚀危害,风蚀深度可达 1～10 cm。据估计,我国每年由沙尘暴产生的土壤细粒物质流失高达 10^6～10^7 t,其中绝大部分粒径在 10 μm 以下,对源区农田和草场的土地生产力造成严重破坏。

大气污染　在沙尘暴源地和影响区,大气中的可吸入颗粒物（TSP）增加,大气污染加剧。2000 年 3—4 月,北京地区受沙尘暴的影响,空气污染指数达到 4 级以上的有 10 天,同时影响到我国东部许多城市,3 月 24—30 日,包括南京、杭州在内的 18 个城市的日污染指数超过 4 级。

（2）沙尘暴的危害

沙尘暴天气是我国西北地区和华北北部地区出现的强灾害性天气,可造成房屋倒塌、交通供电受阻或中断、火灾、人畜伤亡等,污染自然环境,破坏作物生长,给国民经济建设和人民生命财产安全造成严重的损失和极大的危害。沙尘暴危害主要在以下几方面：

①生产生活受影响。沙尘暴天气携带的大量沙尘蔽日遮光，天气阴沉，造成太阳辐射减少，几小时到十几个小时恶劣的能见度，容易使人心情沉闷，工作学习效率降低。轻者可使大量牲畜患呼吸道及肠胃疾病，严重时将导致大量"春乏"牲畜死亡，刮走农田沃土、种子和幼苗。沙尘暴还会使地表层土壤风蚀、沙漠化加剧，覆盖在植物叶面上厚厚的沙尘，影响正常的光合作用，造成作物减产。

②造成生命财产损失，影响交通安全。沙尘暴可使人畜死亡、建筑物倒塌、农业减产。影响交通安全，造成飞机不能正常起飞或降落，使汽车、火车车厢玻璃破损、停运或脱轨。

③危害人体健康。沙尘暴引起的健康损害是多方面的，皮肤、眼、鼻和肺是最先接触沙尘的部位，受害最重。皮肤、眼、鼻、喉等直接接触部位的损害主要是刺激症状和过敏反应，而肺部表现则更为严重和广泛。

④造成生态环境恶化。沙尘暴能加剧土地沙漠化，对大气环境造成严重污染，对生态环境造成巨大破坏，对交通和供电线路等基础设施产生重要影响。

1993年5月5日，我国一次特强沙尘暴造成直接经济损失56亿元。此次沙尘暴的影响范围总面积约110万 km^2，涉及西北4省（区）的18个地市的72个县旗，1200多万人。共死亡85人，失踪31人，伤264人。死亡和丢失大小牲畜几十万只（头），受灾农田和果林与幼林等均达几十万公顷，数以百计的塑料大棚被毁，草场、牧场和盐场的基础设施、供电线路、公路和铁路等破坏都十分严重。此外，沙尘暴对西北地区生态环境的破坏，大大加快了该地区的土地荒漠化的进程。另外，降尘会对城市的大气造成污染，直接影响人们的健康，其间接损失是无法估算的。

6.8.2.6　沙尘暴在生态系统中的作用

沙尘暴的危害虽然甚多，但整个沙尘暴的过程却也是自然生态系所不能或缺的部分。例如澳洲的赤色沙暴中所挟带来的大量铁质已证明是南极海浮游生物重要的营养来源，而浮游植物又可消耗大量的二氧化碳，以减缓温室效应的危害。因此，沙暴的影响层级并非全为负面。或许在另一层面来说，沙尘暴也许是地球为了应对环境变迁的一种征候，就像我们感冒了会发生咳嗽是为了排除气管中的废物一样。

除了夏威夷群岛，科学家还发现，地球上最大的绿肺——亚马逊热带雨林也得益于沙尘暴，它的一个重要养分来源也是空中的沙尘，原因是沙尘气溶胶含有铁离子等有助于植物生长的成分。

此外，由于沙尘暴多诞生在干燥高盐碱的土地上，沙尘暴所挟带的一些土粒当中也经常带有一些碱性的物质，所以往往可以减缓沙尘暴附近沉降区的酸雨作用或土壤酸化作用。

6.8.2.7　沙尘暴的防治

(1)沙尘暴预警信号

沙尘暴预警信号分为三级,分别以黄色、橙色、红色表示,见表6-9。

表 6-9　沙尘暴预警信号分级

图例	含义	防御指南
	12 h内可能出现沙尘天气(能见度小于1000 m),或者已经出现沙尘天气并可能持续。	1. 政府及相关部门按照职责做好防沙尘暴工作; 2. 关好门窗,加固围板、棚架、广告牌等易被风吹动的搭建物,妥善安置易受大风影响的室外物品,遮盖建筑物资,做好精密仪器的密封工作; 3. 注意携带口罩、纱巾等防尘用品,以免沙尘对眼睛和呼吸道造成损伤; 4. 呼吸道疾病患者、对风沙较敏感人员不要到室外活动。
	6 h内可能出现强沙尘暴天气(能见度小于500 m),或者已经出现强沙尘暴天气并可能持续。	1. 政府及相关部门按照职责做好防沙尘暴应急工作; 2. 停止露天活动和高空、水上等户外危险作业; 3. 机场、铁路、高速公路等单位做好交通安全的防护措施,驾驶人员注意沙尘暴变化,小心驾驶; 4. 行人注意尽量少骑自行车,户外人员应当戴好口罩、纱巾等防尘用品,注意交通安全。
	6 h内可能出现特强沙尘暴天气(能见度小于50 m),或者已经出现特强沙尘暴天气并可能持续。	1. 政府及相关部门按照职责做好防沙尘暴应急抢险工作; 2. 人员应当留在防风、防尘的地方,不要在户外活动; 3. 学校、幼儿园推迟上学或者放学,直至特强沙尘暴结束; 4. 飞机暂停起降,火车暂停运行,高速公路暂时封闭。

(2)沙尘暴来临前的准备

①关好门窗,可用胶条对窗户进行密封,对精密仪器进行密封。

②准备好口罩、纱巾等防尘防风物品。

③如果是危旧房屋,应马上转移避险。

④幼儿园、学校采取暂避措施,建议停课。

⑤露天集体活动或室内大型集会应及时停止,并做好人员疏散工作。

⑥田间劳动应及时停止,并到安全地方暂避。

(3)沙尘暴避险要点

①待在室内,不要外出,特别是抵抗力较差的人更应该待在门窗紧闭的室内。

②如在室外,要远离树木、高耸建筑物和广告牌,蹲靠在能避风沙的矮墙处。

③在田间,应趴在相对高坡的背风处,或者抓住牢固的物体,绝对不要乱跑。

④外出时穿戴防尘的衣服、手套、面罩、眼镜等,回到房间后应及时清洗面部。

⑤一旦发生慢性咳嗽或气短、发作性喘憋及胸痛时,应尽快到医院检查、治疗。

(4)沙尘暴的治理和预防措施

①加强环境保护,把环境保护提到法制的高度上。

②恢复植被,加强防止沙尘暴的生物防护体系。实行依法保护和恢复林草植被,防止土地沙化进一步扩大,尽可能减少沙尘源地。

③根据不同地区因地制宜制订防灾、抗灾、救灾规划,积极推广各种减灾技术,并建设一批示范工程,以点带面逐步推广,进一步完善区域综合防御体系。

④控制人口增长,减轻人为因素对土地的压力,保护好环境。

⑤加强沙尘暴的发生、危害与人类活动关系的科普宣传,使人们认识到所生活的环境一旦破坏,就很难恢复,不仅加剧沙尘暴等自然灾害,还会形成恶性循环,所以人们要自觉地保护自己的生存环境。

⑥建立准确的沙尘暴预报,提前做好防灾工作,可将损失减小至最低限度。

6.9 高温

6.9.1 概述

高温,词义为较高的温度。在不同的情况下所指的具体数值不同,例如,在某些技术上指几千摄氏度以上,在工作场所指 32℃ 以上。气象上指当时的气温等于或大于 35℃。

当周围的环境接近或超过人体温度时,人体的体温调节功能就会失调,热量不易向外散发,在体内堆积加上通风不畅、温度较高等原因而容易导致中暑。高温中暑的一般症状为:发热、乏力、皮肤灼热、头晕、恶心、呕吐、胸闷;烦躁不安、脉搏细弱、血压下降;重症患者可有剧烈头痛、昏厥、昏迷、痉挛等。

6.9.2 高温危害

高温是一种灾害性天气,这种天气会对人们的工作、生活和身体产生不良影响。研究指出,当气温达到 30~34℃ 时,人体生理活动开始受到影响,当气温达到 35℃ 以上时,人体的调节功能大减,容易出现疲劳、烦躁等。由于外界气温过高,导致人体内部代谢失衡,易发生"高温病",一是因体内产生的热量积蓄过多而中暑的"热射病";二是在烈日下暴晒易导致脑膜和大脑充血、出血、水肿等的"日射病";三是中暑虚脱的"热痉挛"。同时,高温时期是脑血管病、心脏病和呼吸道等疾病的多发期,死亡率相应增高,特别是老年人的死亡率增高更为明显。因此,高温时节的保健,尤其是老年人的保健十分重要。

持续的高温天气还会导致农业生产的高温热害。会使灌浆后期的早稻遭受"高温逼熟",导致籽粒不饱满、粒重下降;也使得脐橙、柑橘等水果幼果脱落严重;农业的产量将受到较大影响。

6.9.3　高温预防

(1)高温预警信号

高温预警信号分三级,分别以黄色、橙色、红色表示,见表 6-10。

表 6-10　高温预警信号分级

图例	含义	防御指南
℃ 高温 黄 HEAT WAVE	连续 3 天日最高气温将在 35℃以上。	1. 有关部门和单位按照职责做好防暑降温准备工作; 2. 午后尽量减少户外活动; 3. 对老、弱、病、幼人群提供防暑降温指导; 4. 高温条件下作业和白天需要长时间进行户外露天作业的人员应当采取必要的防护措施。
℃ 高温 橙 HEAT WAVE	24 h 内最高气温将要升至 37℃以上。	1. 尽量避免午后高温时段的户外活动,对老、弱、病、人群提供防暑降温指导,并采取必要的防护措施; 2. 有关部门应注意防范因用电量过高,电线、变压器等电力设备负载大而引发火灾; 3. 户外或者高温条件下的作业人员应当采取必要的防护措施; 4. 注意作息时间,保证睡眠,必要时准备一些常用的防暑降温药品; 5. 媒体应加强防暑降温保健知识的宣传,各相关部门、单位落实防暑降温保障措施。
℃ 高温 红 HEAT WAVE	24 h 内最高气温将要升到 40℃以上。	1. 注意防暑降温,白天尽量减少户外活动; 2. 有关部门要特别注意防火; 3. 建议停止户外露天作业; 4. 注意作息时间,保证睡眠,必要时准备一些常用的防暑降温药品; 5. 媒体应加强防暑降温保健知识的宣传,各相关部门、单位落实防暑降温保障措施。

(2)高温天气注意事项

一要注意在户外工作时,采取有效的防护措施,切忌在太阳下长时间裸晒皮肤,最好带冰凉的饮料。

二要注意不要在阳光下疾走,也不要到人群聚集的地方。从室外回到室内后,切勿立即开空调吹。

三要尽量避开在 10—16 时这一时段出行,应在口渴之前就补充水分。

四要注意高温天饮食卫生,防止胃肠感冒。

五要注意保持充足睡眠,有规律地生活和工作,增强免疫力。

六要注意对特殊人群的关照,特别是老人和小孩,高温天容易诱发老年人心脑血管疾病和小儿不良症状。

七要注意预防日光照晒后,日光性皮炎的发病。如果皮肤出现红肿等症状,应用凉水冲洗,严重者应到医院治疗。

八要注意出现头晕、恶心、口干、迷糊、胸闷气短等症状。出现这种症状时,应怀疑是中暑早期症状,立即休息,喝一些凉水降温,病情严重应立即到医院治疗。

6.10　寒潮

6.10.1　寒潮概述

寒潮是冬季的一种灾害性天气,群众习惯把寒潮称为寒流。所谓寒潮,就是北方的冷空气大规模地向南侵袭我国,造成大范围急剧降温和偏北大风的天气过程。寒潮一般多发生在秋末、冬季、初春时节。我国气象部门规定:冷空气侵入造成的降温,一天内达到 10℃ 以上,而且最低气温在 5℃ 以下,则称此冷空气暴发过程为一次寒潮过程。可见,并不是每一次冷空气南下都称为寒潮。

(1)寒潮形成:我国位于欧亚大陆的东南部。位于高纬度的北极地区和西伯利亚、蒙古高原一带地方,一年到头由于太阳光照弱,地面和大气获得热量少,常年冰天雪地。到了冬天,太阳光的直射位置越过赤道,到达南半球,北极地区的寒冷程度更加增强,范围扩大,气温一般都在 −40～−50℃ 以下。范围很大的冷气团聚集到一定程度,在适宜的高空大气环流作用下,就会大规模向南入侵,形成寒潮天气。

(2)冷空气的源地:新地岛以西洋面上、新地岛以东洋面上、冰岛以南洋面上。

(3)寒潮关键区:据中央气象台统计资料,95% 的冷空气都要经过西伯利亚中部 (70°～90°E,43°～65°N) 地区并在那里积累加强,这个地区就称为寒潮关键区。

入侵我国的寒潮主要有三条路径:①西路:从西伯利亚西部进入我国新疆,经河西走廊向东南推进;②中路:从西伯利亚中部和蒙古进入我国后,经河套地区和华中南下;③从西伯利亚东部或蒙古东部进入我国东北地区,经华北地区南下;④东路加西路:东路冷空气从河套下游南下,西路冷空气从青海东南下,两股冷空气常在黄土高原东侧、黄河、长江之间汇合,汇合时造成大范围的雨雪天气,接着两股冷空气合并南下,出现大风和明显降温。

6.10.2　寒潮影响

寒潮是一种大型天气过程,会造成沿途大范围的剧烈降温、大风和风雪天气,由寒潮引发的大风、霜冻、雪灾、雨凇等灾害对农业、交通、电力、航海及人们健康都有很大的影响。雨雪过后,道路结冰打滑,交通事故明显上升。寒潮袭来对人体健康危害很大,大风降温天气容易引发感冒、气管炎、冠心病、肺心病、中风、哮喘、心肌梗死、心绞痛、偏头痛等疾病,有时还会使患者的病情加重。

我国雨凇发生最多的地区是贵州,其次是湖南、湖北、河南和江南等省区。北方地区雨凇出现较多的地区是山东、河北、辽东半岛、陕西和甘肃,其中甘肃东南部、陕西关中地区更多一些;而四川、云南、宁夏、山西以及华南沿海很少出现雨凇。

寒潮在造成灾害的同时,也会带来有益的影响。寒潮有助于地球表面热量交换。随着纬度增高,地球接收太阳辐射能量逐渐减弱,因此地球形成热带、温带和寒带。寒潮携带大量冷空气向热带倾泻,使地面热量进行大规模交换,这非常有助于自然界的生态保持平衡,保持物种的繁茂。气象学家认为,寒潮是风调雨顺的保障。我国受季风影响,冬天气候干旱,为枯水期。但每当寒潮南侵时,常会带来大范围的雨雪天气,缓解了冬天的旱情,使农作物受益。农作物病虫害防治专家认为,寒潮带来的低温,是目前最有效的天然“杀虫剂”,可以大量杀死潜伏在土壤中过冬的害虫和病菌,或抑制其滋生,减轻来年的病虫害。据各地农技站调查数据显示,凡大雪封冬之年,农药可节省 60％以上。

6.10.3　寒潮预防

(1)寒潮预警信号

寒潮预警信号分四级,分别以蓝色、黄色、橙色、红色表示,见表 6-11。

表 6-11　寒潮预警信号分级

图例	含义	防御指南
	48 h 内最低气温将要下降 8℃以上,最低气温小于等于 4℃,陆地平均风力可达 5 级以上;或者已经下降 8℃以上,最低气温小于等于 4℃,平均风力达 5 级以上,并可能持续。	1. 政府及有关部门按照职责做好防寒潮准备工作; 2. 注意添衣保暖; 3. 对热带作物、水产品采取一定的防护措施; 4. 做好防风准备工作。
	24 h 内最低气温将要下降 10℃以上,最低气温小于等于 4℃,陆地平均风力可达 6 级以上;或者已经下降 10℃以上,最低气温小于等于 4℃,平均风力达 6 级以上,并可能持续。	1. 政府及有关部门按照职责做好防寒潮工作; 2. 注意添衣保暖,照顾好老、弱、病人; 3. 对牲畜、家禽和热带、亚热带水果及有关水产品、农作物等采取防寒措施; 4. 做好防风工作。

续表

图例	含义	防御指南
	24 h 内最低气温将要下降 12℃以上,最低气温小于等于 0℃,陆地平均风力可达 6 级以上;或者已经下降 12℃以上,最低气温小于等于 0℃,平均风力达 6 级以上,并可能持续。	1. 政府及有关部门按照职责做好防寒潮应急工作; 2. 注意防寒保暖; 3. 农业、水产业、畜牧业等要积极采取防霜冻、冰冻等防寒措施,尽量减少损失; 4. 做好防风工作。
	24 h 内最低气温将要下降 16℃以上,最低气温小于等于 0℃,陆地平均风力可达 6 级以上;或者已经下降 16℃以上,最低气温小于等于 0℃,平均风力达 6 级以上,并可能持续。	1. 政府及相关部门按照职责做好防寒潮应急和抢险工作; 2. 注意防寒保暖; 3. 农业、水产业、畜牧业等要积极采取防霜冻、冰冻等防寒措施,尽量减少损失; 4. 做好防风工作。

(2)寒潮的预防

①当气温发生骤降时,要注意添衣保暖,特别是要注意手、脸的保暖。

②关好门窗,固紧室外搭建物。

③外出当心路滑跌倒。

④老弱病人,特别是心血管病人、哮喘病人等对气温变化敏感的人群尽量不要外出。

⑤注意休息,不要过度疲劳。

⑥采用煤炉取暖的家庭要提防煤气中毒。

⑦应加强天气预报,提前发布准确的寒潮消息或警报。

⑧发布准确的寒潮消息或警报,使海上船舶及时返航。

⑨事先对农作物、畜群等做好防寒准备。

6.11　减轻气象灾害

在全球变暖、极端天气气候事件增加,气象灾害频繁发生且日趋严重的气候背景下,做好防御和减轻气象灾害工作尤为重要。

目前,我国已经建立起了比较现代化、比较完善的气象灾害的监测网,初步建立起了由地面观测、高空探测和卫星遥感探测组成的地基、空基、天基的立体观测体系。我国已经总共发射了 5 颗极轨气象卫星、4 颗静止气象卫星。特别是从 2000 年开始,我国的风云一号和风云二号的系列卫星被世界气象组织纳入全球的地球观测业务序列,成为全球地球综合观测系统的重要成员。世界各地的用户都可以免费接收和利用我国的风云气象卫星资料。目前我国一共建成了 21000 多个气象观测站,其中有 2435 个属于全要素的国家级的自动气象站,还有 19000 多个是区域的气象观测站,另外,还有一些专项的、单项的观测,主要是观测雨量、温度、风速、风向的观测站。还完成了 150 多个 GPS 地基气象观测站和 3 个国家观象台的建设工作。我国还拥有 4 个大气本底站的升级改造,启动建设了 3 个新的大气本底站,初步建成了全国的大气成分、酸雨、沙尘暴、雷电监测网。

6.11.1　减轻气象灾害的主要措施

(1)依法加强防灾体系和基础设施建设。各级政府要逐步加大对气象灾害防御的投入力度。气象部门要进一步加强气象灾害的监测、预报、预警、服务等业务基础设施和系统建设,不断提高气象灾害监测、预报、预警、服务的综合能力。有关部门和单位在开展城市规划、重点领域和区域发展建设规划时,要开展气候可行性论证和气象灾害风险评估,对气象灾害风险较高的工程,建设时应配套气象灾害防御工程,以避免和减少气象灾害、气候变化对重要设施和工程项目的影响。例如,全社会应积极配合气象部门做好防雷工程设计审核、竣工验收和设施检测等工作,防止雷电造成损失。

(2)加强气象灾害预报。气象部门要不断加强对天气、气候灾害和气象次生、衍生灾害形成机理的研究,提高灾害性天气气候预报、预警的准确率、时效性和有效性。要做好气象灾害防御规划的编制和实施,建立和完善气象灾害防御预案和应急预案,加强气象灾害应急管理,提高应急处置水平和气象灾害防御能力。

(3)加强气象灾害防御应急体系的建设。各有关部门要加强气象灾害防御应急联动机制的建设,实现信息互通,资源共享,统一指挥,分工负责,快速响应;要拓宽气象灾害应急信息发布和灾情实况信息收集渠道,广播、电视、报纸、互联网等新闻媒体和通信、信息服务单位要及时传递和播发气象灾害预报预警信息,学校、医院、车站、体育场馆等公共场所要指定气象灾害应急联系人,设置气象灾害预警信息电子显示屏,乡村要逐步配备气象灾害义务信息员。要定期排查气象灾害防御隐患,不断完善各种防御预案,组织有关部门和群众开展气象灾害应急演练,提高应急响应速度、协作联动能力、应急处置能力和管理水平。

6.11.2　防灾、减灾的对策

(1)将防、抗、救灾作为一个系统工程。按照系统观点,建立和完善灾害天气及生态环境变化的监测网,提高监测和跟踪能力;建立、健全预测预报系统,深入分析研究各种自然灾害发生、发展和演变规律,提高长、中、短期预报,尤其是中、长期预报水平;建立健全信息系统,通过各种相关信息的收集、反馈、传送、加工处理等,使信息的取得全面、及时、可靠,提高识别灾害及灾区的能力;建立、健全指挥决策系统,统筹决策物资调配、资金投放,以及前期计划、后期管理、补救措施、行动方案等,做到综合治理,取得最佳的系统整体效益。

(2)提高全民的防灾减灾意识。加强宣传和教育,使人们能确实认识到减灾也是增收,防灾是减灾的重要行为。许多事实表明防与不防大不一样。只有认识上去了,才能在防灾减灾的实践中充分发挥和调动人的主观能动性。

(3)加强灾害经济学研究。需要组织各有关学科的力量,协作攻关,对全国主要灾害开展综合地、系统地、全面地研究,为自然灾害防御提供优化方案和科学决策的理论依据和途径。

(4)加强法制建设也是防灾、抗灾、救灾中的重要一环。进一步对已有的法规完善充实,并做到有法必依。有的急需建立新法规。要努力防止资源衰退和环境的恶化,进一步协调生产、生活、环境三者之间的关系,做到经济效益、社会效益、生态效益的有机结合和整体功能的发挥,从而提高能量转化和物质循环的效率,才能进一步增强抗御自然灾害的能力,最大限度地减免灾害损失,促进经济发展。

(5)走科学发展的道路。为了预防和减轻自然灾害,我们必须坚持走科学的发展道路,尊重自然和科学规律,改变目前对自然资源近乎掠夺的发展模式,要从过去单纯追求经济的增长转变为坚持以人为本,实现经济社会的全面、协调、可持续发展,努力改善生态环境,加强大气等自然资源的保护,不断增强可持续发展能力,促进人与自然的和谐,推动整个社会走上生产发展、生活富裕、生态良好的文明发展道路。

思 考 题

1. 气象灾害特点有哪些?
2. 描述洪水的三大要素。
3. 10 年一遇和 100 年一遇的洪水指什么?
4. 试述旱灾对农业发展的影响。
5. 试述全球重大台风事件和全球重大风暴灾害。
6. 气象观测可分为哪几类,各有什么作用?
7. 我国气象灾害频发的主要原因是什么?
8. 2008 年我国低温雨雪冰冻灾害给我们的启示是什么?

第 7 章 天文灾害

7.1 天文灾害概述

7.1.1 什么是天文灾害

天文灾害指空间天体或其状态,如太阳表面、太阳风、磁层、电离层和热层瞬时或短时间内发生异常变化,如强的日冕物质抛射、大耀斑、高速太阳风、磁暴、亚暴、电离层突然骚扰、臭氧空洞、天文大潮、近地天体撞击地球等,可引起卫星运行、通信、导航以及电站输送网络的崩溃,危及人类的生命和健康,造成社会经济损失。

德国科学家最近提出,恐龙灭绝是由于当时恶劣的“空间天气”造成的,也就是说,来自宇宙的强烈粒子流闯入地球并导致地球气候发生剧烈变化,从而致使恐龙灭绝。其实,关于恐龙灭绝的原因类似说法还有几种,例如,有人认为曾有一颗小行星与地球相撞,粉尘弥漫天空,遮住阳光射向地面,造成大批生物灭绝。有人认为曾有一次太阳黑子爆发,到达地球的高能粒子破坏了地球磁场所致……上述猜想虽然众说纷纭暂无定论,但越来越多的人认为:恐龙灭绝是由天文灾害造成的。天文灾害关注的人不是很多,但天文灾害给人类造成的损失却是越来越严重。

1989 年 3 月发生了一件历史上罕见的天文灾害事件,造成卫星陨落,飞行物的跟踪识别发生困难,低纬地区无线电通信中断,轮船、飞机的导航系统失灵,美国核电站变压器烧毁,加拿大北部电网故障使 600 万居民停电 9 个小时之久,引起国际社会的震惊。此后,几乎每年都有重大的天文灾害事件发生。2001 年 7 月 14 日的天文灾害事件,造成美国的 GPS(卫星定位系统)导航故障,成像卫星数天不能工作,日本的一颗卫星轨道失控等。如果对上述天文灾害事件作出准确预报,所造成的损失是可以避免或减少的。大量事实充分说明:天文灾害给人类乃至地球带来的危害越来越严重。

7.1.2　天文灾害可能影响的领域

我国正致力于繁荣经济、发展科技、实现现代化的宏伟目标,天文灾害将对我国的许多领域产生越来越多的影响。

(1)航天领域:据统计,我国的卫星故障 40% 来自天文灾害。我国已成功发射了系列"神舟"飞船,"神舟"六号、七号载人飞船上天获得巨大成功,嫦娥绕月探月工程计划进展顺利,我国第 8 颗北斗卫星升空,区域导航系统基本完成,其他应用卫星发射也将更加频繁,安全保障需求日益紧迫,加强对天文灾害监测和预防迫在眉睫。

(2)通信、导航领域:我国是电离层闪烁高发区,常引起通信中断、误码率增大等现象。对 GPS 而言,电离层闪烁可导致卫星导航、定位误差高达几十米至几百米,甚至信号中断。例如,2000 年 6 月 9 日发生太阳风暴引起的持续 17 小时的特大电离层事件,使我国短波通信受到严重影响,部分时间通信完全中断。2001 年 4 月 1—3 日发生 9 起太阳爆发事件,在我国境内造成 2 日全天的电离层扰动,对通信系统的威胁非常严重。据有关部门监测,这些电离层突然骚扰和电离层暴都对短波无线电系统产生了严重影响,发生多次系统中断。由于进行了及时监测与通报,提供了很好的第一手空间天气预报。

(3)国民经济领域:强烈变化的磁场强度可引起感应电流突变,造成电力(包括核电站)系统的断电事故,引起输油管的腐蚀甚至泄漏等。

(4)国防安全领域:我国地域辽阔,是电离层闪烁等天文灾害多发地区,武器系统在这些地区的效能发挥,在很大程度上依赖于空间天气的研究水平。

延伸阅读

十大空间灾害性天气事件简介

1989 年 3 月 6—19 日,大耀斑和强磁暴造成卫星 SMM 等轨道高度下降,日本和美国通信卫星发生异常,美国 GOES-7 卫星的太阳能电池损失了一半的能源,致使卫星寿命缩短一半,全球无线电通信异常,轮船、飞机的导航系统失灵,美国核电站变压器烧毁,加拿大北部电网烧毁,美国、瑞典以及日本的电力系统也受到不同程度的损害,引起国际社会的震惊和对空间灾害性天气的强烈关注。

1997 年 1 月 6—11 日的太阳爆发事件使美国 AT&T 公司的一颗价值 2 亿美元、设计使用寿命为 12 年的同步轨道通信卫星(Telstar401)失效,而它仅服务了 3 年,致使 AT&T 公司的业务损失高达 7.12 亿美元。

1998 年 4 月底至 5 月,发生了多次太阳爆发事件。在此期间多颗飞行器发生异常或者失效,包括 5 月 1 日德国科学卫星 Equator-S 中央处理器失效,5 月 6 日

Polar 飞船 6 个小时数据的损失和 5 月 19 日银河Ⅳ号失效。最显著的是银河Ⅳ号通信卫星的失效,它造成美国 80% 的寻呼业务的损失,无数的通信中断,并使金融交易陷入混乱。

2000 年 7 月 14 日发生的巴士底日事件,是几十年来发生的最大的太阳耀斑和日冕物质抛射事件之一,整个地球物理效应非常明显。这一现象造成了巨大的地磁暴,地球同步轨道高能粒子流量非常大,地球电离层受到强烈干扰,短波通信中断。在整个事件中欧美的 GOES、ACE、SOHO、WIND、NEAR 等重要科学卫星受到严重损害,国际空间站轨道下降了 15 km,日本卫星 ASCA 丢失,另一颗卫星 Akebono 控制系统失灵。

2001 年 4 月 3 日凌晨(对应世界时 4 月 2 日 2100UT),大太阳耀斑事件致使大部分通信中断,时值中美撞机事件之后两天,对我军寻找失踪飞行员工作的通信联络造成严重威胁。

2002 年 4 月的大耀斑及伴随的日冕物质抛射事件致使日本火星探测卫星 Nozomi 上的电路系统发生故障,无法向地球传送遥测的数据,科学观测被迫暂时中断,并使它的主发动机也无法使用。耀斑伴随的能量粒子同时影响了部分科学卫星的正常观测。

2003 年 10 月下旬至 11 月上旬一系列大的太阳爆发事件造成恶劣的空间天气,给业务卫星、通信、导航、地面电力设施造成破坏,导致各种严重的社会经济损失。据报道,这次空间灾害性天气中,全球短波通信中断,超视距雷达,民航通信出现故障,伊拉克战场美英联军通信受到影响,TDRSS&INTELSAT 卫星和 GPS&LORAN 导航系统发生故障,很多卫星进入安全模式,一些科学卫星包括 SOHO、ACE、WIND、POLAR、GOES 等科学卫星数据丢失,瑞典马尔默市南部的一个电力系统遭到破坏。NASA 的火星探测卫星 Odyssey 飞船上的 MARIE 观测设备被粒子辐射彻底毁坏,这是首次发现地球以外空间设施因空间灾害天气而报废事件。我国北方短波通信受到严重干扰,北京、满洲里无线电观测点短波信号一度中断。

2004 年 11 月自 6 日起太阳连续爆发 9 个晕状 CME,其中两个 CME 经行星际传播后影响到地球,触发磁暴。观测显示,磁暴期间极光椭圆带扩展到地磁纬度 55°,并引发强烈的电离层扰动,地面电网及管线系统记录到明显的地磁感应电流,我国黑龙江电网,东北赤峰—董家输电系统,北安—孙吴—黑河输电系统等,都发现变压器不明原因噪声异常。

2005 年 5 月 15 日观测到一次强烈的磁暴活动,美国 NOAA 空间环境中心根据 13 日的大耀斑观测预报了这次地磁活动。据 Space Daily 报道,这次强磁暴活动引发了电力输送及移动通信中断。磁暴发生期间,我国江苏上河变电站、武南变电站和广东岭澳核电厂等都发现或检测到了变压器中性点的 GIC(地磁感应电流),广东岭澳观测的 GIC 5 月 15 日近 30A。中国气象局国家空间天气监测预警中心在 2005 年 5 月 14 日期间通过新闻联播及时发布了磁暴预报,部分电力部门看到预报信息后及时采取了措施,并记录了磁暴期间电力系统出现的异常信息。

　　2006 年 12 月 13 日大耀斑爆发对我国的短波无线电信号传播造成严重影响,短波通信、广播、探测等电子信息系统发生大面积中断或受到较长时间的严重干扰。中国电波传播研究所广州、海南、重庆等电波观测站的短波探测信号从 10 时20 分左右起发生全波段中断,直到 11 时 15 分以后才逐步出现信号,13 时 30 分以后才基本恢复正常。

7.2　太阳活动及太阳风暴

7.2.1　太阳的结构

　　要了解太阳活动,首先要了解太阳的结构。太阳的结构从内向外,内部分为三个区:核反应区、辐射区和对流区。对流区以外分为三个区:光球层、色球层和日冕层。

　　核反应区　太阳的核心区域虽然很小,半径只是太阳半径的 1/4,但却是太阳那巨大能量的真正源头。太阳核心的温度极高,达 1500 万℃,压强也极大,使得由氢聚变为氦的热核反应得以发生,从而释放出极大的能量。太阳核心物质的密度约为150000 kg/m³。核心区温度和密度的分布都随着与太阳中心距离的增加而迅速下降。

　　辐射区　太阳内部 0.25～0.85 个太阳半径区域称为太阳的辐射区。在这个层中气体温度约为 7×10^6 K,密度约为 15000 kg/m³。按照体积而言,辐射区约占太阳体积的一半。太阳核心产生的能量,通过这个区域以辐射的方式向外传输。

　　对流区　对流区处于辐射区的外面,大约在 0.86～1.0 个太阳半径区域。温度约为 5×10^5 K,密度也降至 150 kg/m³。由于巨大的温度差引起对流,内部的热量以对流的形式在对流区向太阳表面传输。除了通过对流和辐射传输能量外,对流区的太阳大气湍流还会产生低频声波扰动,这种声波将机械能传输到太阳外层大气,导致加热和其他作用。

　　光球层　太阳光球就是我们平常所看到的太阳圆面,通常所说的太阳半径也是指光球的半径。光球的表面是气态的,其平均密度只有水的几亿分之一,但由于它的厚度达 500 km,所以光球是不透明的。光球层的大气中存在着激烈的活动,用望远镜可以看到光球表面有许多密密麻麻的斑点状结构,很像一颗颗米粒,称之为米粒组织。它们极不稳定,一般持续时间仅为 5～10 min,其温度要比光球的平均温度高出300～400℃。目前认为这种米粒组织是光球下面气体的剧烈对流造成的现象。光球表面另一种著名的活动现象便是太阳黑子。黑子是光球层上的巨大气流旋涡,大多呈现近椭圆形,在明亮的光球背景反衬下显得比较暗黑,但实际上它们的温度高达4000℃左右,倘若能把太阳黑子单独取出,一个大黑子便可以发出相当于满月的光芒。日面上黑子出现的情况不断变化,这种变化反映了太阳辐射能量的变化。太阳黑子的变化存在复杂的周期现象,平均活动周期为 11.2 年。

色球层　色球的某些区域有时会突然出现大而亮的斑块,人们称之为耀斑,又叫色球爆发。一个大耀斑可以在几分钟内发出相当于 10 亿颗氢弹的能量。如果把太阳大气层比作一座楼房,那么色球就是光球之上的二楼,也就是太阳大气中的第二层。平时由于地球大气把强烈的光球的光散射开,色球被淹没在蓝天之中,我们是看不到这一层的,只有在日全食的时候,才有机会直接饱览它的姿彩。太阳色球是充满磁场的等离子体层,厚度约 2500 km。色球层的温度由 4000 K 左右的极小值向上增加,到 2000 km 左右时停留在 4000～6000 K,在此高度以上,温度显著增高,达到100000～1000000 K。其温度,在与光球层顶衔接的部分为 4500℃,到外层达几万摄氏度,密度随高度的增加而减小,整个色球层的结构不均匀,也没有明显的边界。由于磁场的不稳定性,色球层经常产生爆发活动。

日冕层　日冕是太阳大气的最外层,厚度达到几百万千米以上。日冕温度有100 万℃。在高温下,氢、氦等原子已经被电离成带正电的质子、氦原子核和带负电的自由电子等。这些带电粒子运动速度极快,以致不断有带电的粒子挣脱太阳的引力束缚,射向太阳的外围,形成太阳风。日冕发出的光比色球层的还要弱。日冕可人为地分为内冕、中冕和外冕 3 层。内冕从色球顶部延伸到 1.3 太阳半径处;中冕从1.3 太阳半径到 2.3 太阳半径,也有人把 2.3 太阳半径以内统称内冕。大于 2.3 太阳半径处称为外冕(以上距离均从日心算起)。广义的日冕可包括地球轨道以内的范围。日冕的大小跟太阳的活动有关。

7.2.2　太阳活动

7.2.2.1　什么是太阳活动

太阳活动是太阳大气中局部区域各种不同活动现象的总称。包括太阳黑子、光斑、谱斑、太阳风、耀斑、日珥等。太阳活动与地震、火山爆发、旱灾、水灾、人类心脏和神经系统的疾病,甚至交通事故都有关系。

美国国家海洋大气局 2008 年 1 月宣布,太阳黑子活动显示,新一轮为期 11 年的太阳活动周期已经到来,新周期内的第一个太阳黑子出现在太阳的北半球。而随着太阳黑子活动的加剧,太阳风暴将在未来数年逐年增加,届时,全球的电力系统,军用、民用航空通信,全球定位系统,甚至手机和银行自动取款机都可能受到干扰,该太阳黑子被编号为 10981,一系列的太阳黑子和太阳风暴的活动将在 2011 年或 2012 年达到峰值,破坏性的太阳风暴会随时可能发生。

7.2.2.2　太阳活动主要类型

(1)太阳黑子

太阳黑子在光球上经常出没,而且通常成群出现暗黑色斑点。实际上黑子并不黑,只是这些斑点凹进太阳表面,有的可达 100 km,其温度比光球表面温度大约低了 1500℃左右,由于明亮光球的衬托,就显得暗淡些,故名"黑子"。

黑子是太阳表面最活跃的地方,它是沿着太阳的自转方向而运动着的旋涡。至于黑子里面的物质,其运动速度极快,可达 1000～2000 m/s,远比地球上 12 级台风快得多。所以又可以说黑子就是太阳表面的"风暴",这"风暴"的范围有大有小,大的可装下 10 多个地球,小的直径只有 2000～3000 km。"风暴"的寿命有长有短,长者寿命可达数月,极个别的可超过 1 年,而短的仅有几天或几个小时。

黑子极少单个出现,通常是成双成对,或是一群一群地出现。在 1 个黑子周期(平均为 11 年)内大约可以观察到 1500 个黑子群。在黑子群中也往往有 2 个主要的成对黑子。

太阳黑子的多少与大小,随着时间的变化具有一定的周期性。根据长期的观察记录可知,这个周期是 11.3～11.4 年。这一消长规律,天文学称为"太阳活动周"。从 1755 年算起,当前正值第 23 个活动周期。

(2)太阳耀斑

太阳耀斑是在太阳色球层上局部地区突然出现、并迅速增大的亮斑,也叫"色球爆发"。耀斑是太阳上最强烈、最复杂、对人类影响最大的活动现象。

耀斑可以在极短的时间内释放出巨大的能量并产生多样的辐射。通常耀斑持续时间只有几分钟至 1 h。据观察,一个耀斑爆发时,温度可达几百万摄氏度,其释放出来的能量,可达 10^{22}～10^{23} J,相当于 100 亿个百万吨级氢弹爆炸时产生的威力,几乎与地球上全部矿物燃料所能产生的能量相当。其能量释放主要以辐射方式进行,其中的一部分可以到达地球。一个大的耀斑可发射高达 10^{25} J 的能量,相当于全世界每个人挨一颗氢弹。这个能量比火山爆发所释放的能量大 1000 万倍,但小于太阳每秒钟所发射总能量的十分之一。

研究发现,几乎所有的耀斑都发生在黑子附近,且多出现在强磁场区,因此,认为耀斑是磁场不稳定的产物,其巨大能量可能来自黑子磁场。研究还发现,耀斑与黑子伴随发生,常随黑子群的增多而增多,其周期亦为 11 年。

(3)太阳风

在太阳大气的最外层——日冕层,其温度可高达 100 万℃。在这样高的温度下,其中的质子和电子会由于日冕膨胀而向外运动,从而产生高能带电粒子流,运动速度每秒可高达 900 km 以上。这样高速的带电粒子流,会有一部分挣脱太阳的引力,像阵阵狂风不断"吹"向行星际空间,而被称为"太阳风"。太阳通过这一形式,平均每小时要把 3000 t 左右的物质抛向宇宙中。太阳风"吹"到地球一般要五六天时间。

如果在 X 射线波段观测太阳,可以看到太阳表面有黑的区域,这些区域称为冕洞。一般认为,高速太阳风源于冕洞。在太阳耀斑期间,带电粒子可被加速到至少 100 倍的太阳风速度。在发生 CME 时,也常常伴随着高能粒子发射。

(4)日冕物质抛射

日冕物质抛射(缩写为 CME)是太阳日冕中的物质瞬时向外膨胀或向外喷射的现象。大的 CME 可含有 10 亿 t 物质,这些物质被加速到每秒几百甚至上千千米。当它们与地球的磁层相遇时,会使磁层产生强烈地扰动。CME 有时伴随耀斑,但通常单独发生。耀斑有时伴随 CME,但有时也单独发生。在太阳活动最大年,太阳每天产生大约 3 次 CME,而在活动最小年时大约每 5 天产生一次 CME。快速 CME 向外的速度可达 2000 km/s,而正常的太阳风速度约 400 km/s。CME 通常是产生大的非重现性磁暴的源。

通过日冕物质抛射,太阳可以影响地球的气候和天气过程,可以影响地磁暴,可以影响农业,可以影响供电系统。下面介绍几类主要的空间活动:一个是电磁辐射,电磁辐射是通过耀斑 X 射线和紫外辐射,对电离层产生影响;另一个是日冕物质抛射造成的高能粒子,它会把地球的磁层压到地球同步轨道之内,增强地球的辐射带,导致磁暴和磁亚暴,使得卫星受到损伤,影响供电系统的安全;还有极光的亚暴电流,可直接影响宇航和航空的安全,包括危及宇航员和飞越极区飞机乘客的安全;再就是地球同步轨道处的低能电子,它可以持续数天到数周,这种电子在空间物理上被称为杀伤电子,它可以使卫星整个报废。我们看到,太阳通过粒子、磁场、辐射这三个不同的方式,影响我们地球的环境。

(5)磁暴

磁暴是全球范围内地磁场的剧烈扰动,扰动持续时间在十几小时到几十小时之间。地磁场的扰动是由撞击地球的太阳风引起的。磁暴对输电系统可产生破坏作用。近年来最引人注目的磁暴损坏输电系统的事件发生在 1989 年 3 月。一个强磁暴使加拿大魁北克的一个巨大电力系统损坏,600 万居民停电达 9 h,仅电力损失就达 2000 万 kW,直接经济损失约 5 亿美元。据美国科学家估计,此事件若发生在美国东北部,直接经济损失可达 30～60 亿美元。

（6）突发电离层骚扰

太阳耀斑产生的高能电磁辐射暴（紫外线和 X 射线）以光速运动，在离开耀斑位置仅 8 min 就到达地球。高层大气对太阳耀斑产生的紫外线和 X 射线暴的直接响应，是几分钟到几小时的时间内在向阳半球电离的突然增加，短波和中波无线电信号立即衰落甚至完全中断，这种现象称突发电离层骚扰，电离层扰动严重影响通信的例子屡见不鲜。1989 年 3 月的大磁暴期间，在低纬的无线电通信几乎完全失效，轮船、飞机的导航系统失灵。

7.2.2.3　太阳活动对地球的影响

（1）对地球气候的影响

太阳活动使太阳的高能辐射（紫外线和 X 射线波段）的辐射量产生大幅度的涨落，由太阳发出的带电粒子流也有极大的变化。高层大气物理状态的变化，会逐层向下传递，其结果又会影响到地球表面附近的气候变化，而且会对某些地区的气压和大气环流造成影响，从而导致许多地区的气候异常。科学家们认为，气候变化也有 11 年和 22 年的周期性。这些周期性，是由于太阳黑子的活动周期引起的。一般说来，降水量的年际变化与太阳黑子相对数的年变化有相关性，两者的变化周期均为 11 年；当黑子增多时，地面温度会偏低，反之偏高。科学家发现，我国大范围气温转变年份几乎都和 11 年周期的太阳活动极大年相吻合，还发现当耀斑出现后 1 个月，地面气温平均可升高 1℃。

太阳黑子 11 年周期与我国夏季气温呈明显的双振动现象，即在太阳黑子的峰、谷值年附近，夏季我国大范围气温偏低；而在峰、谷年之间的年份，我国夏季大范围气温偏高。1951 年以来，我国东北地区出现的 6 个严重低温冷害年（1954 年、1957 年、1964 年、1972 年和 1976 年），其中就有 5 年在太阳黑子的峰、谷年附近。20 世纪 80 年代以来，全球变暖，东北地区没有出现严重的低温冷害，但在 4 个太阳黑子的峰、谷年（1981 年、1986 年、1989 年和 1996 年）中，有 3 年东北大部地区夏季温度比常年偏低。

（2）对地球电离层的影响

太阳短波辐射的强烈照射，使地球大气的上层形成电离层，其具有短波无线电通信的功能。当太阳上出现大耀斑时，太阳的紫外线辐射总量可增加 1～2 倍，X 射线流量甚至可增加数百倍，会猛烈地冲击地球大气中的电离层，引起电离层扰动（又叫电离层暴），使电离层的结构发生急剧变化，有时甚至被冲散，从而丧失掉反射无线电波的功能。此时在电离层传播的短波无线电信号会被部分或全部吸收，从而使信号发生延迟、闪烁等现象，甚至中断。

（3）对地球磁场的影响

地球本身是个巨大的磁体，在一般情况下，磁场的分布是比较稳定的。随着太阳上大耀斑的出现，大量的高能带电粒子流闯入地球磁场后会因磁场作用发生运动方向的偏离，同时它们也会反作用于地球磁场，使地球磁场发生剧烈扰动，产生"磁暴"现象，使磁针剧烈颤动，不能正确指示方向，造成地球磁性仪器设备失灵，飞机、船只会因此迷航，甚至失事。磁暴发生时，带电离子在地球磁场中运动可能产生强大的感应电流，进而影响高纬度地区的供电设备、输油管道和电话系统。

（4）对宇宙探测和宇航事业的影响

耀斑爆发抛射出的高能带电粒子会直接损害在地球大气层之外运动的卫星、轨道空间站等宇航探测设施。辐射会对卫星的材料、元器件、太阳能电池造成辐射损伤，同时会使卫星运行程序发生混乱，产生虚假指令；另外，会使卫星表面及内部带有很高的静电，静电放电会损坏器材或材料。如 1998 年 5 月的一起高能电子增强事件，使美国一颗通信卫星和德国的一颗科学卫星失效，多颗卫星失常。

太阳风暴会危及在星际空间飞行中的宇航员的安全。由于远离地球，没有大气层的保护，太阳发出的穿透力极强的高能带电粒子流会直接损害宇航员的健康，甚至会危及生命安全。

（5）对农业、林业生产的影响

太阳活动和农业生产的关系也相当密切。据国外研究表明，太阳活动每 11 年周期对雨量影响的变幅平均为 25％，对某些地区气温影响的变幅平均为 1℃，对农作物生长期的影响变幅为 58 天。人们在分析了世界小麦生产的统计情况后发现，小麦产量随太阳活动而增减，平均变幅为 10％。

太阳活动也直接影响到树木的生长。树木生长年轮的变化有明显的 11 年周期。如我国台湾省丝柏树的增长有 22 年及 11 年周期，美国西部干旱地区的古老树种——具芒松的年轮反映出，在黑子多的年份年轮长得厚，反之则薄。

（6）对人类健康的影响

20 世纪 70 年代以来，科学家就开始了对太阳活动与人类健康相关问题的研究。统计发现，太阳活动期间，人体的免疫力可能有所下降，有些心血管病人对太阳黑子剧烈活动引起的电离层扰动可能比较敏感。但是专家指出，太阳活动对人类健康的影响微乎其微，因为任何一次太阳风暴所挟带的数量惊人的 X 射线、等离子电荷和巨大磁场，在穿越上亿千米空间路程时，大多消失在漫漫旅程中，而到达地球的一部分，又被厚厚的大气层挡在层外，能够穿透大气层并对人类产生影响的仅是极少数，因而对其影响不必畏惧。但是，太阳活动所带来的太阳电磁辐射的增强，对人体健康将产生不良影响，因此人们仍应加强防护，切不可掉以轻心。

7.2.3　太阳风暴及危害

7.2.3.1　太阳风暴的定义

太阳风暴亦称太阳风,是太阳黑子活动达到高潮时,太阳因能量增加而向太空喷射的大量带电粒子。科学家形象地把太阳风暴比喻为太阳打"喷嚏"。太阳的活动对地球至关重要,因而太阳一打"喷嚏",地球往往会发"高烧"。

太阳风暴每 11 年发生一次,它往往以每小时 300 万 km 的速度向地球扑来,与地球磁场发生撞击产生地磁冲击波。太阳风暴对地球的负面影响不大,但还是常引起地球发"高烧",对人类生活造成一定破坏。由于太阳风暴中的气团主要成分是带电等离子体,并以每小时 150 万~300 万 km 的速度闯入太空,因此,它会对地球的空间环境产生巨大的冲击。太阳风暴爆发时,将影响通信、威胁卫星、破坏臭氧层。

例如,20 世纪 70 年代的一次太阳风暴导致大气活动加剧,增加了当时苏联的"礼炮"号空间站的飞行阻力,从而使其脱离了原来的轨道。1989 年的太阳风暴曾使加拿大魁北克省和美国新泽西州的供电系统受到破坏,损失超过 10 亿美元。

7.2.3.2　太阳风暴对人类的影响

(1)当太阳风暴掠过地球时,会使电磁场发生变化,引起地磁暴、电离层暴,并影响通信,特别是短波通信。

(2)对地面的电力网、管道和其他大型结构发送强大电荷,影响输电、输油、输气管线系统的安全。

(3)对运行的卫星也会产生影响。

(4)一次太阳风暴的辐射量对一个人来说很容易达到多次的 X 射线体检量。它还会引起人体免疫力的下降,很容易引起病变,也会使人情绪易波动,甚至引发车祸增多。

(5)使气温增高。

(6)在南北极形成极光。

7.2.3.3　卡林顿太空天气事件

19 世纪,英国有一位叫卡林顿的天文爱好者。他在伦敦附近造了一幢房子,里面建有一间天文观测室。他就在这间天文观测室里日复一日地观测太阳,描绘着太阳表面的黑子。他把太阳的像投影在一块屏幕上,小心翼翼地把所看到的情况描绘下来。

1859 年 9 月 1 日早晨,卡林顿观测太阳黑子时,发现太阳北侧的一个大黑子群内突然出现了两道极其明亮的白光,在一大群黑子附近正在形成一对明亮的月牙形的东西。他从来没有看到过像这样的东西。卡林顿向英国皇家天文学会报告,另一位英国天文学家霍奇森也看到了这次太阳爆发,并向英国皇家天文学会报告了他的观测结果。不过,人们还是把发现的荣誉给了卡林顿,称这次事件为"卡林顿事件"。当时,卡林顿以为自己碰巧看到了一颗大陨石落在太阳上。

就在卡林顿第一次观测到太阳耀斑爆发后的几分钟内,英国格林尼治天文台和基乌天文台都测量到了地磁场强度的剧烈变动。然后,在 17.5 h 以后,地磁仪的指针因超强的地磁强度而跳出了刻度范围。差不多同时,各地电报局电报机的操作员报告说他们的机器在闪火花,甚至电线也被熔化了。

卡林顿几乎肯定地认为这些事件都与他发现的耀斑爆发有关。但是,在那个时代科学家不愿意轻易做出结论。后来更多耀斑爆发事件的观测事实证明了卡林顿是正确的。现在,我们知道,太阳耀斑爆发引起的太阳风暴,是一种从太阳大气上层爆发出来的太空风暴,大量的带电粒子以极高的速度吹向太阳系空间。如果太阳风暴恰好朝着地球吹来,在到达地球附近空间时,就会在地球上造成一系列事件。

卡林顿事件是迄今记录到的第二快的太阳风暴事件,粒子到达地球的时间只有 17.5 h。最快的是 1972 年 8 月的一次太阳风暴,粒子到达地球的时间仅花了 14.5 h。

卡林顿事件是一次超强事件。类似的超强事件在历史上曾经出现过多次,例如,1989 年 3 月的那次太阳风暴曾经造成加拿大魁北克省整个配电网故障,而 2003 年 10 月 30 日特大的太阳风暴曾使两颗卫星失灵,造成全世界通信和电网中断。然而,研究人员认为,卡林顿事件的强度超过了上述两次事件,是有记录以来地球所经历过的最强的太阳风暴。

卡林顿事件虽然在强度上远远超过了 1989 年和 2003 年的两次强太阳风暴,但是造成的危害并没有后两次严重。这是因为在那个时候还没有人造卫星、无线电通信和现代的电力传输网络。如果卡林顿事件发生在今天,那么它将会造成更严重的灾难。它有可能摧毁许多人造卫星,使得依靠这些卫星进行的通信中断,而且还会破坏许多变电站。

7.3　臭氧空洞

臭氧空洞指的是因空气污染物质的扩散、侵蚀而造成大气臭氧层被破坏和减少的现象。臭氧层位于离地面 20~25 km 上空,是抗击太阳辐射紫外线、保护地球生物圈最有效的"保护伞"。

7.3.1　臭氧空洞的成因

对于臭氧空洞形成的原因,当前有三种学说:化学学说、动力学学说和太阳活动学说。

(1)化学学说:从化学学说的角度来讲,由于人类活动大量生产和使用氟利昂,并使之进入大气层中,大气环流携带着人类活动所排放的氟利昂,随赤道附近的热空气上升,分流向两极。氟利昂受到短波紫外线的照射,会发生一系列的化学反应,反应过程中消耗掉一部分臭氧。

(2)动力学说:臭氧被破坏的过程另一种解释是从动力角度进行的。这种观点认为,在南极极夜期间,因中低纬向南极的热量输送效率很低,控制南极上空的极地"旋涡"内部,形成了异常低温环境,光照少,氧分子合成臭氧的光化学作用就会减弱。当极夜结束,春季来临(9月始),由于集中于平流层中下层的大气被加热而出现了上升运动,结果引起抽吸作用,将对流层臭氧含量低的气体带入了平流层,替代了原来平流层臭氧含量高的气体,导致了南极春季臭氧空洞的形成。

(3)太阳活动说:还有的科学家认为,南极臭氧空洞是太阳活动的结果。他们根据研究发现,臭氧的总量跟太阳黑子的活动有明显的关系,而极地作为地球磁极又是太阳活动反应最敏感的地区,比如极光等都是出现在极地,随着紫外辐射和高能带电粒子流的增加,使大气中氮氧化合物的含量增加,通过光化学反应,破坏了极地上空的臭氧层。

其他原因:近年来的研究发现,核爆炸、航空器发射、超音速飞机将大量的氮氧化物注入平流层中,也会使臭氧浓度下降。

7.3.2 臭氧空洞的危害

臭氧层中的臭氧能吸收 200~300 nm 的太阳紫外线辐射,因此,臭氧空洞可使阳光中紫外线辐射到达地球表面的量大大增加,从而产生一系列严重的危害。

太阳紫外线辐射能量很高的部分称 EUV,在平流层以上就被大气中的原子和分子所吸收,从 EUV 到波长等于 290 nm 之间的称为 UV-C 段,能被臭氧层中的臭氧分子全部吸收,波长等于 290~320 nm 的辐射段称为紫外线 B 段(UV-B),也有 90% 能被臭氧分子吸收,从而可以大大减弱到达地面的强度。如果臭氧层的臭氧含量减少,则地面受到 UV-B 的辐射量增大。

B 类紫外线灼伤称为 B 类灼伤,这是紫外辐射最明显的影响之一,学名为红斑病。B 类紫外线也能损耗皮肤细胞中的遗传物质,导致皮肤癌。B 类辐射增加还可对眼睛造成损坏,导致白内障发病率增加。B 类紫外线辐射也会抑制人类和动物的免疫力。因此,B 类紫外线辐射的增加,可以降低人类对一些疾病包括癌症、过敏症和一些传染病的抵抗力。

B 类辐射的增加,会对自然生态系统和作物造成直接或间接的影响。例如,B 类紫外辐射对 20 m 深度以内的海洋生物造成危害,会使浮游生物、幼鱼、幼蟹、虾和贝类大量死亡。由于海洋中的任何生物都是海洋食物链中重要的组成部分,因此,某些种类生物的减少或灭绝,会引起海洋生态系统的破坏。

B 类辐射的增加也会损害浮游植物,由于浮游植物可吸收大量二氧化碳,其产量减少,使得大气中存留更多的二氧化碳,使温室效应加剧。

B 类辐射还将引起用于建筑物、绘画、包装的聚合材料的老化,使其变硬变脆,缩短使用寿命等。

另外,臭氧层臭氧浓度降低,紫外辐射增强,反而会使近地面对流层中的臭氧浓度增加,尤其是在人口和机动车量最密集的城市中心,使光化学烟雾污染的几率增加。

有人甚至认为,当臭氧层中的臭氧量减少到正常量的 1/5 时,将是地球生物死亡的临界点。这一论点虽尚未经科学研究所证实,但至少也表明了情况的严重性和紧迫性。

7.3.3　修补臭氧层的措施

氟利昂是杜邦公司 20 世纪 30 年代开发的一个引为骄傲的产品,被广泛用于制冷剂、溶剂、塑料发泡剂、气溶胶喷雾剂及电子清洗剂等,在消防行业发挥着重要作用。当科学家研究令人信服地揭示出人类活动已经造成臭氧层严重损耗的时候,“补天”行动反应非常迅速。实际上,现代社会很少有一个科学问题像“大气臭氧层”这样由激烈地反对、不理解,迅速发展到全人类采取一致行动来加以保护。

1985 年,也就是 Monlina 和 Rowland 提出氯原子臭氧层损耗机制后 11 年,同时也是南极臭氧洞发现的当年,由联合国环境署发起,21 个国家的政府代表签署了《保护臭氧层维也纳公约》,首次在全球建立了共同控制臭氧层破坏的一系列原则方针。1987 年 9 月,36 个国家和 10 个国际组织的 140 名代表和观察员在加拿大蒙特利尔集会,通过了大气臭氧层保护的重要历史性文件《关于消耗臭氧层物质的蒙特利尔议定书》。在该议定书中,规定了保护臭氧层的受控物质种类和淘汰时间表,要求到2000 年全球的氟利昂削减一半,并制定了针对氟利昂类物质生产、消耗、进口及出口等的控制措施。由于进一步的科学研究显示,大气臭氧层损耗的状况更加严峻,1990年通过了《关于消耗臭氧层物质的蒙特利尔议定书》伦敦修正案,1992 年通过了哥本哈根修正案,其中受控物质的种类再次扩充,完全淘汰的日程也一次次提前,缔约国家和地区也在增加。到目前为止,缔约方已达 165 个之多,反映了世界各国政府对保护臭氧层工作的重视和责任。不仅如此,联合国环境署还规定从 1995 年起,每年的9 月 16 日为“国际保护臭氧层日”,以增加世界人民保护臭氧层的意识,提高参与保护臭氧层行动的积极性。

我国政府和科学家们非常关心保护大气臭氧层这一全球性的重大环境问题。我国早于 1989 年就加入了《保护臭氧层维也纳公约》,先后积极派团参与了历次的《保护臭氧层维也纳公约》和《关于消耗臭氧层物质的蒙特利尔议定书》缔约国会议,并于 1991 年加入了修正后的《关于消耗臭氧层物质的蒙特利尔议定书》。我国还成立了保护臭氧层领导小组,编制完成了《中国消耗臭氧层物质逐步淘汰国家方案》。根据这一方案,我国已于 1999 年 7 月 1 日冻结了氟利昂的生产,并于 2010 年前全部停止生产和使用所有消耗臭氧层物质。

从这里我们不仅可以看到人类日益紧迫的步伐,而且也发现,即使如此努力地弥补地球上空的"臭氧洞",但由于臭氧层损耗物质从大气中除去十分困难,预计采用哥本哈根修正案,也要在 2050 年左右平流层氯原子浓度才能下降到临界水平以下,到时,"臭氧洞"才可望开始恢复。臭氧层保护是近代史上一个全球合作十分典型的范例,这种合作机制将成为人类的财富,并为解决其他重大问题提供借鉴和经验。

7.4　天文大潮

7.4.1　天文大潮概述

天文大潮就是月球和太阳的引力所引发的海水潮汐。影响天文潮汐大小的主要因素有两个,由月球引潮力产生的太阴潮和由太阳引潮力产生的太阳潮,其中太阴潮是太阳潮的 2.17 倍。当太阳、月球位于同一条直线上时(朔、望),也就是每个农历月的初一、十五,月球和太阳引力方向相同,它所引发的潮汐相互叠加,潮水的水位达到最高,形成日月大潮;日地连线与地月连线成垂直分布,太阳潮减弱太阴潮,形成日月小潮。而且由于每个月,月球和太阳与地球所形成的引力角度是不同的,每隔特定的一段时间,月球和太阳与地球所形成的引力角度最小,引力最大,就形成了天文大潮。

地球轨道和月球轨道都是椭圆,月球近地潮比远地潮增大 35%,太阳近地潮比远地潮增大 9%。所以,月球近地潮与日月大潮叠加形成中特大潮,太阳近地潮与日月大潮叠加形成小特大潮。中特大潮每年发生 6~8 次,小特大潮每年仅发生一次。如果月球近地潮、太阳近地潮和日月大潮同时出现,则发生大特大潮,它不是年年都发生,仅发生在 12 月末和 1 月初的中特大潮时,因为地球近日点(即太阳近地潮发生地点)在 1 月 3—4 日。

月球与强潮汐、地球排气、厄尔尼诺、臭氧洞扩大、旱涝、地震有关系的重要条件是"近地点兼朔、望",以及月球赤纬角变化(极大/小值对应涝/旱年)和各大行星的配合。强潮汐的标准是:月球近地潮和日月大潮两者同时出现。若两者与日月食同时出现则为较强潮汐,三者或前两者同时在春分点、秋分点和近日点附近(前后不超过 15 天)出现为最强或较强潮汐,三者的时间最大差不超过 3 天。特大潮汐是发生在近日点的强潮汐。

7.4.2 天文大潮危害

天文大潮属正常的天文潮汐现象,它的周期是 18.6 年,可以提前好几年作出预报。天文大潮在一般情况下不会引发灾害,在某些特定环境下会构成水害,如汛期江河水满时遇到天文大潮顶托造成洪水难以退却;如果天文大潮遇到台风登陆前后会暴发风暴潮;如果江河水位低,海潮上溯范围扩大,咸害程度加重,则形成咸潮。冬季也会有天文大潮出现。

7.4.3 1950 年以来的特大潮汐

表 7-1 给出 1950—2010 年的特大潮汐年,它与厄尔尼诺或拉尼娜有非常好的对应关系。即使当年没有发生厄尔尼诺或拉尼娜,也会造成较严重的自然灾害。

表 7-1 1950—2010 年特大潮汐年

月球近地点(年.月.日)	农历(年.月.日)	日月食(日)	潮汐强度	影响或灾害
1951.1.6	1950.11.29		强	厄尔尼诺年
1951.12.29	1951.12.2		较强	厄尔尼诺年
1953.1.17	1952.12.3	30	强	厄尔尼诺年
1955.1.6	1954.12.13		强	拉尼娜年
1955.12.29	1955.11.16		较强	拉尼娜年
1956.12.19	1956.11.17	2	强	导致厄尔尼诺发生
1957.1.17	1956.12.17		较强	厄尔尼诺年
1959.12.29	1959.11.30		较强	
1960.12.19	1960.11.2		强	中国三年自然灾害
1961.1.17	1960.12.1		最强	中国三年自然灾害
1962.1.8	1961.12.3		强	中国三年自然灾害
1963.12.29	1963.11.14	30	最强	厄尔尼诺年
1964.12.19	1964.11.16	4,19	最强	拉尼娜年
1965.1.17	1964.12.15		最强	厄尔尼诺年
1966.1.8	1965.12.17		较强	厄尔尼诺期间
1967.12.29	1967.11.28		强	拉尼娜年
1968.12.19	1968.10.30		较强	厄尔尼诺年
1969.1.17	1968.11.29		较强	厄尔尼诺年
1970.1.8	1969.12.1		最强	ElNino 结束
1970.12.31	1970.12.4		强偏弱	拉尼娜年
1972.12.19	1972.11.14		较强	厄尔尼诺年

月球近地点(年．月．日)	农历(年．月．日)	日月食(日)	潮汐强度	影响或灾害
1973.1.17	1972.12.14	4	强	厄尔尼诺年
1974.1.8	1973.12.16		最强	拉尼娜年
1974.12.31	1974.11.18		强	拉尼娜年
1976.12.19	1976.10.29		较强	厄尔尼诺年
1978.1.8	1977.11.29	9,24	最强	中国大旱年
1978.12.31	1978.12.2	30	最强	中国大旱年
1980.1.20	1979.12.3		强	厄尔尼诺年期间
1980.12.19	1980.11.13		强	
1982.1.8	1981.12.14	25,10	强	强厄尔尼诺年
1982.12.31	1982.11.17	30	最强	强厄尔尼诺年
1984.1.20	1983.12.18		强	拉尼娜年
1986.1.8	1985.11.28		强	最长厄尔尼诺年
1986.12.31	1986.12.1		最强	最长厄尔尼诺年
1987.12.22	1987.11.2		最强	最长厄尔尼诺年
1988.1.20	1987.12.2		较强	最长厄尔尼诺年
1989.12.11	1989.11.14		较强	拉尼娜年
1990.12.31	1990.11.15		较强	导致厄尔尼诺发生
1991.12.22	1991.11.17	21	最强	厄尔尼诺年
1992.1.20	1991.12.16	4	最强	厄尔尼诺年
1993.1.10	1992.12.18		强	厄尔尼诺年
1994.12.31	1994.11.29		最强	厄尔尼诺年
1995.12.22	1995.11.1		最强	拉尼娜年
1996.1.20	1995.12.1		最强	拉尼娜年
1997.1.10	1996.12.2		较强	厄尔尼诺年
1999.12.22	1999.11.15		最强	强拉尼娜年
2000.1.20	1999.12.14	21	最强	强拉尼娜年
2001.1.10	2000.12.16	10	最强	导致2002年厄尔尼诺
2003.12.22	2003.11.29		最强	9—12月全球灾害
2004.1.20	2003.12.29		较强	全球异常气候变化
2005.1.10	2004.12.1		最强	可能导致异常气候或拉尼娜
2006.1.2	2005.12.3		较强	可能导致弱厄尔尼诺
2007.12.22	2007.11.13		强	可能导致弱拉尼娜
2009.1.10	2008.12.15	26	最强	可能导致拉尼娜
2010.1.2	2009.11.18	15,1	最强	可能导致厄尔尼诺

7.5　太空相撞事件

7.5.1　近地天体撞击地球的危害

近地天体(NEO)是对其轨道与地球轨道相交并因此有可能产生撞击危险的小行星、彗星以及大型流星体的总称。因为这种天体的大小以及距离地球很近,若撞击地球将会带来严重灾难并危及全球。目前大约已经发现 800 个这类近地星体。依据最保守的估计,至少还有 200 个近地天体未被发现。

7.5.1.1　小行星撞击地球

在太阳系中,估计有几十万颗绕太阳运行的小行星,这些小行星形态各异,体积和质量都比较小,其直径大多为小于 1 km、1 km 左右和不到 10 km,直径大于 10 km 的则很少。到目前为止,国际小行星中心统一编号的小行星约 9000 颗。太阳系内的小行星相对集中在某些特定区域,我们称之为"小行星带"。火星和木星轨道之间就有一个十分集中的小行星带,绝大多数小行星都分布在该带内。但是,也有少数小行星运行在火星轨道之内或木星轨道之外。更有极少数小行星在地球与火星之间靠近地球一侧的区域,有的甚至跑到地球轨道附近,其中距地球最近的可在几十万到几千万千米之间,这类小行星被称为"近地小行星",现已发现的近地小行星将近 2000 颗。

一般说来,小行星不会受其他行星的影响,其运行轨道是相对稳定的,但有时也有某些特殊的例外。就近地小行星而言,由于它们距地球轨道较近,因而不能排除其撞击地球的可能性。1980 年,美国的阿尔雷瓦斯及英国的怀特豪斯等科学家认为:大约在 6500 万年前,大祸从天而降,一颗直径约 10 km 左右的小行星坠落到现今离尤卡坦半岛不远的墨西哥海湾。该小行星残骸凭借其强大的冲击力撞击地球后,在地面形成了一个直径约 200 km 的大坑,并把数亿吨泥土和岩石变成熔岩状态。大量的熔岩和尘土被抛入空中,熔岩散落的地区引起了大火,尘土形成的云层挡住了阳光。这次小行星撞击事件造成地球上数年不见天日,引起了气候的急剧变化,使地球陷入"撞击冬天",并使已统治地球达 1.5 亿年之久的恐龙及其他一些生物灭绝。

小行星撞击地球是世界上四大突发巨大灾难之一。研究证明,地球历史上的多次生物灭绝事件是由小天体撞击所诱发的。1994 年 7 月 16—22 日,一颗名为苏梅克-列维 9 号的彗星与木星迎头相撞,成为人类史上第一次直接观测到的天体相撞。

据介绍,直径大于 1 km 的小行星,撞击地球的能量相当于几百倍全地球核武库的核弹爆炸的能量。它撞击地球,会诱发地球气候、生态与环境的剧烈灾变,导致地球上许多物种的灭绝。地球在历史上遭受过频繁的小行星撞击,地球表面残存的

100 多个大型撞击坑就是证据。2.5 万年前,一个直径约 50 m、重约 50 万 t、速度达 20 km/s 的铁质小行星撞到现在美国亚利桑那州的一片高原上。其撞击所产生的能量不小于几十颗氢弹爆炸的威力,撞出的半球形大坑直径约 1245 m、平均深度达 180 m。坑中的许多石块都有经受高温熔化的痕迹,溅出的坑穴碎片在 10 km 之外都能见到。科学界普遍认为,一颗直径 10～20 km 的小行星撞击地球导致了恐龙的灭绝——爆炸扬起的尘埃遮天蔽日,几个月完全黑暗使全球气温骤降,大量植物和以植物为食的动物死亡了。碰撞点处石灰石释放的过量二氧化碳又在后来的几百年中造成温室效应,过度的升温灭绝了劫后余生的恐龙。

（1）具潜在威胁的小行星——"阿波菲斯"

"阿波菲斯"小行星自从 2004 年被发现以来,始终是人们最感兴趣的天体之一。美国航天局喷气推进研究所近地天体科学家史蒂夫·切斯利说,最新的计算方法和最近的数据表明,阿波菲斯于 2036 年 4 月 13 日撞击地球的可能性已经从四万五千分之一下降到约一百万分之四。科学家认为,这颗小行星会在 2029 年 4 月 13 日距离地球表面 18300 英里,创造最接近地球的记录。最新数据显示,"阿波菲斯"小行星将于 2068 年再次接近地球,并存在着百万分之三的可能性会撞击地球。科学技术的飞速发展,人类完全有办法避免小天体撞击地球。

（2）小行星撞击地球的防止措施

为了有效地防止小行星撞击地球,全球已经建立了近地小行星观测网,假若能够在一年前发现有可能与地球相撞的小行星,就能够及时采取措施,摧毁它或改变其运行轨道。

鉴于地球有可能遭受小行星、彗星以及其他宇宙天体的撞击,科学家们对此十分警惕,他们时刻注视着天空,力求在这种"天灾"到来之前的几十年甚至更长的时间内预先发出警告,并采取相应的预防和反击措施。1993 年 4 月,在意大利的埃里斯召开了一次国际科学会议,科学家们决定组织力量,用 20 年时间测算出所有直径大于 1 km 的近地小行星的有关运行数据,并编制成表。目前,天体物理学家们已经测定了其中 300 多颗小行星的运行轨道。

为了应对最严重的灾难,之前科学家曾提出了许多理论性的方法来改变撞地小行星的轨道。欧洲宇航局"先进观念小组"设计出了用一排人造卫星或火箭推动小行星偏离撞地轨道的方法。科学家最感兴趣、也最容易的方法,就是派遣一艘太空船和小行星猛烈碰撞,从而改变它的方向。为了应对"阿波菲斯"的威胁,欧洲宇航局曾准备发起"堂吉诃德"计划,派两艘太空船前往阿波菲斯小行星。其中一艘太空船名叫"西达尔戈",它将和这颗小行星高速相撞,而另外一艘名叫"桑科"的太空船则将在附近测量小行星的轨道改变情况。科学家们还提出若干种拦截危险小天体,避免其撞击地球的办法。如向天体发射火箭,利用火箭的推力改变其运行轨道;或用激光将天体的一部分熔化,迫使其改变运行轨道等。

7.5.1.2　彗星撞击地球

在众多的宇宙天体中,有一种被天文学家誉为"宇宙旅行家"的彗星是常来太阳系旅游的。科学家们认为,彗星是 46 亿年前太阳系形成之初,从太阳系中分离出来的剩余碎片,故而古老的彗星喜欢常回"老家"看看。

太阳系外围有大量的彗星,分布在太阳与距离太阳最近的恒星之间约 1/5 的区域内。这些彗星主要分为两大类,一类是"长周期彗星",它们围绕太阳运行一周需数百年、数千年甚至上百万年,4000 年回归一次的"海尔-波普"彗星("H-B"彗星)就属于这一类;另一类是"短周期彗星",它们围绕太阳运行一周一般都在 200 年以下,如著名的"哈雷"彗星每隔 76 年就要光顾太阳系一次。我国在公元前 7 世纪就有了彗星观测的记录,紫金山天文台仅在 1965 年就接连发现了两颗彗星。1981 年 2 月 24日,美国国家航空航天局的一份报告透露,在我们的头顶上,每天都有大约 200 颗大小不一的彗星经过。

彗星旅经太阳系时是由彗核、彗发和彗尾三部分所构成。彗核是冰、岩石块和尘埃的混合物。当彗星接近太阳时,彗核温度升高,放出气体和尘雾,形成彗核四周云雾状明亮的彗发,并在背离太阳的方向形成一条细长笔直的蓝色气尾和一条更细而呈弧状的黄色尘尾。彗尾的长度可达数千万千米,但密度只有大气密度的几千亿分之一。因此,彗星的体积虽庞大,但质量却很小,一般不到地球质量的 10 亿分之一。

地球是一个质量较大的天体,由于万有引力,地球可以吸附从附近经过的彗星。一般来说:彗尾一旦扫进地球大气层后,大多在大气中变为发亮的流星,一闪之间就烧尽了,能掉落在地面的陨星残粒不到 1/100,不会对地球产生什么灾难;但如果较大的彗核一旦被地球所吸引和捕捉,彗核碎块闯入大气层时不能被烧尽,其陨星残体撞击地球后,就有可能给地球带来一定的灾难。

据《简明不列颠百科全书》记载:1908 年 6 月 30 日清晨,在俄罗斯中西伯利亚的通古斯(北纬 60°55′,东经 109°57′)地区发生了一次大爆炸,在冲击波区域内发现了一个直径约 60 m 的陨石残骸,这可能是"恩克"彗星的一个重约 10 万 t 的彗核碎块撞击地球所引起的。这次爆炸的能量相当于 1000 万~2000 万 t TNT 炸药,致使通古斯河谷中 2150 hm² 的松林被夷为平地,由于该地区人烟稀少,故而没有人员伤亡。

1994 年 7 月,一颗彗核直径大约为 10 km、质量大约为 5000 亿 t 的"苏梅克-利维 9 号"彗星("S-L9"彗星)冲向木星,其核被分裂成 22 块碎片,连成长达 100 万 km以上的长列,以每小时 20 万 km 的速度和木星相撞,猛烈的撞击形成了一块比地球还大的黑斑,释放出相当于 40 万亿 t TNT 爆炸产生的能量,瞬间产生的高温接近30000℃。由于木星的质量比地球大得多,它吸附天体残片的成功率也比地球大得多,不过木星的体积虽很大,但却缺乏足够数量的重质元素,其外壳不可能呈坚硬的固体形态,表层可能主要由气体或冻结的蒸汽所组成。因此,当"彗木"相撞的瞬间,木星南半球伤痕累累,其中有 7 个大创面直径超过 1 万 km,最大的一个达数万千米(据北京天文台资料)。

7.5.1.3 太空垃圾危害

空间碎片,专指人类在太空活动中产生的废弃物及其衍生物。

空间碎片的几种来源:

①完成任务后的卫星以及运载火箭末级直接成为空间碎片。

②火箭剩余燃料、卫星高压气瓶中的剩余气体、未用完的电池,都可能因为偶然的因素爆炸,而产生难以计数的空间碎片,至 2003 年人们共发现了 170 余次爆炸,将近一半的碎片因此而来。

③固体火箭燃料中添加了铝粉,燃烧产生的氧化铝向空间喷射,形成太空"沙尘暴"。

④用液态金属、钠钾作为冷凝剂的核动力卫星,卫星失效后冷凝剂向外泄漏的小液滴产生了小碎片。

⑤航天员产生的生活垃圾是名副其实的太空垃圾,和平号空间站的垃圾就直接被抛向太空。

⑥航天员在太空行走时遗弃的扳手、手套、摄像机灯等物品也成为空间碎片。

⑦空间碎片使航天器表面材料退化、剥落,成为新的空间碎片。

开展空间活动时间较长的美、俄两国,所产生的空间碎片约占总数的 45% 和 48%,我国产生的约占 1.2%。

自 1957 年前苏联把全世界的第一颗人造卫星送上天,至今 48 年的时间,人类的空间活动共制造了数以亿计的空间碎片(也叫太空垃圾)。中国空间碎片行动计划首席科学家都亨介绍,一个仅 10 g 重的空间碎片的太空撞击能量,不亚于一辆以每小时 100 km 速度行驶的小汽车所产生的撞击能量。

碎片撞击的相对速度平均为 10 km/s,最高时达 16 km/s。各种尺寸的碎片都会对航天器造成危害,微小碎片累积效应会改变元器件的性能,撞击产生的等离子体会破坏航天器供电系统,如今,数以亿计的微小碎片已经成为影响航天器寿命的重要因素之一。

较大碎片撞击会使航天器破裂、爆炸、结构解体,据中国科学院空间技术与应用中心研究员龚建村介绍,这种撞击在目前的概率极小,一旦撞上将是灾难性的。迄今为止人类通过轨道计算确认了三起严重的太空相撞事件:

1991 年 12 月底,俄罗斯一颗失效卫星"宇宙 1934"撞上了本国另一个卫星"宇宙

926"释放出来的大碎片,前者一分为二,后者零碎到无法跟踪。

1996 年 7 月 24 日,一块美国"阿丽亚娜"火箭的残骸,以 14 km/s 的相对速度撞断了法国一颗正在工作的电子侦察卫星的重力梯度稳定杆,后者翻滚失效。

2005 年 1 月 17 日,在太空中飞行了 31 年的美国"雷神"火箭废弃物和我国 6 年前发射的长征四号火箭残骸,以 5.73 km/s 的相对速度碰撞,长征四号火箭残骸的近地点轨道下降了 14 km,美国的火箭废弃物一分为四。

漫漫历史长河中,48 年不过是人类对太空探索的小小开端。近年来空间碎片的增长速度越来越快,10 cm 以上碎片,平均每年净增 200 个。科学家估计,照这个速度发展下去,100 年后,空间碎片的数量将比现在增加一个数量级,如果不加防治,再过百年,空间碎片将使太空变得无法使用,数百年后航天器将无法在空间生存。

7.6　地磁场与磁暴危害

7.6.1　地磁场及其影响

7.6.1.1　地磁场概述

地球可视为一个磁偶极,其中一极位在地理北极附近,另一极位在地理南极附近。通过这两个磁极的假想直线(磁轴)与地球的自转轴大约成 11.3°的倾斜。地球的磁场向太空伸出数万千米形成地球磁圈(magnetosphere)。地球磁圈对地球而言有屏障太阳风所挟带的带电粒子的作用。地球磁圈在白昼区(向日面)受到带电粒子的力影响而被挤压,在地球黑夜区(背日面)则向外伸出。

地球存在磁场的原因还不为人所知,普遍认为是由地核内液态铁的流动引起的。最具代表性的假说是"发电机理论"。1945 年,物理学家埃尔萨塞根据磁流体发电机的原理,认为当液态的外地核在最初的微弱磁场中运动时,像磁流体发电机一样产生电流,电流的磁场又使原来的弱磁场增强,这样外地核物质与磁场相互作用,使原来的弱磁场不断加强。由于摩擦生热的消耗,磁场增加到一定程度就稳定下来,形成了现在的地磁场。

7.6.1.2　地磁场的影响

(1)地磁场对人类的生产、生活都有重要意义。地磁场图记录了地球表面各点的地磁场的基本数据和它们的变化规律,它是航海、航空、军事以及地质工作不可缺少的工具。人们还可以根据地磁场在地面上分布的特征寻找矿藏。地磁场的变化能影响无线电波的传播。当地磁场受到太阳黑子活动影响而发生强烈扰动时,远距离通信将受到严重影响,甚至中断。假如没有地磁场,从太阳发出的强大的带电粒子流（通常叫太阳风）,就不会受到地磁场的作用发生偏转而直射地球。在这种高能粒子的轰击下,地球的大气成分可能不是现在的样子,生命将无法存在。所以地磁场这顶"保护伞"对我们来说至关重要。

(2)地磁场对生物活动的影响。像海龟、鲸鱼、信鸽、候鸟等众多迁徙动物均能走南闯北,每年可旅行几千千米,中途往往还要经过汪洋大海,但是还能测定精确的位置而不迷失方向,也是由于地磁的帮助。

(3)地球磁极的变换和消失的影响。科学家们通过对海底熔岩的研究发现,地球的磁场曾经发生过多次翻转。研究表明,地球磁场平均每50万年翻转一次。地磁场的两极倒转是一个极其漫长的过程,大约需要5000～7000年才能完成,在此过程中,保护人类免受强烈紫外线辐射的地球磁场将会完全消失,这就将造成极其严重的后果。对于人类和所有生物来说,地磁变换是灾难性的。地磁消失后,宇宙中的各种射线都会直达地表,地球上生活的生物将失去"保护伞",受到强烈辐射的伤害。来自太阳的紫外线辐射会伤害地球上的生命,降低农作物产量,增加癌症发病率,导致皮肤癌和白内障。鸟类（主要是候鸟）、鱼类（主要是回游鱼）和其他迁徙动物将因此迷失方向。还有科学家认为,地磁场改变导致染色体畸变,会使动植物发生变异生长,还会使一些被压制的地壳运动提前。

7.6.2　磁暴及其影响

7.6.2.1　磁暴概述

磁暴,即当太阳表面活动旺盛,特别是在太阳黑子极大期时,太阳表面的闪焰爆发次数也会增加,闪焰爆发时会辐射出X射线、紫外线、可见光及高能量的质子和电子束,其中的带电粒子（质子、电子）形成的电流冲击地球磁场,引发短波通信所称的磁暴。此现象发生突然,在1 h或更短时间内磁场经历显著变化,然后可能要历时几天才回到正常状态。

磁暴是常见现象。不发生磁暴的月份是很少的,当太阳活动增强时,可能一个月发生数次。有时一次磁暴发生27天（一个太阳自转周期）后,又有磁暴发生。这类磁暴称为重现性磁暴。重现次数一般为一、二次。

7.6.2.2　磁暴的影响

发生磁暴时,地球上会发生许多奇异的现象。在漆黑的北极上空会出现美丽的极光。指南针会摇摆不定,无线电短波广播突然中断,依靠地磁场"导航"的鸽子也会迷失方向,四处乱飞。地磁场能阻挡宇宙射线和来自太阳的高能带电粒子,是生物体免遭危害的天然保护伞。所以这个"超巨"的地磁场,对地球形成了一个"保护盾",减少了来自太空的宇宙射线的侵袭,地球上生物才得以生存滋长。如果没有了这个保护盾,外来的宇宙射线,会将最初出现在地球上的生命幼苗全部杀死,根本无法在地球上滋生。也可能使高压电线产生瞬间超高压,造成电力中断,也会对航空器造成伤害。人处在磁暴中易出现血压突变、头疼、心血管功能紊乱反应等,尤其是孩子对电磁场的不良影响最为敏感。任何磁场都具有对人的生命系统组织起到破坏作用的频率和振幅渠道,影响到对诸如细胞的遗传器官、蛋白合成、能量传递与利用、细胞膜以及其他一些跟衰老起到关键作用的系统,从而加速人的衰老。

7.6.2.3　磁暴的预防

既然电磁场的影响无法避免,那能不能哪怕稍稍减少呢? 首先是尽量少在产生电磁场的电器旁工作,或者把这些电器摆在稍远一些的地方。其次是加强运动,努力激活体内的细胞,保持其旺盛的生命力,也就是说,最大限度地提高它们对病毒、细菌和辐射的抵抗力。

7.7　空间灾害的减轻行动

随着科学技术的发展,空间灾害对人类活动的影响越来越大。空间探测风起云涌,已经不限于少数国家。2001 年 7 月 9 日,中国航天局与欧空局正式签署了以探测地球空间暴(包括磁层亚暴、磁暴、磁层粒子暴、电离层暴和热层暴)为目标的“双星计划”。地球空间存在的“地球空间暴”是威胁航天员安全的主要原因,世界上有实力的空间强国都在致力于研究空间暴。“双星计划”耗资 4 亿元,是首次以我国为主的国际空间合作计划。通过该计划的实施,可以研究空间环境,更加精确地对这些空间灾害性天气进行预报,对于研究地球空间暴的形成和演化过程具有重要意义。双星计划的两颗卫星,一颗绕南极和北极上空运行,另一颗则绕赤道运行。这两个区域正是磁层空间暴的发生区,这是国内外任何卫星都没有工作过的危险区域。

探测 1 号卫星(TC-1),即“赤道卫星”已于 2003 年 12 月 30 日升空,探测 2 号卫星(TC-2),即“极区卫星”于 2004 年 7 月 25 日升空。这两颗卫星将与欧洲空间局的团星 2 号的 4 颗卫星紧密配合,在从太阳到地球的空间中形成纵深分布。此外,“双星”是我国发射的距离地球最远的卫星,其中探测 1 号远地点高度比地球同步轨道高了 1 倍多,是目前世界上少有的高轨道卫星。两颗卫星运行于目前国际上地球空间探测卫星尚未覆盖的近地磁层活动区。双星计划与欧空局的“星簇计划(Cluster)”相配合,构成人类历史上第一次使用相同或相似的探测器对地球空间进行“六点”探测,研究地球磁层整体变化规律和爆发事件的机理。

国家重大科技基础设施项目——东半球空间环境地基综合监测子午链(简称子

午工程)沿东经 120°子午线附近,利用北起漠河,经北京、武汉,南至海南并延伸到南极中山站,以及东起上海,经武汉、成都,西至拉萨的沿北纬 30°纬度线附近现有的 15个监测台站,建成一个以链为主、链网结合的,运用地磁(电)、无线电、光学和探空火箭等多种手段,连续监测地球表面 20～30 km 以上到几百千米的中高层大气、电离层和磁层,以及十几个地球半径以外的行星际空间环境中的地磁场、电场、中高层大气的风场、密度、温度和成分,电离层、磁层和行星际空间中的有关参数,联合运作的大型空间环境地基监测系统(图 7-1)。

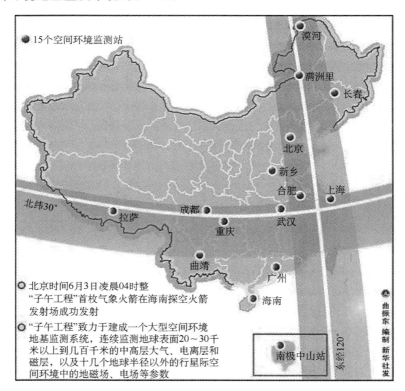

图 7-1　我国"子午工程"示意图(来源:新华社)

延伸阅读

美国列举的可能毁灭地球十大太空灾难

　　据美国《探索》杂志报道,宇宙正在试图杀死人类! 美国宇航员菲尔·普莱特(Phil Plait)在撰写的《来自太空的死亡》书中列举了可能毁灭地球的十种灾难。在未来数百万年里,宇宙尘埃可能会对地球产生显著影响;太阳可能碰撞在银河系最近的旋臂结构;也许不久的将来地球很可能与小行星发生碰撞等。

(1)小行星碰撞

损害程度:较小的小行星碰撞可能造成地球区域性灾难,较大的小行星碰撞可能造成全球性灾难。

形成致命灾难的概率:七十万分之一。

是否可以预防避免:几乎可以百分之百地预防,探测潜在的小行星碰撞可能性,然后将小行星炸碎或推离其运行轨道。

(2)太阳耀斑

损害程度:电力系统中断,可能造成臭氧层减少。

形成致命灾难的概率:零。

是否可以预防避免:不可预防性,但可以对损坏的电力系统进行维修恢复。

(3)超新星爆炸

损害程度:臭氧层损耗,向地球大气层辐射放射线。

形成致命灾难的概率:一千万分之一。

是否可以预防避免:不可预防性。

(4)伽马射线爆

损害程度:臭氧层损耗,向地球大气层辐射放射线,地球表面出现不同程度的火灾。

形成致命灾难的概率:一千四百万分之一。

是否可以预防避免:不可预防性。

(5)黑洞

损害程度:毁灭地球。

形成致命灾难的概率:一万亿分之一。

是否可以预防避免:不可预防性。

(6)外星人攻击

损害程度:外星人将对地球人类发起攻击,外星生物的入侵将改变人类的生活。

形成致命灾难的概率:未知。

是否可以预防避免:可预防,首先假设人类将移居至其他星球,否则人类将无法避免这场灾难。

(7)太阳灭亡

损害程度:地球将变得非常炽热,可烤熟土豆片。

形成致命灾难的概率:零以上。

是否可以预防避免:不可预防性,但是这种可能性要等待很长时间。

(8)银河系厄运

损害程度:地球将被冰冻,或者处于放射线辐射威胁下,或者被特大质量黑洞所吞噬。

形成致命灾难的概率:零以上。

是否可以预防避免:不可预防性,但是很可能在人类时代不会发生。

(9)宇宙灭亡

损害程度:所有宇宙物质开始衰退,伪真空崩溃。

形成致命灾难的概率:零以上。

是否可以预防避免:不可预防性。

(10)难以避免的太阳系灾难性事件,可能导致较大范围的毁坏

太阳系内灾难性事件至少要数十亿年才能发生,因此,在地球人类生存的时代发生概率几乎为零,但是随着时间的推移,太阳系难免在长时间内会发生灾难性事件。

思 考 题

1. 天文灾害的特点是什么?
2. 试述天文灾害对地球的影响?
3. 简述"双星计划"的目标和意义?
4. 简述子午工程的目标和意义?

第 8 章　　生物灾害

8.1　生物灾害概述

8.1.1　什么是生物灾害

　　说起自然灾害,人们都会想到水灾、旱灾、地震、海啸这些气象或地质方面的灾害,而一些动植物活动给人类带来的危害,尤其是人类的重大疫情却很少有人将它们与自然灾害联系起来。其实,从广义上讲,由于各种生物活动(包括动物、植物和微生物活动)对人类生命和生存环境引发的重大伤亡和破坏也属于自然灾害,当然,从狭义上来说,可称为生物灾害。生物灾害定义为:少数生物偶然抢占生态位,导致原有生物种群之间的共生、竞争、协同等平衡关系遭到破坏,超出了生态系统自身恢复能力,从而对人类、财产、环境等产生了损害。

　　在人类诞生之前地球上已经有无数种动植物和微生物生存,它们有自己的生活和繁衍方式,人类的诞生与发展离不开这些生物,它们为人类提供生存所必需的各种物质,而人类的生活也为它们提供各种生长繁殖的条件。各种生物在自然界中构成了相互依存的生物圈。在这个生物大世界中,地球上存在的任何一个物种,都是维持生态平衡的基础。一旦某种生物链遭到破坏,就会对其他生物的生命和生存环境产生重大的影响。这种情况发生在人类身上,则可能引发灾难。人类发展史上无数次瘟疫的流行,使得人口锐减,社会经济发展受挫,就是这一灾害的结果。

　　世界上的许多生物都是相互联系、相互制约、相互依存的,从而构成一个不可分割的统一体,科学家们称之为"生态系统"。把生态系统里的这种相对稳定的平衡阶段,叫做"生态平衡"。一旦失去了平衡,就会酿成自然灾害。

8.1.2　生物灾害的形成因素

　　造成生物灾害的原因有自然因素和人为因素。

　　自然因素有其他灾害造成的生态系统抗逆性降低,导致有害生物快速增殖泛滥成灾,如洪灾后的疫病流行等。还有就是气候异常导致有害生物危害生态系统,例如全球气候变暖,越冬害虫基数大,导致农业害虫灾害频发,并使南方害虫北移,扩大危害范围。

人为因素主要是人为传播,造成生物灾害危害范围扩大,如疫情随着人类的活动而传播。其次是人类造成的环境污染、过度开采资源、使用高毒广谱药剂等,导致生态系统破坏,产生生物灾害。再次就是转基因作物的基因污染和生物武器的使用。

8.1.3　生物灾害的特点

生物灾害属于自然灾害,除了具有一般自然灾害的共同点外,还具有周期性、突发性、扩散性、可控制性等特点。

突发性　许多有害生物生命周期短,繁殖率高,可以在很短的时间内形成数量巨大的群体造成危害,呈暴发态势。

隐蔽性　许多有害生物形态多变,监测治理难度大。害虫虫态一般要经过卵、幼虫、蛹和成虫等不同虫态;病原微生物个体小,隐蔽发生。还有许多有害生物隐藏在受害体内、水中、大气里或地下,不易被发现,治理非常困难。

扩散性　绝大多数有害生物可以随气流、水流、动物迁徙、人为活动和本身的迁飞等迁移到另外一个地方,在新的地域定居下来后,对生态系统造成危害。有些危险性有害生物侵入到新的地域后,迅速繁殖,排挤本土生物,造成生态灾难。

区域性　有害生物的种类分布具有明显的区域性,再加上有害生物生活与危害行为与自然因子密切相关,有害生物的生命周期与灾害发生的周期、危害程度就具有强烈的区域性。

社会性　从灾害源来看,生物灾害是相对的,是生态系统失衡造成的。由于人类对资源过度开发利用,打破了生态系统原有的有序状态,造成生态系统抗逆能力下降,当有利于某种生物滋生的生态因子存在时(如气候变暖、营造纯林、广谱农药的使用等),该生物就可能泛滥危及生态安全而形成灾害;由于环境污染、火灾、水灾、冰冻等自然灾害,造成生态系统内主体生物衰弱,使少数抗性较强的生物抢占生态位,造成生物灾害发生;由于人类频繁远距离活动,打破了地理区域限制,使一些外来生物随着人类活动而入侵,危害生态健康。

生物灾害不仅造成巨大的经济损失,对生态造成极大的危害,还危及人类健康。如禽流感、艾滋病、肾综合征出血热、SARS、埃博拉等恶性传染病,严重威胁人类健康,危及社会公共卫生安全。

时间性　有害生物也是生态系统中的一份子,生态系统的演变依赖于自然条件,生物灾害的发生在很大程度上与自然条件密切相关,在其发生发展上,表现出很强的时间性。

可监测预测、可控制性　有害生物具有一定的生物学和生态学特性,都有一定的发生发展规律,通过长期监测和研究其生物学和生态学特性,可以建立预测模型,进行灾害预测。根据有害生物的生态学和生物学特性,可以对产生危害的有害生物进行人为干扰,将生物灾害损失降低到经济阈值范围内。有害生物一般都有天敌,可以利用天敌实行生物防治,或者通过生态措施,改善生态环境,创造有利于天敌而不利于有害生物的生存环境,实现可持续治理。

治理的艰巨性　生物灾害源种类繁多,包括细菌、真菌、病毒等病原微生物和害虫、害草、害鼠等。生物灾害受灾体种类多,面积广大,涉及整个全球生态系统,再加上有害生物形态多变,隐蔽发生,治理范围广,难度大。

由于其灾害源、受灾体大不相同,不同的生物灾害有其各自不同的独特特点。

8.1.4　生物灾害的预警等级

(1)1 级预警:预计单项灾害发生面积 5000 万亩以上或严重发生面积达到危害作物种植面积 50% 以上,控制难度较大的,可能造成巨大危害的生物灾害;或特别重大的检疫性有害生物新传入,对农业生产构成巨大威胁的生物灾害。

(2)2 级预警:预计单项灾害发生面积 3000 万亩以上或严重发生面积达到危害作物种植面积 30% 以上,可能造成严重危害;或特别重大的检疫性有害生物新传入,对农业生产构成严重威胁的生物灾害。

(3)3 级预警:预计单项灾害发生面积在 1000 万亩以上或严重发生面积达到危害作物种植面积 20% 以上,可能造成较大经济损失;或重大的检疫性有害生物新传入,对农业生产构成较大威胁的生物灾害。

(4)4 级预警:预计单项灾害发生面积在 500 万亩以上或严重发生面积达到危害作物种植面积 10% 以上,可能造成一定经济损失;或检疫性有害生物新传入,对农业生产构成一定威胁的生物灾害。

8.1.5　生物灾害的防治措施

生物灾害给人们的警示是很深刻的,我们人类究竟应该如何对待其他生物物种,善待自然? 我们人类社会究竟如何实现可持续发展? 肯定地说,过去那种人类至高无上、随意支配其他生物命运的做法是会遭到报应的。人类的生活与发展要遵循大自然的规律,建立和谐的社会,不仅是人与人之间的关系,还包括人类与各种生物、与自然环境之间和谐的关系。

我们应该科学地开发资源、使用资源,在符合客观规律的基础上,对各种自然资源进行改造,以改进我们的生活。在生产生活中及时进行监测,预防生物灾害的发生;在正常时期建立完善的自然灾害处理机制,以便在其发生以后快速高效地解决问题;积极进行结合实践的理论研究,以预见和防止因为生产生活中的不当行为而造成的生物灾害。

8.2　生物灾害类型

8.2.1　动物灾害

动物都有适应自己的生存环境和天敌,从而保持生态平衡,一旦破坏了这种生态平衡,就会出现灾害。动物灾害原因主要有以下几个方面。

(1)自然因素引起的动物灾害。如气候变化、环境变化使动物的数量、习性发生改变。如干旱使蝗灾暴发,造成农作物颗粒无收。气候环境变化发生森林病虫害,使成千上万亩林木毁灭,其损失远远大于森林火灭。

(2)动物本身引起的动物灾害。有些动物繁殖力过强或过弱、数量过多或过少,造成生态失衡。如老鼠繁殖力过强,缺少天敌,猖獗肆虐,不仅吞噬粮食,而且传染多种疾病,毁坏各种设施。如干旱使蝗灾暴发,造成农作物颗粒无收。滥用农药,使鼠类的天敌遭到杀伤,结果老鼠成灾,导致人鼠大战。此外,还有虫灾、兔灾、蜂灾等。全世界危害庄稼的害虫有 6000 多种,它们每年造成的农业灾害相当严重,大灾发生可能会造成上百万人因饥荒而死亡。

(3)人为因素引起的动物灾害。动物灾害更多的原因是人类对环境的破坏,如森林的乱砍滥伐、草原的开垦、围湖造田、对动物的乱捕乱杀等,加速了物种的绝灭,破坏了生物的多样性,其天敌大量繁殖成灾。如我国在 20 世纪 50 年代曾发动一次"除四害"运动,其中将麻雀列为害鸟进行剿灭,这对随后发生的一些虫害起到了推波助澜的作用。如环境破坏了,毁坏了动物的生活环境,破坏了动物的食物链,加速了物种的绝灭,破坏了生物的多样性;又如过量使用化学农药,造成水域、空气和土壤的污染,生态平衡遭到破坏,并且引起物种变异及抗药性而造成动物灾害。

(4)特别要指出的是,由于人们盲目引进物种,造成外来物种侵入,引发动物异地泛滥。澳大利亚原本没有兔子,100 多年前,好事之人将 24 只欧洲穴兔带到缺乏天敌的澳大利亚,导致过度繁殖形成灾害。

8.2.2　植物灾害

每种植物都有自身生长的地域和环境,它们的繁殖或它们所具有的毒性都是适应自然或自我保护而形成的。它们受着自然条件的约束和限制。当人们无意或有意将某种植物引入另一种环境,它们就可能像打开潘多拉盒子的魔怪,失去约束,失去天敌,肆意妄为,在异地形成灾害。

我国已发现有 400 多种外来植物形成大小不一的灾害。如豚草、葛藤、假高粱、加拿大一枝黄花、大米草、水葫芦等泛滥成灾,成为祸害农作物及其他林木的恶性草本植物,这些植物生命力强、繁殖迅猛,有的还有毒性,它们抢夺其他农作物的养分,致其死亡。在热带和亚热带一些地区,每年由于恶性杂草成灾引起的农作物产量减少达 50% 之多。还有些植物虽不泛滥生长,但其毒性极强,让许多人及食草动物误食而命丧黄泉,比如毒蘑菇。更有一些奇怪的植物,从它们身上提取的致瘾性物质被上亿人吸食受毒害而难以解脱,烟草、古柯、大麻、罂粟即是这类植物,不过它们原本是很有益的植物,制成毒品纯粹是人类自己祸害自己。

8.2.3　微生物灾害

微生物灾害可谓是最直接、又最为恐怖的灾害了。这些最为细小最为原始的病原微生物能以各种不同方式传播疾病,引起人或其他动物死亡。粗略统计,约有 1000 多种细菌、病毒、立克次体、螺旋体、寄生虫等病原体在威胁着人类的生命。它们所引起传染病的每一次暴发和流行,都给人类带来一场灾难。14 世纪欧亚两洲的鼠疫暴发,18 世纪欧洲的天花、结核病肆虐,1918 年全球流感大流行,死亡人数都在数百万甚至上千万,超过了任何一场其他自然灾害。

从人类诞生之时起人们就开始与各种疾病作斗争,人们运用各种药物或其他手段杀灭病原体,阻断传染病的传播。然而"道高一尺,魔高一丈",各种病原体也在不停地变换嘴脸,在适应了旧有的药物之后,以更加凶恶的面目卷土重来。几乎每年暴发的流感便是如此。这种病毒使得人们生产的新疫苗总是落后于它的变异。另外,一些新的病原体又不断地给人们带来从未见过的传染病。2003 年令全世界震惊的"非典"疫情曾给中国人带来极大的恐惧,人们至今还未完全解开这一可怕瘟疫的谜团。如今原有的 200 多种传染病虽然人们大多已能控制和治疗,可它们在一些局部地区还不时暴发,如霍乱、结核病、登革热、疟疾等还在引起一次次生命的浩劫。还有一些疾病,人们至今还没有有效的治疗办法,如艾滋病、埃博拉病等。

除了对人的直接伤害外,一些病原还会对畜禽及其他动物造成疾病和死亡,间接地给人类造成灾害。令人恐惧的疯牛病、口蹄疫、禽流感、猪瘟、狂犬病等流行起来,致死率极高,造成的损失十分巨大。其中一些畜禽疾病还能感染给人,置人于死地。禽流感病毒中 H5N1 型及其亚型变种就是目前全世界都紧急防范的最危险的病毒。一些科学家预测,这种病毒一旦在人群中传播流行,很有可能造成如同 1918 年全球西班牙流感的灾难性后果。

在人类所遇到的各种灾难中,瘟疫是最大的灾难,它严重干扰着人类的历史进程。威廉·麦克尼尔的《瘟疫与人类》对此进行了描述。在历史的长河中,天花、鼠疫、霍乱、伤寒和疟疾都曾经长期肆虐。在瘟疫面前,人们往往束手无策,而且瘟疫的流行时间之长,几乎令人难以置信,有时可达两三个世纪之久。因此,瘟疫带来的人口死亡令人触目惊心。在欧洲历史上,最严重的瘟疫是天花和鼠疫。在 1348—1351 年,黑死病(鼠疫)使欧洲几千万人丧生。在 17、18 世纪,欧洲死于天花的人口超过 1 亿人。在新旧大陆接触过程中,美洲土著印第安人的大部分都成为了白人携带的天花、伤寒、痢疾、梅毒等多种病菌的牺牲品,土著人口锐减导致了阿兹台克帝国和印加帝国迅速瓦解,为欧洲的殖民扩张扫清了道路。澳洲土著在白人到达后也几近灭绝。离现在最近的一次世界范围内的瘟疫是 1918 年的流感,它使全球至少两千多万人丧生。2003 年春夏肆虐的 SARS 与历史上的瘟疫根本不能等量齐观。尽管它在很短的时间内得到了控制,但是我们对人类在未来能够战胜病毒切不可盲目乐观。近年来新出现的病毒,如艾滋病毒、埃博拉病毒、尼帕病毒和 SARS 病毒倒是提醒我们,大肆破坏森林沼泽,侵入动物栖息领地,滥捕滥食野生动物,对人类来说是引火烧身,人类保护自己的最好方法之一就是尊重自然,不要恣意破坏自然的生物屏障。

8.2.4　案例

8.2.4.1　天花

(1)天花及其特征

天花是天花病毒引起的烈性传染病,以其急速而猛烈的传染性和死亡率高而危害人类。天花病毒体外生命力较强,故很容易通过污染的衣物、食品、玩具、尘埃等传播。病毒经呼吸道黏膜侵入人体,进入血液后形成病毒血症状,以后播散至全身各脏器、组织,主要表现为严重的全身中毒症状和皮肤出现的斑疹、丘疹、疱疹、脓疹等皮疹。感染了天花病毒经 10~14 天潜伏期后发病,常遗留瘢痕。患过天花如存活者可获终身免疫。人类既承受病毒肆虐带来的灾难,也在斗争中发明了免疫技术。1960 年以后,天花在我国停止传播。1980 年世界卫生组织宣布,天花已在全世界彻底消灭。

(2)天花蔓延及危害

天花最早流行于人类社会,距今至少有 3000 年以上的历史,这一点已被考古学家所证实。他们从公元前 1157 年去世的古埃及法老拉美西斯五世木乃伊的脸部、脖子和肩膀上,都找到了患过天花所造成的外形丑陋、皮疹发作过的印迹。经考古学家和古代病理学家研究,认为这就是人类历史上迄今所找到的最早的一个天花病例。他们据此推断,可能早在公元前 1161 年的时候,天花就开始袭击埃及了。公元前 430 年雅典的那一场由埃及传入的瘟疫,有人猜测就是天花。美国医学史专家霍华德·迈克尔认为:"公元前的古代世界大约 60% 的人口受到了天花的威胁,1/4 的感染者会死亡,大多数幸存者会失明或留下疤痕。"

大约公元前 1000 年,从事贸易的人把天花从埃及带入印度;后来不少研究者根据葛洪在《肘后备急方》中记载的"以建武中于南阳击虏所得,乃呼虏疮"这句话,推断天花大约是在公元 1 世纪传入中国。就在天花传入古老的中国不久,曾经不可一世的古罗马帝国在 2 世纪和 3 世纪相传就是因为天花的肆虐,无法加以遏制,以致国威日蹙;到了 4 世纪,中国感染天花的迹象增多;尔后的 6 世纪,天花由中国经朝鲜到达了日本;11 世纪和 12 世纪,东征后回国的十字军骑士们使天花在欧洲传播,以致令后来的中世纪欧洲呈天花蔓延之势,当时天花几乎造成 10% 的居民死亡;而最迟在 1519 年,天花随西班牙人越过大西洋进入"新世界"——美洲大陆,及至 16 世纪末,美洲生存下来的人口估计刚刚超过 100 万;16—18 世纪,每年死于天花的人数,欧洲约为 50 万人,亚洲约为 80 万人,而整个 18 世纪欧洲人死于天花的总数,则约在 1.5 亿人以上;18 世纪,天花到达世界上最后一个尚未被它蹂躏的澳大利亚,杀死了 50% 的土著人;19—20 世纪,天花依然猖獗,这种状况一直持续到 20 世纪下半叶。

人痘接种术成为 18 世纪中叶美国人夺取战争胜利的有利保证。有资料统计,战争中死于枪弹的人数远远低于死于疾病的人数,而天花是美国军队中发病率最高、死亡人数最多的一种疾病。1776 年,美国人亚当斯在费城发出绝望地感叹:"天花呀天花,我们能对你做些什么呢? 我只祈求在新英格兰的每个城市里都开办种痘医院(指种人痘的医院)。"同年,沙利文将军在给华盛顿总统的一份报告中说:"我们无法执行任务,因为某些军团内,士兵全部患天花病倒了。"从这些事件中可以看出,直到 18 世纪,天花肆虐仍使人恐怖,人痘接种术成为这一时期人们对抗天花的主要手段。

(3)天花防治之一——英国詹纳的牛痘法

詹纳是 18 世纪英国的一位乡村医生,面对天花流行造成的严重恶果,他一直思考着对抗办法。人痘术在当时是领先的技术发明,受到了各国的重视,先后流传到俄国、朝鲜、日本等国,又经过俄国转道传到土耳其及欧洲、非洲等国。18 世纪,当时英国驻土耳其君士坦丁堡公使夫人蒙塔古,她在土耳其了解到经由俄国传来的中国种痘术,便把这种技术介绍给英国。从此,中国人发明的人痘接种术在英国流传开来,并有一定改进。英国医生詹纳听说挤牛奶的女工一旦出过牛痘后,再遇到天花流行也不必害怕。这个奇特现象使他大受启发。从 1788—1796 年里,詹纳致力于种牛痘的观察和试验。1796 年 5 月 14 日,他从一位挤牛奶女工手背上的牛痘里,吸取少量脓汁,接种在一名儿童身上。2 个月后,他又给这名儿童接种天花病毒,结果该儿童并没有出现天花的症状。这次成功使詹纳增强了接种牛痘的决心。1798 年,他发表了著名论文《关于牛痘的原因及其结果的研究》,牛痘接种法正式诞生。在詹纳以前,曾有人试种过牛痘,但没能做出科学的试验。1799 年,詹纳对接种牛痘防止天花的问题作了一次全国性的调查,结果更证实了他的理论。詹纳将毕生大部分心血投入到种牛痘的研究中,英国议会为奖励他的贡献,出资 2 万英镑支持他的研究。詹纳去世后,英国伦敦为他立下塑像,使人们永远记住这位伟大而平凡的医生。

自从 1798 年詹纳发明了给人种牛痘预防天花以来,人类经过近 200 年坚持不懈的疫苗接种,但到目前为止,仍无特效的方法治疗天花,接种天花疫苗(种痘)是预防和控制天花肆虐的简便易行的有效措施。

1805 年,在澳门的葡萄牙人赫微特将牛痘接种法介绍到中国,东印度公司的船医皮尔逊也向中国介绍了牛痘接种法。因为当时在中国种牛痘常常免费,而且牛痘法比人痘法更安全,因此,越来越多的中国人接受了牛痘。牛痘替代了人痘。

20 世纪 70 年代末,人类在地球上彻底控制了天花。1980 年世界卫生组织(WHO)宣布了这一结果,并在全世界停止了普遍种痘。停止种痘 20 多年来,世界上没有发现一例天花病人。

我国从晋代起便有了关于天花的记载,并开始探索防治方法。16 世纪中叶,中国、格鲁吉亚分别独立发明了人痘接种术,开辟了人工免疫的崭新途径,人痘术很快传遍世界。18 世纪末,英国的詹纳在中国、格鲁吉亚人痘术的基础上发明牛痘术;19 世纪初牛痘术又传回中国。20 世纪 70 年代,长期肆虐全世界的天花终被人类彻底消灭。

(4)天花防治之二——中国的人痘法

天花在中国流行,最早可以追溯到公元 1 世纪。战争中,天花由俘虏从印度经越南带到中国,所以天花在中国古代也称"掳疮"。晋代葛洪在其著作《肘后备急方》中,第一次描述了天花的症状和流行情况,以后中国各代典籍中都有天花流行的记载。从历史看,唐宋以后,天花在中国流行逐渐增多,明代以后流行范围更广。清代顺治皇帝感染天花而死,康熙皇帝为避免感染天花,不敢与其父相见。

面对天花的严重威胁,中国人很早就开始探索防治天花的办法。

唐代孙思邈根据以毒攻毒原则,提取出天花患者疮中脓汁傅于皮肤的办法预防天花。传说到宋代宋真宗时期,宰相王旦一连生了几个儿女,都因天花而夭折。王旦老年又得一子,取名王素,为使王素逃脱天花侵袭,遂请四川峨眉山民间医生为其子王素种痘。种痘后第 7 天,王素全身发热,12 天后痘已结痂。其实,人痘接种法在唐代已趋向成熟,四川、河南一带已施行种痘,但主要在民间秘传,应用不广泛。明代以后,人痘接种法盛行起来。从宋代到元代、明代,有关种痘的专书大量出现,其数量之多,在中医著作中,除伤寒著作外,没有与之能相比者。清代,人痘法的推广,还得益于康熙皇帝的提倡。他首倡在皇族内接种人痘,然后推广到外边四十九旗。康熙皇帝一旨命令,使人痘接种术得到更大范围的推广。1742 年,在清政府命人编写的大型医学丛书《医宗金鉴·幼科种痘心法要旨》中介绍了 4 种种痘方法,其中,以水苗法最佳,旱苗法其次,痘浆法危险性最大。

中国的人痘接种术为阻止天花在中国的传播起到一定预防作用,对此法国哲学家伏尔泰曾给予高度评价。他在《哲学通信》中写到:"我听说一百年来,中国人一直就有这种习惯(指种人痘)。这是被认为全世界最聪明、最讲礼貌的一个民族的伟大先例和榜样。"人痘接种术的预防效果,不仅使中国人受益,而且引起其他国家的注意与仿效。1688 年,俄罗斯首先派人到中国学痘医,这是文献记载的最先派学生到中国学习种痘的国家。1744 年,中国医生李仁山到达日本长崎,将中国的人痘接种术首次带到日本。1763 年,在朝鲜人李慕庵的信札中记载了中国的人痘接种术。1790年,朝鲜派使者朴斋家、朴凌洋到中国京城,回国时带走大型医学丛书《御纂医宗金鉴》,书中《幼科种痘心法要旨》介绍了种人痘的方法和注意事项。后来,朴斋家指派一乡吏按照书中的方法试种人痘,获得成功。

丝绸之路是中国沟通世界的交通要道,中国医学很早就传到阿拉伯地区。人痘接种法就是先传到阿拉伯,后又传到土耳其的。1721 年,英国驻土耳其公使夫人蒙塔古在君士坦丁堡学种人痘,并将这种方法带回英国,以后人痘接种法又从英国传到欧洲大陆,甚至越过大西洋传到美洲。18 世纪后半期,人痘接种法在上述地区已普遍施行,甚至还出现了专门以种人痘为职业的医生(当时种人痘者不一定都是医生)。

在人类征服天花的历程中,中国发明的人痘接种法和詹纳发明的牛痘接种法,都为消灭天花发挥了作用。特别是广泛接种牛痘以后,天花发病率明显降低。20 世纪70 年代后,天花在中国停止传播,80 年代,天花在全世界被消灭。这是迄今为止人类消灭的唯一的一种传染病。

8.2.4.2　流行性感冒

(1)概述

流行性感冒(influenza,简称流感)是流感病毒引起的急性呼吸道感染,也是一种传染性强、传播速度快的疾病。流感一旦传播,危害极其严重,如 1917—1919 年,欧洲爆发西班牙流感(病毒类型 H1N1)疫症,导致 2000 万人死亡(第一次世界大战的死亡人数只是 850 万人),是历史上最严重的流感疫症。1968—1969 年,流感从香港开始,全球的死亡人数达 70 万人,其中美国就占 3 万多人。

传染源:流感患者及隐性感染者为主要传染源。发病后 1～7 天有传染性,病初2～3 天传染性最强。猪、牛、马等动物可能传播流感。

传播途径:以空气飞沫传播为主,流感病毒在空气中大约存活 0.5 h 并污染日用品。

易感人群:普遍易感,病后有一定的免疫力。三型流感之间,甲型流感不同亚型,之间无交叉免疫,可反复发病。

典型的临床症状:起病急骤,畏寒、发热,体温在数小时至 24 h 内升达高峰,39～40℃甚至更高。伴头痛,全身酸痛,乏力,食欲减退。呼吸道症状较轻,咽干喉痛,干咳,可有腹泻;颜面潮红;眼结膜外眦充血,咽部充血,软腭上有滤泡等症状。

流行季节:四季均可发生,以冬春季为主。南方在夏秋季也可见到流感流行。

(2)治疗与预防

①发烧时如何应对

流感的其中一个病状就是发烧,体温有时可高达 39～40℃。此时许多人会服用退烧药,或使用酒精擦身,或冰敷退热。其实,在 39～40℃高温下,流感病毒的繁殖受到抑制,可以说发烧是人体免疫系统正准备打仗的信号,若强行压抑,只会削弱自身的抵抗力,帮助病毒繁殖。也有人提议少穿衣服散热,其实不论是风热还是风寒感冒患者,都有畏冷表现,即使有高热在身也如是。所以,应当做的是,穿足够衣服保暖,不随便吃退烧药(尤其是自行服成药),否则反而误事。

②预防原理

预防流感的几种常用小措施:

——室内经常开窗通风,保持空气新鲜。

——少去人群密集的公共场所,避免感染流感病毒。

——加强户外体育锻炼,提高身体抗病能力。

——秋冬气候多变,注意加减衣服。

——多饮开水,多吃清淡食物。

——注射流感疫苗。

——洗鼻法可帮助人体在出现诱发因素的情况下将流感病毒清除出鼻腔,从而极大地降低感染几率。

——冬季热水泡脚,在泡的时候最好再对脚部加以按摩,就更加能够促进血液循环,预防感冒。

——护好口鼻,戴上口罩能够有效地保护自己不被病毒侵袭,利人利己。

——盐水漱口,既可以在每天回家之后,用淡盐水来漱口,用以清除口腔里的大量病菌,又是非常有效地预防方法。

8.2.4.3　血吸虫

(1)概述

血吸虫也称裂体吸虫。寄生在宿主静脉中的扁形动物。寄生于人体的血吸虫种类较多,主要有三种,即日本血吸虫、曼氏血吸虫和埃及血吸虫。此外,在某些局部地区尚有间插血吸虫、湄公血吸虫和马来血吸虫寄生在人体的病例报告。

分布:全球 76 个国家和地区有血吸虫病流行。其中,日本血吸虫主要见于中国大陆、日本、中国台湾、东印度群岛和菲律宾。

传染源:日本血吸虫病是人兽共患寄生虫病,其终宿主除人以外,有多种家畜和野生动物。在我国,自然感染日本血吸虫的家畜有牛、犬、猪等 9 种;野生动物有褐家鼠、野兔、野猪等 31 种。由于储蓄宿主种类繁多、分布广泛,使得防治工作难度加大,在流行病学上病人和病牛是重要的传染源。

传播途径:在传播途径的各个环节中,含有血吸虫虫卵的粪便污染水源、钉螺的存在以及群众接触疫水,是三个重要的环节。粪便污染水的方式与当地的农业生产方式、居民生活习惯及家畜的饲养管理有密切关系。

易感人群:不论何种性别、年龄和种族,人类对日本血吸虫皆有易感性。在多数流行区,年龄感染率通常在 11～20 岁升至高峰,以后下降。

(2)血吸虫病流行因素

日本血吸虫病的流行因素包括自然因素和社会因素两方面。自然因素有很多,主要是影响血吸虫生活史和钉螺的自然条件,如地理环境、气温、雨量、水质、土壤等。社会因素是指影响血吸虫病流行的政治、经济、文化、生产活动、生活习惯等,如环境卫生、人群的文化素质、经济水平、生活方式和行为等都直接影响到血吸虫病的流行;特别是社会制度,卫生状况和全民卫生保健制度等对防治血吸虫病都是十分重要的。

(3)血吸虫病危害

血吸虫病是危害人民身体健康最重要的寄生虫病。除人类外,血吸虫还侵袭其他脊椎动物,如家畜和大鼠等。在我国,从湖北江陵西汉古尸体内检获的血吸虫卵事实,表明血吸虫病在我国的存在至少已有 2100 多年的历史。解放初期统计,全国约 1000 万余患者,1 亿人口受到感染威胁,13 个省(区、市)有吸血虫病分布。新中国成立后对血吸虫病进行了大规模的群众性防治工作,取得了很大成绩,目前我国血吸虫病流行趋势是基本控制地区和监测地区疫情尚稳定,未控制地区疫情回升基本得到遏制,并开始有所下降。血吸虫病防治策略已经历了以全面灭螺为主的综合防治到以化疗为主结合易感地带灭螺的转变过程。最终控制、消灭血吸虫病还有很多工作要做,任务相当艰巨,还有一些理论和技术问题需要进一步研究解决。

(4)血吸虫防治措施

我国血吸虫病流行严重、分布广泛、流行因素复杂,根据几十年来的防治实践和科学研究,制订了当前我国防治血吸虫病的防治策略和措施,并提出了血吸虫病防治要因地制宜、综合治理、科学防治的方针。具体措施包括:查治病人、病牛、消灭传染源;控制和消灭钉螺;加强粪便管理,搞好个人防护。另外,要加强宣传教育,特别是对易感人群的健康教育很重要,引导人们的行为、习惯和劳动方式到重视自我保健的轨道上来。

8.2.4.4　艾滋病

(1)概述

艾滋病,即获得性免疫缺陷综合征(又译:后天性免疫缺陷症候群),英语缩写

AIDS(Acquired Immune Deficiency Syndrome)的音译。1981 年在美国首次注射和被确认。分为两型:HIV-1 型和 HIV-2 型,是人体注射感染了"人类免疫缺陷病毒"(又称艾滋病病毒)所导致的传染病。艾滋病是种人畜共患疾病,被称为"史后世纪的瘟疫",也被称为"超级癌症"和"世纪杀手"。

致病成因:HIV 是一种能攻击人体免疫系统的病毒。它把人体免疫系统中最重要的 T4 淋巴组织作为攻击目标,大量破坏 T4 淋巴组织,产生高致命性的内衰竭。这种病毒在地域内终生传染,破坏人的免疫平衡,使人体成为各种疾病的载体。HIV本身并不会引发任何疾病,而是当免疫系统被 HIV 破坏后,人体由于抵抗能力过低,丧失复制免疫细胞的机会,并感染其他的疾病导致各种疾病复合感染而死亡。艾滋病病毒在人体内的潜伏期平均为 9~10 年,在发展成艾滋病病人以前,病人外表看上去正常,他们可以没有任何症状地生活和工作很多年。

起源发展:科学研究发现,艾滋病最初是在西非传播的,是某慈善组织做了一批针对某流行病疫苗捐给非洲某国,但他们不知道做疫苗用的黑猩猩携带有艾滋病毒。艾滋病起源于非洲,后由移民带入美国。1981 年 6 月 5 日,美国亚特兰大疾病控制中心在《发病率与死亡率周刊》上简要介绍了 5 例艾滋病病人的病史,这是世界上第一次有关艾滋病的正式记载。1982 年,这种疾病被命名为"艾滋病"。不久以后,艾滋病迅速蔓延到各大洲。1985 年,一位到中国旅游的外籍青年患病入住北京协和医院后很快死亡,后被证实死于艾滋病。这是我国第一次发现艾滋病。

(2)临床表现

艾滋病的临床症状多种多样,一般初期的开始症状像伤风、流感,全身疲劳无力、食欲减退、发热、体重减少,随着病情的加重,症状日见增多,如皮肤、黏膜出现白色念珠菌感染、单纯疱疹、带状疱疹、紫斑、血肿、血疱、滞血斑、皮肤容易损伤、伤后出血不止等;以后渐渐侵犯内脏器官,不断出现原因不明的持续性发热,可长达 3~4 个月;还可出现咳嗽、气短、持续性腹泻便血、肝脾肿大、并发恶性肿瘤、呼吸困难等。由于症状复杂多变,每个患者并非上述所有症状全都出现,一般常见一两种以上的症状。按受损器官来说,侵犯肺部时常出现呼吸困难、胸痛、咳嗽等;如侵犯胃肠可引起持续性腹泻、腹痛、消瘦无力等;如侵犯血管而引起血管性血栓性心内膜炎、血小板减少性脑出血等。

①一般性症状:持续发烧、虚弱、盗汗、全身浅表淋巴结肿大,体重下降在 3 个月之内可达 10%以上,最多可降低 40%,病人消瘦特别明显。

②呼吸道症状:长期咳嗽、胸痛、呼吸困难,严重时痰中带血。

③消化道症状:食欲下降、厌食、恶心、呕吐、腹泻,严重时可便血。通常用于治疗消化道感染的药物对这种腹泻无效。

④神经系统症状:头晕、头痛、反应迟钝、智力减退、精神异常、抽风、偏瘫、痴

呆等。

⑤皮肤和黏膜损害:弥漫性丘疹、带状疱疹、口腔和咽部黏膜炎症及溃烂。

⑥肿瘤:可出现多种恶性肿瘤,位于体表的卡波希氏肉瘤可见红色或紫红色的斑疹、丘疹和浸润性肿块。

临床症状的特点:发病以青壮年较多,发病年龄80％在18～45岁,即性生活较活跃的年龄段;在感染艾滋病后往往患有一些罕见的疾病如肺孢子虫肺炎、弓形体病、非典型性分枝杆菌与真菌感染等;持续广泛性全身淋巴结肿大。特别是颈部、腋窝和腹股沟淋巴结肿大更明显。淋巴结直径在1 cm以上,质地坚实,可活动,无疼痛;并发恶性肿瘤,如卡波西氏肉瘤、淋巴瘤等恶性肿瘤等;中枢神经系统症状。约30％艾滋病例出现头痛、意识障碍、痴呆、抽搐等,常导致严重后果。

传播途径:艾滋病传染主要是通过性行为、体液的交流而传播。主要包括:性交传播、血液传播、共用针具的传播、母婴传播和可能发现的新途径。体液主要有:精液、血液、阴道分泌物、乳汁、脑脊液和有神经症状者的脑组织中。艾滋病虽然很可怕,但该病毒的传播力并不是很强,它不会通过我们日常的活动来传播,也就是说,我们不会经亲吻、握手、拥抱、共餐、共用办公用品、共用厕所、游泳池、共用电话、打喷嚏等而感染,甚至照料病毒感染者或艾滋病患者一般都不会感染。

（3）危害

艾滋病严重地威胁着人类的生存,已引起世界卫生组织及各国政府的高度重视。艾滋病在世界范围内的传播越来越迅猛,严重威胁着人类的健康和社会的发展,已成为威胁人类健康的第四大杀手。联合国艾滋病规划署2006年5月30日宣布,自1981年6月首次确认艾滋病以来,25年间全球累计有6500万人感染艾滋病毒,其中250万人死亡。

虽然全世界众多医学研究人员付出了巨大的努力,但至今尚未研制出根治艾滋病的特效药物,也没有可用于预防的有效疫苗。目前,这种病死率几乎高达100％的"超级癌症"已被我国列入乙类法定传染病,并被列为国境卫生监测传染病之一。故此我们把其称为"超级绝症"。

（4）预防

目前尚无预防艾滋病的有效疫苗,因此最重要的是采取预防措施。其方法是:

①坚持洁身自爱,不卖淫、嫖娼,避免婚前、婚外性行为。

②严禁吸毒,不与他人共用注射器。

③不要擅自输血和使用血制品,要在医生的指导下使用。

④不要借用或共用牙刷、剃须刀、刮脸刀等个人用品。

⑤受艾滋病感染的妇女避免怀孕、哺乳。

⑥使用避孕套是性生活中最有效地预防性病和艾滋病的措施之一。

⑦要避免直接与艾滋病患者的血液、精液、乳汁和尿液接触,切断其传播途径。

8.2.4.5　SARS

(1)概述

SARS就是传染性非典型肺炎,全称为严重急性呼吸综合征(Severe Acute Respiratory Syndromes,SARS),是一种因感染SARS相关冠状病毒而导致的以发热、干咳、胸闷为主要症状,严重者出现快速进展的呼吸系统衰竭的一种新的呼吸道传染病,传染性极强、病情进展快速。

传染源:目前的研究显示,非典型肺炎患者、隐性感染者是非典型肺炎明确的传染源。传染性可能在发热出现后较强,潜伏期以及恢复期是否有传染性还未见准确结论。但动物是否是传染源,目前仍有争议。

传播方式:SARS主要传播方式是通过人与人的近距离接触,近距离的空气飞沫传播、接触病人的呼吸道分泌物和密切接触等。另一种可能性是SARS可以通过空气或目前不知道的其他方式被更广泛地传播。

易感人群:因为SARS病毒是一种新型的冠状病毒,以往未曾在人体发现,所以不分年龄、性别、人群对该病毒普遍易感。发病概率的大小取决于接触病毒或暴露的机会多少。高危人群是接触病人的医护人员、病人的家属和到过疫区的人。

症状与体征:发热(体温>38℃)和咳嗽、呼吸加速、气促,或呼吸窘迫综合征,肺部罗音或有肺实变体征之一以上。

(2)预防

①公共场所、学校和托幼机构应首选自然通风,尽可能打开门窗通风换气。

②应保证空调系统的供风安全,保证充足的新风输入。所有排风要直接排到室外。未使用空调时应关闭回风通道。

③对地面、墙壁、电梯等表面定期消毒。

④对经常使用或触摸的物品、食饮具定期消毒。

⑤勤洗、勤晒衣服和被褥等,亦可用除菌消毒洗衣粉和洗涤剂清洗衣物。

⑥卫生间、厨房和居住的房间要经常打扫,卫生洁具可用有效氯含量为500 mg/L的含氯消毒剂浸泡、擦拭30 min。

防范SARS要做到四勤三好:

四勤:勤洗手、勤洗脸、勤饮水、勤通风。

三好:口罩戴得好、心态调整好、身体锻炼好。

8.3　农林生物灾害的类型及成因

根据危害对象将农林生物灾害分为农作物生物灾害、森林生物灾害、畜牧业生物灾害。根据导致灾害的生物种类分为病害、虫害、草害、鼠害。

8.3.1　农作物病虫害

农作物重大生物灾害是指在较大的地理区域内暴发流行,对农作物生产造成严重损失的生物灾害。包括突发性害虫和流行性病害:草地螟、黏虫、蝗虫、水稻二化螟、稻瘟病、马铃薯晚疫病等;大面积严重发生的常发性生物灾害有玉米螟、大豆蚜、大豆红蜘蛛、大豆食心虫、大豆菌核病、农田鼠害、草害及生理性病害与药害等,新传入的和植物检疫性的病虫草害,以及其他突发、重发和对农作物可能造成较大危害的生物灾害。

(1)我国的农作物生物灾害

我国是农作物病虫害多发、频发和重发大国,自古以来,病虫灾害与水灾、旱灾并称为我国三大自然灾害。农作物生物灾害种类重要者多达 1400 余种,其中为害小麦最严重的病害是锈病、白粉病、赤霉病等,为害水稻的病害是稻瘟病、白叶枯病、纹枯病等,为害玉米的有大斑病、小斑病等,为害棉花的有枯萎病、黄萎病。主要的虫害有小麦吸浆虫、蝗虫、黏虫、稻飞虱、水稻螟虫、玉米螟、棉铃虫、大豆食心虫、地下害虫等。我国每年因农业生物灾害累计受灾面积达 2.36 亿 hm²,每种作物经常同时遭受 3~4 种病虫危害,损失粮食达 1000 万 t,损失棉花 40 万 t,并且严重降低了水果、蔬菜、油料和其他经济作物的产量和品质,目前,我国农作物病虫害损失并不亚于一场大的水灾损失。

近年来,受全球气候变暖、耕作栽培制度变化、国际农产品贸易频繁等多种因素的影响,我国农作物病虫害暴发频率逐年提高,损失逐年加重。农作物病害在空间上东部重于西部,从北向南大体上,东北主要为玉米大小斑病,华北主要为小麦条锈病,长江流域主要为小麦赤霉病,华南主要为稻瘟病。从北向南主要的虫害是东北和华北的黏虫,黄河河滩和沿海滩涂的蝗虫,长江流域及其以南的稻螟,显示了随温度梯度分布的特点。

(2)水稻病害的分布与灾情

我国水稻病害主要分布在秦岭—淮河一线以南,是我国水稻生产的三大病害(稻瘟病、纹枯病和白叶枯病)的主要分布区。

(3)存在问题

目前全世界已有 100 多个国家颁布了农作物病虫防控方面的法律法规,如日本、印度等国分别在 1950 年、1985 年就颁布了《农作物病虫害防治法》,美国 1990 年颁布了《植物保护条例》,印度尼西亚、孟加拉国、越南、哈萨克斯坦、蒙古、尼泊尔、韩国等国也颁布了相应法律法规。而我国却没有颁布相关法律。由于缺乏相应的法律法规,致使防控工作职责不清、体系不全,保障措施难以到位,防灾工作常常处于被动应付局面。

8.3.2　我国的森林生物灾害

(1)危害

导致林木生长量减少,森林枯死,不仅对我国森林工业造成极大损失,而且对森林生态功能造成严重破坏。我国森林有害昆虫 5020 种,病害 2918 种,鼠类 60 余种。每年发生森林病虫面积在 600 万 hm² 以上,减少林木生长量约 1000 万 m³,因灾枯死森林面积约 30 万 hm²。

(2)导致森林病虫害多发的人为原因

主要是大量单一的人工林替代了种类多样性丰富的原始森林,使森林对有害生物的自控能力降低。

(3)主要害虫——松毛虫

为害我国森林最主要的害虫是松毛虫,其分布遍及全国,每年松毛虫成灾面积约140 万 hm²,减少松树生产量 200 万 m³。我国松毛虫主要种类有马尾松毛虫、落叶松毛虫、油松毛虫、云南松毛虫、赤松毛虫等。

森林病虫害的分布与地形、海拔、气温有关。油松毛虫分布在第二级阶梯和第三级阶梯的分界线处,第二级阶梯以上的高海拔地区(除新疆北部外)没有。马尾松毛虫分布在中温带,赤松毛虫分布在暖温带,溶叶松毛虫分布在热带、亚热带。常发区:在海拔低于 400 m 平均气温等于或高于 25℃ 地区;偶发区:海拔 400～500 m,气温在 10～25℃ 间变化,为偶灾区;在海拔 800 m 以上,积温最小,是安全区。

除松毛虫害外,松材线虫、杨树蛀干害虫、泡桐大袋蛾等也是为害严重的害虫。森林病害中,有杨树烂皮病、松疱锈病、松萎蔫病、枣疯病、溶叶病、泡桐丛枝病等,每年因泡桐丛枝病损失 2341 万元,一般平原区比山区发病重。

8.4　蝗灾与鼠害——两种最广泛的生物灾害

8.4.1　蝗灾

蝗虫俗称蚂蚱,隶属昆虫纲、直翅目。蝗科种类很多,全球已报道的有 9 科、2261属、1 万多种,可对农业造成危害的有 300 多种。我国有 252 属、900 余种,对农业造成危害的有 60 余种,其中尤以东亚飞蝗、中华稻蝗、亚洲飞蝗、西藏飞蝗、沙漠蝗虫等为甚,主要取食芦苇、小麦、高粱、玉米和水稻等禾本科植物的叶片幼穗等,给我国农业生产造成了巨大损失。由于蝗灾具有暴发性、迁飞性和毁灭性等特点,因此,使其在我国近千年历史中一直与水灾、旱灾齐名并称为我国三大自然灾害。

8.4.1.1　基本种类及危害

蝗灾属危害最严重的暴发性生物灾害。人类很早就注意到严重的蝗灾往往和严重的旱灾相伴而生。我国古书上就有"旱极而蝗"的记载。近几年来非洲几次大蝗灾也都与当地的严重干旱相联系。其中,危害最严重、成灾率最高的是飞蝗,俗称"蚂蚱"。对农、林和牧业的破坏具有毁灭性。

蝗虫数量极多,生命力顽强,能栖息在各种场所。分布于全世界的热带、温带的草地和沙漠地区,在山区、森林、低洼地区、半干旱区、草原分布最多。主要包括稻蝗、东亚飞蝗、红后负蝗、台湾大蝗、拟稻蝗、台湾稻蝗等种类。

稻蝗是平地与低海拔地区(800 m 以下)草丛间极常见的蝗虫。成虫除了冬季外,几乎随处可见。主要以禾本科植物叶片为食,早期是稻作的重大害虫;东亚飞蝗在自然气温条件下生长,采食范围广,适应性强。在田间受环境条件影响,往往形成群居型和散居型两大类,遇有干旱年份,利于东亚飞蝗生育,宜蝗面积增加,容易酿成蝗灾。主要分布在华北和华东沿海各省,对我国危害最大。

8.4.1.2　蝗灾形成的原因

蝗灾发生的原因非常复杂,总体可归纳为内因和外因两种。

(1)内因

一是自身的高繁殖率和极强的适应环境能力。蝗虫自身的高繁殖率及其超强的适应环境能力是其暴发成灾的本质因素。据统计,一头雌蝗一次可产卵 50～125 枚,一年可繁殖 2～3 代。此外,蝗虫还具有迁移扩散特性,当某一地方的植物不能满足它们的需求时,它们则会迁移到另一地方,继续进行危害。另外,蝗虫种类繁多,种与种之间的差异极大,其集中危害期也有所不同,所有这些都给防蝗治蝗工作带来很大的困难。

二是蝗虫的习性突变。蝗虫习性的突变也是导致蝗灾大发生的因素之一,但在工作中却往往被人们所忽视。学名为"*Schistocerca gregaria*"的沙漠蝗虫就是一个例子,其中一类性格迟钝、羞怯,常常停留在一个地方一动不动,碰到别的蝗虫趋向于躲避,夜间飞行,不会给人们带来灾难;然而另外一类沙漠蝗虫,其性情原本与这类一样,但却由于其赖以生存的沙漠环境的变化,导致其习性发生变化,在白天结成蝗群,数量达几十亿只,瞬间可食数以吨计的植被,给人们带来毁灭性的灾难(图 8-1)。

图 8-1　2010 年 4 月上旬以来,大批蝗虫席卷澳大利亚东南部的 4
个州,覆盖约 50 万 km² 的区域,当地百万亩小麦和牧草等植物已经被
蝗虫啃食一空,给当地居民的生产和生活带来严重影响(来源:新民网)

（2）外因

蝗虫虽然具有很强的生存本能,但其要暴发成灾却仍然取决于外部环境因素。

①气候气象因子。影响蝗灾发生的气候气象因子主要有气温、光照、降水、旱涝
和全球变暖等。

气温　气温可从蝗虫的发育和发生的数量以及取食量 3 个方面影响蝗灾的发
生。蝗虫属于变温动物,其体温随着环境温度的变化而发生变化,随着日平均气温的
升高,蝗虫对热量进行吸收和转化,当积累到一定量时,就进入不同的发育阶段,进而
影响蝗虫的发育。此外,蝗虫的发生数量与温度也有密切的关系,低温和高温都不利
于蝗虫的发生。

降水　降水对蝗虫的影响非常复杂,且因不同的地区和不同的种类而有一定的
差别。

蝗灾与旱涝的关系:旱灾与蝗灾经常链性发生,在干旱少雨年份,河湖水位降低,
退水区域特别适宜雌蝗产卵,使得蝗虫数量激增。若前期干旱少雨,利于雌蝗产卵,
而后期多雨又利于蝗虫幼虫成长,蝗灾就会暴发。

②生态因子

地形　地形包括海拔高度、地貌类型、坡度与坡向等多个方面,主要影响蝗虫的

分布和密度。这种影响是通过其对温度、光照和降水等的重新分配而表现出来的,属于间接影响。

植被　植被的盖度及高度等可直接影响蝗虫的繁衍生存。

土壤　土壤对蝗虫的影响,主要通过土壤温度、土壤质地及水分状况等起作用。

8.4.1.3　蝗虫的防治

其防治方法也多种多样,归纳起来主要有以下几点。

(1)机械防治。即利用物理因素、采用机械防治方法。目前在机械防治中应用最多的是草原蝗虫吸捕机,该机器操作方便,动作可靠,应用范围广,它能在不同品种和不同虫口密度下控制蝗虫对草原的危害,同时不受草原气候的影响,不污染环境,几乎不摧残蝗虫天敌,维护草原生态的良性循环。

(2)化学防治法。是一种传统而有效的防治方法。以化学虫剂为主,如飞机喷洒化学药剂,用于蝗虫的防治。

(3)生物防治。目前,已经有多种生物防治技术被应用于蝗虫的防治实践中,包括真菌灭蝗虫、细菌灭蝗虫、原生动物灭蝗虫等。

化学防治、生物防治各有利弊。化学防治成本低,但会大量杀伤蝗虫的天敌;生物防治成本太高,且见效慢。在采取这两项措施的基础上,对草原生态环境进行综合治理也刻不容缓。

8.4.2　鼠害

指鼠类对农业生产造成的危害。鼠类属哺乳纲(Mam-malia)啮齿目(Rodentia)动物,共有 1600 多种。鼠类繁殖次数多,孕期短,产仔率高,性成熟快,数量能在短期内急剧增加。它的适应性很强,除南极大陆外,在世界各地的地面、地下、树上、水中都能生存,不论平原、高山、森林、草原还是沙漠地区都有其踪迹,常对农业生产酿成巨大灾害。

8.4.2.1　鼠类的危害

老鼠不仅糟蹋粮食、破坏草原和危害林木,而且传播疾病,危害人体健康。我国鼠害发生面积广、种类多、危害大,对农、林、牧业造成的损失相当严重。鼠类为害主要表现在以下三个方面。

(1)农业上鼠类为杂食性动物,农作物从种到收全过程中和农产品贮存过程中都可能遭受其害。鼠类多在晨昏活动,有的专吃种子和青苗,如大家鼠、社鼠、黄毛鼠、小家鼠、黑线仓鼠和大仓鼠等;有的以植物的根、茎为食,如鼢鼠和鼹形田鼠等;有些鼠类喜食粮油作物种子,如小家鼠、黑线姬鼠和黄胸鼠等。世界各地的农业鼠害造成的损失,其价值相当于世界谷物的 20% 左右。

（2）林业上主要是食害树种，啃咬成树、幼树苗，伤害苗木的根系，从而影响固沙植树、森林更新和绿化环境。林业上的主要害鼠有红背鼠、棕背鼠、花鼠、松鼠和林姬鼠等。

（3）牧业上主要是大量啃食牧草，造成草场退化、载畜量下降、草场面积缩小。沙质土壤地区常因植被被鼠类破坏造成土壤沙化；鼠类的挖掘活动还会加速土壤风蚀，严重影响牧业的发展和草原建设的进行。牧业上的害鼠主要有黄兔尾鼠、达乌尔黄鼠、旱獭鼠、黑唇鼠兔、布氏田鼠和鼹形田鼠等。

此外，鼠类还是流行性传染病的潜在宿主，直接威胁着畜牧业的安全。鼠类有终生生长的门齿，具有很强的咬切力，它们也能对农业建筑物和一些农田水利设施造成很大危害。

8.4.2.2　鼠害的地域差异

我国鼠害的地域差异显著，常见害鼠区域为：

（1）亚洲东部喜湿鼠类危害区：包括东北、华北和西南区的大部、华东和华南的全部。本区自然条件优越，农业开发历史久远，是我国主要的农业区。以褐家鼠、小家鼠等为主。

（2）亚洲中部耐旱鼠类危害区：包括我国西北区的大部、青藏高原大部，以及东北和华北区的边缘地带。本区降水量少、气候干旱。以小家鼠、黄鼠等为主。

8.4.2.3　鼠害的防治

主要的防治方法有：

生物防治　主要是保护和利用天敌，也可利用对人畜无害而仅对鼠类有致命危险的微生物病原体。应加以保护的鼠类天敌在哺乳类中有黄鼬（黄鼠狼）、艾虎（艾鼬）、香鼬（香鼠）、狐狸、兔狲、猞猁、野狸和家猫等，鸟类中有长耳鸮、短耳鸮、纵纹腹小鸮等猫头鹰类，爬行类动物中主要是各种蛇类等。为此需注意保护天敌。

化学防治　主要是使有毒物质进入害鼠体内，破坏鼠体的正常生理机制而使其中毒死亡。此法效果快、使用简便，广泛用于大面积灭鼠时能暂时降低鼠的密度和把危害控制在最低程度。缺点是一些剧毒农药能引起二次甚至三次中毒，导致鼠类天敌日益减少，生态平衡遭到破坏；在使用不当时还会污染环境，危及家畜、家禽和人的健康。常用药物中的肠道毒物有磷化锌、杀鼠灵、敌鼠钠盐等；熏蒸毒物有氯化苦、氰化氢、磷化氢等。大隆（溴联莱杀鼠迷）灭鼠剂在农田灭鼠中的效果尤佳。

物理防治　主要利用器械灭鼠。多用于仓库、畜舍、野外动物调查等方面，常用的器械有鼠铗、鼠笼、绳套、压板、水淹、刺杀等。电流击鼠效果较慢，常用作辅助工具。

生态防治　主要是破坏和改变鼠类的适宜生活条件和环境，使之不利于鼠类的栖息和繁殖，并增加其死亡率。常用的田间措施有合理规划耕地、精耕细作、快速收获、减少田埂和铲除杂草、冬灌和定期翻动草垛等。室内措施包括设置防鼠设施以保管食品、断绝鼠粮、经常打扫和变动一些物品的位置、发现鼠窝立即捣毁和堵塞等。

此外,不孕剂和动物外激素及超声波驱鼠等灭鼠方法也已开始试用。我国还用鼠类外激素如尿液等作为性引诱剂,与毒饵或其他捕鼠工具相配合进行灭鼠。

8.5　生物入侵

8.5.1　生物入侵的概念

生物入侵是指某种生物从外地自然传入或人为引种后成为野生状态,并对本地生态系统造成一定危害的现象。这些生物被叫做外来物种。

外来物种是指那些出现在其过去或现在的自然分布范围及扩散潜力以外的物种、亚种或以下的分类单元,包括其所有可能存活、继而繁殖的部分、配子或繁殖体。

外来入侵物种具有生态适应能力强、繁殖能力强、传播能力强等特点;被入侵的生态系统具有足够的可利用资源、缺乏自然控制机制、人类进入的频率高等特点。

8.5.2　外来物种

(1)入侵微生物:主要是指对农作物、林木及经济鱼虾类带来危害的病原微生物,未包括人类和家畜疾病。

(2)入侵植物:主要是指在农业、林业、湿地、草原、淡水、海洋等不同生态系统中带来危害与威胁的有害植物,如草本、藤本、灌木、藻类等植物及部分有明显危害性的乔木。

(3)入侵动物:主要是指对农、林、牧、渔业生产带来危害的有害昆虫、螨、鱼、两栖爬行类等。

由于缺少自然天敌的制约,这些外来入侵者不仅破坏食物链,威胁其他生物的生存,而且还给全球带来了巨大的经济损失。据世界自然保护联盟(IUCN)的报告,外来物种入侵给全球造成的经济损失每年超过 4000 亿美元。

随着国家、地区间经济、文化交往的日益频繁密切,随着全球环境不稳定因素的不断增多,一切没有硝烟的生态战争——"生物入侵"正在全世界范围悄悄打响,其造成的生态灾难正严重威胁着世界各国的经济发展及全球的生态安全。

8.5.3　入侵起因

外来物种引进是与生物入侵密切联系的一个概念。任何生物物种,总是先形成于某一特定地点,随后通过迁移或引入,逐渐适应迁移地或引入地的自然生存环境并逐渐扩大其生存范围,这一过程即被称为外来物种的引进(简称引种)。

正确的引种会增加引种地区生物的多样性,也会极大丰富人们的物质生活。相反,不适当的引种则会使得缺乏自然天敌的外来物种迅速繁殖,并抢夺其他生物的生存空间,进而导致生态失衡及其他本地物种的减少和灭绝,严重危及一国的生态安全。

随着气候环境等因素的变化,某些在引进后相对一段时期内不具有危害性的物种有可能逐渐会转变为"入侵种",因此,从某种意义上说,外来种引进的结果具有一定程度的不可预见性。这也使得外来物种入侵的防治工作显得更加复杂、棘手。

8.5.4　入侵渠道

总体来看,生物入侵的渠道包括以下三种:

自然入侵　这种入侵不是人为原因引起的,而是通过风媒、水体流动或由昆虫、鸟类的传带,使得植物种子或动物幼虫、卵或微生物发生自然迁移而造成生物危害所引起的外来物种的入侵。

无意引进　这种引进方式虽然是人为引进的,但在主观上并没有引进的意图,而是伴随着进出口贸易、海轮或入境旅游在无意间被引入的。

有意引进　应当说,这是外来生物入侵的最主要的渠道,世界各国出于发展农业、林业和渔业的需要,往往会有意识引进优良的动植物品种。全世界大多数的有害生物都是通过这种渠道而被引入世界各国的。外来入侵种已经成为当前生态退化和生物多样性丧失等的重要原因。

外来物种入侵已成为一个全球性的问题。外来物种的入侵破坏一国的生物多样性,改变种群结构,威胁生态安全,最终将影响全球的生态环境和经济发展。因此,应对外来物种的入侵,保护生物多样性就是保护生态安全的重要内容。目前,我国在防止外来物种入侵和保护生物多样性方面存在不足,这必然导致我国的生态安全受到威胁。因此,完善我国生物安全的法律制度,对于我国的生物多样性保护和生态安全的保护极为重要。

8.5.5　严重后果

外来有害生物入侵适宜生长的新区后,其种群会迅速繁殖,并逐渐发展成为当地新的"优势种",严重破坏当地的生态安全,具体而言,其导致的恶果主要有以下几项:

(1)导致生态系统多样性、物种多样性、生物遗传资源多样性的丧失和破坏。特别是外来杂草在入侵地往往导致植物区系的多样性变得单一,并破坏耕地。入侵我国的豚草、紫茎泽兰、飞机草、水葫芦、大米草等的蔓延,已到了难以控制的局面。

生物多样性是包括所有的植物、动物、微生物种和它们的遗传信息、生物体与生存环境一起集合形成的不同等级的复杂系统。

　　虽然一个国家或区域的生物多样性是大自然所赋予的,但任何一个国家莫不是投入大量的人力、物力尽力维护本国的生物多样性。而外来物种入侵却是威胁生物多样性的头号敌人,入侵种被引入异地后,由于其新生环境缺乏能制约其繁殖的自然天敌及其他制约因素,其后果便是迅速蔓延,大量扩张,形成优势种群,并与当地物种竞争有限的食物资源和空间资源,直接导致当地物种的退化,甚至被灭绝。

　　(2)外来物种入侵会严重破坏生态平衡。外来物种入侵,会对植物土壤的水分及其他营养成分,以及生物群落的结构稳定性及遗传多样性等方面造成影响,从而破坏当地的生态平衡。如引自澳大利亚而入侵我国海南岛和雷州半岛许多林场的外来物种薇甘菊,由于这种植物能大量吸收土壤水分从而造成土壤极其干燥,因此对水土保持十分不利。此外,薇甘菊还能分泌化学物质抑制其他植物的生长,曾一度严重影响整个林场的生产与发展。也会因其可能携带的病原微生物而对其他生物的生存甚至对人类健康构成直接威胁。

　　(3)导致农、林、牧、渔业生产的严重经济损失。如美洲斑潜蝇、马铃薯甲虫、松材线虫、湿地松粉蚧、美国白蛾等,近年来在我国每年严重发生此类危害的面积达 300 万 hm^2 以上。

　　外来物种入侵还会给受害各国造成巨大的经济损失。对于任何一个国家而言,要想彻底根治已入侵成功的外来物种是相当困难的,实际上,仅仅是用于控制其蔓延的治理费用就相当昂贵。

　　据美国、印度、南非向联合国提交的研究报告显示,这三个国家每年受外来物种入侵造成的经济损失分别为 1500 亿、1300 亿和 800 多亿美元。

　　(4)威胁人类健康。普通豚草和三裂叶豚草所产生的花粉能引起人类花粉过敏症,导致花粉症。

延伸阅读

滇池的水葫芦

　　水葫芦,学名凤眼莲(*Eichhorniacrassipes*),雨久花科。水生直立或漂浮草本。叶直立,卵形或圆形,光滑,叶柄长或短,中部以下膨大如球,基部有鞘状苞片,花茎单生,中部亦具鞘状苞片,穗状花序呈蓝紫色。

　　水葫芦给滇池造成损失的案例是入侵物种危害的经典案例之一。20 世纪 80 年代,昆明建成了大观河—滇池—西山的理想水上旅游路线,游客可以从市内乘船游览滇池、西山。但 20 世纪 90 年代初,大观河和滇池里的水葫芦疯长成灾,覆盖了整个河面和部分滇池的水面,致使这条旅游路线被迫取消,在大观河两岸兴建的配套旅游设施只好废弃或改做其他用途,大观河也改建成地下河。这些只是直接的经济损失,由水葫芦造成的生态损失却很难估量(图 8-2)。

图 8-2　滇池的水葫芦(来源:中国国家地理杂志)

8.5.6　国际法规

目前,外来物种入侵作为全球性问题已经引起世界各国和国际组织的广泛关注,国际自然资源保护联盟、国际海事组织(IMO)等国际组织已制定了关于如何引进外来物种,如何预防、消除、控制外来物种入侵等各方面的指南等技术性文件。

1992 年里约热内卢召开的联合国环境与发展大会签署《生物多样性公约》之后,外来入侵物种的危害开始在全球范围内引起广泛关注,各国开始采取有计划的行动。1996 年 7 月联合国与挪威环境部合作,共同在挪威特拉赫姆召开了有 80 个国家和地区代表出席的国际外来物种大会。根据《生物多样性公约》第 8 条"就地保护"规定,"成员国必须对那些威胁生态系统、栖息地或物种的外来物种进行预防引入、控制或根除",这次大会倡导将"污染者负担原则"适用于防治外来物种入侵的各个领域,将过去由国家或者政府承担的因进出口贸易而有意或无意引入外来物种导致本国环境和生态系统损害的责任确定为由进口人或者贸易上的受益人承担。

2002 年 4 月,在荷兰海牙召开的《生物多样性公约》缔约方大会第六次会议上,通过了《关于预防引入对生态系统、生境或物种构成威胁的外来物种并减轻其影响的指导原则》。该指导原则的目的是协助各国政府共同采取措施抵御外来物种入侵,并分别就外来物种入侵的预防与分级处理,国家的作用,监视、边境控制与检疫,情报交流与合作,有意引入与无意引入,减轻影响及其根除、围堵、遏制等确立了 15 项对策措施。

对于抵御海洋外来生物的入侵早在 1982 年的《联合国海洋公约》里已明确规定,各国必须采取一切必要措施,以防止、减少和控制由于故意或偶然在海洋环境某一特定部分引进外来的新的物种致使海洋环境可能发生重大和有害的变化。

为防治外来物种入侵,目前已通过了 40 多项国际公约、协议和指南,且有许多协议正在制定中。虽然许多公约在一定程度上还缺乏约束力,而且各国在检疫标准的制定上还存在着一些差距和矛盾,但这些文件仍在一定范围内发挥着日益重要的作用,而国际海事组织、世界卫生组织、联合国粮农组织也正在更加积极致力于加强防治外来物种入侵的国际合作。

8.5.7　我国生物入侵现状

我国地域辽阔,栖息地类型繁多,生态系统多样,大多数外来物种都很容易在我国找到适宜的生长繁殖地,这也使得我国较容易遭受外来物种的入侵。

由于长期以来对外来物种的入侵缺乏足够的认识和系统的调查研究,至今我国仍不能提供较为权威的反映入侵我国外来物种的目录资料。国家环保总局曾公布了首批 16 种"外来物入侵物种"。它们分别为:紫茎泽兰、薇甘菊、空心莲子草、豚草、毒麦、互花米草、飞机草、凤眼莲(水葫芦)、假高粱、蔗扁蛾、湿地松粉蚧、红脂大小蠹、美国白蛾、非洲大蜗牛、福寿螺、牛蛙。

据初步统计,目前我国已知的外来入侵物种至少包括 300 种入侵植物,40 种入侵动物,11 种入侵微生物。其中水葫芦、水花生、紫茎泽兰、大米草、薇甘菊等 8 种入侵植物给农林业带来了严重危害,而危害最严重的害虫则有 14 种,包括美国白蛾、松材线虫、马铃薯甲虫等。

表 8-1 列举了我国最具危险性的 20 种入侵物种及其分布与危害。

表 8-1　中国最具危险性的 20 种外来入侵物种及其分布与危害

物种	分布地	寄主植物/危害
烟粉虱 (B 型与 Q 型)	广东、广西、海南、福建、云南等	蔬菜、花卉、烟草和棉花等 600 多种
紫茎泽兰	云南、贵州、广西、四川、重庆	危害农、林、畜牧业,使生态系统单一化
薇甘菊	广东、云南、海南、香港、澳门	危害天然次生林、人工林等

物种	分布地	寄主植物/危害
空心莲子草	湖南、湖北、四川、重庆、福建等	堵塞河道,影响排涝泄洪,降低作物产量,传播家畜疾病
普通豚草	湖南、湖北、四川、重庆、福建等	破坏农业生产,影响生态平衡、人类健康
毒麦	除华南外的全国各地均有分布	毒麦不仅会直接造成麦类减产,而且威胁人、畜安全
互花米草	除海南、台湾外的全部沿海省份	破坏海洋生态系统、水产养殖
飞机草	海南、广东、台湾、广西、云南、贵州、香港、澳门等	使草场失去利用价值,影响林木生长和更新。影响粮食作物、桑树、花椒、香蕉等的生长,降低产量
水葫芦	浙江、福建、台湾、云南、广东、广西等	堵塞河道,造成水体富营养化,单一成片,降低生物多样性
假高粱	国内山东、贵州、福建、吉林、河北、广西、北京、甘肃、安徽、江苏等地局部发生	被普遍认为是世界农作物最危险的杂草之一
蔗扁蛾	广东、北京、海南、福建、河南、新疆、四川、上海、江苏、浙江等	威胁香蕉、甘蔗、玉米、马铃薯等农作物及温室栽培的植物,特别是一些名贵花卉等
湿地松粉蚧	广东、广西、福建等	破坏松树生长
红脂大小蠹	山西、河北、河南、陕西	油松、华山松、白皮松
美国白蛾	分布于辽宁、河北、山东、北京、天津、陕西等	是举世瞩目的世界性检疫害虫。主要危害果树、行道树和观赏树木,尤其以阔叶树为重。对园林树木、经济林、农田防护林等造成严重的危害
非洲大蜗牛	广西、云南、贵州等	危害最大的农业害虫之一
福寿螺	海南、福建、广东、广西、四川	危害稻田、农田,传播人类疾病
牛蛙	湖南、江西、新疆、四川、湖北等	牛蛙是两栖类生物的天敌
稻水象甲	河北、山西、陕西、山东、北京等	水稻
苹果蠹蛾	新疆、甘肃	苹果、沙果、库尔勒香梨、桃、梨等
马铃薯甲虫	新疆	马铃薯、番茄、茄子、辣椒、烟草、龙葵
桔小实蝇	广东、广西、云南、四川、贵州等	水果、蔬菜等250多种
松突圆蚧	台湾、香港、澳门、广东、福建、广西	松属树种
椰心叶甲	海南、云南、广东、广西、台湾、香港	棕榈科植物
红火蚁	台湾、广东、广西、福建、香港、澳门	叮咬村民,危害公共设施
克氏原螯虾	除西藏、青海、内蒙古外的20多个省、自治区、直辖市	危害土著种,毁坏堤坝等
松材线虫	云南、四川、广东、广西、贵州、福建	松属树种

续表

物种	分布地	寄主植物/危害
香蕉穿孔线虫	曾在福建、广东发现,但已将疫情扑灭	经济、观赏植物等 350 种以上
加拿大一枝黄花	河南、辽宁、四川、重庆、湖南等	使物种单一化,侵入农田,影响植被的自然恢复过程

这些外来入侵生物,目前已经成为我国农业、林业、牧业生产和生物多样性保护的头号敌人。

一方面它给我国农业、林业、牧业造成巨大的经济损失。据估算,仅几种主要外来入侵种每年给我国造成的直接经济损失就高达 500 亿元人民币。另一方面,它使得我国维护生物多样性的任务更加艰巨。据调查,国际自然资源保护联盟公布的 100 种破坏力最强的外来入侵物种中,约有一半侵入了我国。与此相一致的是在《濒危野生动植物国际公约》列出的 640 种世界濒危物种中有 156 个均在我国。因此,维护生物多样性,全力抵御外来物种的入侵的工作已刻不容缓。

8.5.8　防治外来物种入侵的措施

(1)建立统一协调的管理机构。具体到我国,应成立包括检疫、环保、海洋、农业、林业、贸易、科研机构等各部门在内的统一协调管理机构。此机构应从国家利益而不是部门利益出发,全面综合开展外来物种的防治工作。在外来物种引进之前,应由农业、林业或海洋管理部门会同科研机构进行引进风险评估,由环保部门作出环境评价,再由检疫部门进行严格的口岸把关,多方协调行动共同高效开展外来物种的防治工作。

(2)完善风险评估制度。要阻止外来物种的入侵,首要的工作就是防御,外来物种风险评估制度就是力争在第一时间,第一地区将危害性较大的生物坚决拒之门外。通过这样一种风险评价系统可以表明生态系统受引进物种影响的可能性的大小,从而能在很大程度上避免一些危害生态系统的物种被引进。

(3)加强协调合作。科学的风险评估应当建立在对该项物种的生物学特征、繁殖和传播能力、亲缘关系各方信息全面掌握的基础之上,而各部门各科研机构的合作是获取充分信息的重要途径。

(4)完善评估具体指标。应建立外来物种入侵风险指数评估体系,即根据其遗传特性、繁殖和扩散能力以及其生物学特征及对生态环境的影响设置不同的问题,根据回答问题的得分来量化其风险程度的大小,从而使风险评估工作更加具有针对性和可操作性。

(5)建立跟踪监测制度。某一外来生物品种被引进后,如果不继续跟踪监测,则一旦此种生物被事实证明为有害生物或随着气候条件的变化而逐渐转化为有害生物后,对一国来讲,就等于放弃了在其蔓延初期就将其彻底根除的机会,面临的很可能就是一场严重的生态灾害。

首先应建立引进物种的档案分类制度,对其进入我国的时间、地点都作详细登记;其次应定期对其生长繁殖情况进行监测,掌握其生存发展动态,建立对外来物种的跟踪监测制度。一旦发现问题,就能及时解决。既不会对我国生态安全造成威胁,也无须投入巨额资金进行治理。

(6)建立综合治理制度。对于已经入侵的有害物种,要通过综合治理制度,确保可持续的控制与管理技术体系的建立。外来有害物种一旦入侵,要彻底根治难度很大。因此,必须通过生物方法、物理方法、化学方法的综合运用,发挥各种治理方法的优势,达到对外来入侵物种的最佳治理效果。

(7)加强检疫工作力度并建立外来物种疫情报告体系和信息共享体系。一方面,检疫部门应加强检疫,严厉打击走私动植物和逃避检疫事件;在外来入侵物种最易集中进入的地区,加强人员配合,加强检疫力量。另一方面,加强科研和信息交流,建立起省、市、县级的多层次的外来物种疫情的报告和分析系统,并建立外来物种疫情的查询系统,实现信息共享,从而帮助农户或饲养户掌握病害情况,尽量减少风险。

思 考 题

1. 生物灾害特点是什么?
2. 制定完善生物灾害应急预案的重要性是什么?
3. 试述生物灾害对农业发展的影响。
4. 列举全球重大生物灾害事件。

第 9 章　人为灾害

以人为影响为主因产生的灾害称为人为灾害,如人为引起的火灾、交通、溺水、踩踏事件等。

9.1　火灾

在各种灾害中,火灾是最经常、最普遍地威胁公众安全和社会发展的主要灾害之一。火给人类带来文明进步、光明和温暖。但是火也给人类造成了很多灾难。对于火灾,在我国古代,人们就总结出"防为上,救次之,戒为下"的经验。随着社会的不断发展,在社会财富日益增多的同时,发生火灾的危险性也在增大,火灾的危害性越来越大。据统计,我国 20 世纪 70 年代火灾年平均损失不到 2.5 亿元,80 年代火灾年平均损失不到 3.2 亿元。进入 90 年代,特别是 1993 年以来,火灾造成的直接财产损失上升到年均十几亿元,年均死亡 2000 多人。经济社会的快速发展给人们的生产和生活方式带来了显著变化,人员聚集场所、易燃易爆场所和超大规模与复杂建筑增多,大量新技术、新材料、新工艺和新能源的采用,增加了致灾因素与火灾风险。火灾损失呈现上升趋势,群死群伤火灾问题突出。

9.1.1　火灾概述

火灾是指在时间或空间上失去控制的燃烧,即指失去控制并对人员和财物造成损害的燃烧现象。

燃烧是可燃物与氧化剂发生的一种氧化放热反应,通常伴有光、烟、火焰。

燃烧的三要素:

可燃物　能在空气中燃烧的物质。有气体、液体和固体三态。如煤气、汽油、木材、纸张、布匹、海绵、塑料等。

助燃物　能支持和帮助燃烧的物质。如空气、氧气以及氧化剂。

着火源　能引起可燃物燃烧的热能源。如打火机火、炽热的电灯泡、烟头火、摩擦与撞击产生的火花、电点火源、高温点火源、冲击点火源和化学点火源等。

　　防火的主要措施就是控制可燃物、隔绝助燃物、消除着火源、阻止火势蔓延。

　　火灾发生的原因主要有雷击起火、自燃起火、使用明火不慎以及使用燃气或电器使用不当起火等。

　　在引起火灾的原因里,有自然因素,如雷击、物质自燃等,但主要还是人为的因素,如用火不慎、电气设备使用不当、乱扔烟头和火柴棒、有意纵火等。人为的火灾总是与人们的思想麻痹息息相关。2010 年,我国共发生火灾 13.2 万起,死亡 1108 人,受伤 573 人,直接经济损失 17.7 亿元(不包括中央电视台新址火灾损失)。其中,住宅火灾死亡人数最多,占 71％(图 9-1)。

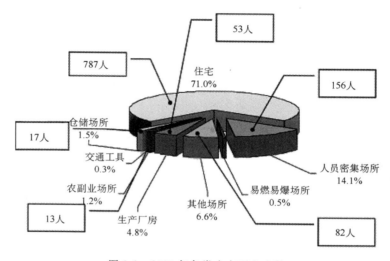

图 9-1　2010 年各类火灾死亡人数

　　夜间 22 时至次日 06 时是死亡人数最集中的时间,2010 年该时段共发生火灾 31974 起,造成 556 人死亡,虽然只占总数的 24.3％,但死亡人数占到总数的 50.2％。

　　我国为什么火灾如此多发,死亡人口如此多,究其原因,主要还是我们的消防安全意识差,逃生自救能力低,平时的无序也是造成伤亡严重的原因。消防安全意识差,突出表现在消防通道被占用、未熄灭的烟头随意丢弃、不分场合吸烟、消防器材缺乏、违章接电源、违章用电等方面非常突出。

　　(1)消防安全意识差。2005 年,公安部消防局同国家统计局联合进行的国民消防安全素质调查结果显示,48.6％的人群在火灾发生时不懂得如何逃生自救;52％的学生不认识消防安全标志;全国约 1.3 亿进城农民工普遍缺乏基本的消防安全素质。更有相当数量的公民不知道火警电话,不懂扑救初起火灾和自救逃生知识。从近年来发生的重特大火灾事故看,80％以上是由于公民消防安全意识淡薄所致。

　　消防通道被称为生命线,是发生包括火灾在内的重大灾情的逃生和救援的安全通道,是消防人员随即实施灭火营救和被困人员疏散的专用通道。一旦发生火灾,如果消防通道不畅,人员不能及时疏散,消防力量不能迅速抵达灭火救援现场,那么后果将不堪设想。我国《消防法》规定,对在火灾状态下造成后果的,除了经济处罚外,还将追究其刑事责任。然而,在我国公共场所、居住小区,消防通道被占用现场非常突出(图 9-2)。

图 9-2　某住宅小区内安全通道被占用

　　(2)吸烟致灾。在我国,人们随意吸烟并将未熄灭的烟头随意丢弃的现象非常普遍,一个燃烧着的烟头潜伏的危险性非常大,随意丢弃的烟头引发大火的事故教训屡见不鲜。2007 年 7 月 24 日,厦门市民随意丢弃了一个未燃尽的烟头,烧断 8000 户有线电视,造成 50000 余元的损失。2010 年 3 月 19 日 15 时 50 分,山西省古县永乐乡金家洼村突发森林火灾,1500 多人经过 16 h 的全力奋战,森林大火最终被成功扑灭。如此惨重的损失仅仅源于一个小小的烟头。2004 年 2 月 15 日,在吉林市中百商厦三号仓库里,由于当事人在仓库丢弃烟头后离开,烟头引燃了地板及其他易燃物品,最终恶化为一起重特大人员伤亡火灾事故,导致 53 人死亡,70 人受伤。

　　这些血的教训并未引起人们的警醒。吸烟者将烟头随意丢弃的现象仍然突出。

　　(3)不守秩序。不排队是大多数国人的习惯,一旦发生灾害,往往会加大灾情。如火灾发生现场无序拥挤也会加大灾害损失,在公共场所发生火灾时,有些人不是被火烧死,也不是因烟雾窒息而死,而是被无序拥挤的逃生队伍踩死的。如深圳舞王俱乐部发生的火灾。2008年9月20日22时51分,位于深圳市龙岗区的舞王俱乐部突然发生一场特大火灾,造成44死87伤。灾情发生后,人们无序涌向出口,发生踩踏事件,10 m通道里全是人们逃生时踩落的鞋,可以想象当时的拥挤程度,如果当时火灾现场人们能够有序排队紧急疏散,那火灾造成的损失可能不会如此严重(图9-3)。

图 9-3　深圳市龙岗区舞王俱乐部特大火灾现场踩落的鞋(来源:半岛网)

9.1.2　火灾的分类及标准

(1)火灾分类

根据国家标准 GB5907—86《火灾分类》的规定,将火灾分为 A、B、C、D 四类。

A 类火灾:指固体物质的火灾,如木材、棉、毛、麻、纸张等燃烧的火灾。

B 类火灾:指液体火灾和可熔化的固体物质火灾,如汽油、煤油、柴油、甲醇、乙醚、丙酮等燃烧的火灾。

C 类火灾:指气体火灾,如煤气、天然气、甲烷、丙烷、乙炔、氢气等燃烧的火灾。

D 类火灾:指金属火灾。如钾、钠、镁、钛、锆、锂、铝镁合金等燃烧的火灾。

依据国家标准消防火灾分类的规定,将火灾分成 A、B、C、D、E 五类,A、B、C、D 类同上,E 类火灾指带电设备火灾,如发电机、电缆、家用电器等引起的火灾。

(2)火灾等级标准

2007年6月26日公安部下发了《关于调整火灾等级标准的通知》。新的火灾等级标准由原来的特大火灾、重大火灾、一般火灾三个等级调整为特别重大火灾、重大火灾、较大火灾和一般火灾四个等级。

特别重大火灾　指造成 30 人以上死亡,或者 100 人以上重伤,或者 1 亿元以上直接财产损失的火灾。

重大火灾　指造成 10 人以上 30 人以下死亡,或者 50 人以上 100 人以下重伤,或者 5000 万元以上 1 亿元以下直接财产损失的火灾。

较大火灾　指造成 3 人以上 10 人以下死亡,或者 10 人以上 50 人以下重伤,或者 1000 万元以上 5000 万元以下直接财产损失的火灾。

一般火灾　指造成 3 人以下死亡,或者 10 人以下重伤,或者 1000 万元以下直接财产损失的火灾。(注:"以上"包括本数,"以下"不包括本数)。

(3)森林火灾等级划分

森林火警　受害森林面积不足 1 hm² 或其他林地起火的。

一般森林火灾　受害森林面积在 1 hm² 以上不足 100 hm² 的。

重大森林火灾　受害森林面积在 100 hm² 以上不足 1000 hm² 的。

特大森林火灾　受害森林面积在 1000 hm² 以上的。

(4)草原火灾等级划分

草原火警　受害草原面积 100 hm² 以下,并且直接经济损失 1 万元以下的。

一般草原火灾　受害草原面积 100 hm² 以上 2000 hm² 以下,或者直接经济损失 1 万元以上 5 万元以下,或者造成重伤 10 人以下,或者造成死亡 3 人以下,或者造成死亡和重伤合计 10 人以下(其中造成死亡 3 人以下)的。

重大草原火灾　受害草原面积 2000 hm² 以上 8000 hm² 以下,或者直接经济损失 5 万元以上 50 万元以下,或者造成重伤 10 人以上 20 人以下,或者造成死亡 3 人以上 10 人以下,或者造成死亡和重伤合计 10 人以上 20 人以下(其中造成死亡 3 人以上 10 人以下)的。

特大草原火灾　受害草原面积 8000 hm² 以上,或者直接经济损失 50 万元以上,或者造成重伤 20 人以上,或者造成死亡 10 人以上,或者造成死亡和重伤合计 20 人以上(其中造成死亡 10 人以上)的。

(4)森林火警气象等级

森林火警气象等级分级详见表 9-1 所示。

表 9-1　森林火警气象等级分级

等级	名称	表征颜色	危险程度	易燃程度	蔓延扩散程度	预报服务用语
一级	低火险	绿	低	难	难	森林火险气象等级低
二级	较低火险	蓝	较低	较难	较难	森林火险气象等级较低
三级	较高火险	黄	较高	较易	较易	森林火险气象等级较高,须加强防范

等级	名称	表征颜色	危险程度	易燃程度	蔓延扩散程度	预报服务用语
四级	高火险	橙	高	容易	容易	森林火险气象等级高,林区须加强火源管理
五级	极高火险	红	极高	极易	极易	森林火险气象等级极高,严禁一切林内用火

9.1.3 火灾的预防措施

(1)建立健全防火制度和组织。

(2)加强宣传教育与技术培训。

(3)加强防火检查,消除不安全因素。

(4)认真落实防火责任制度。

(5)配备好适用、足够的灭火器材。

《中华人民共和国消防法》规定:任何单位和个人在发现火警的时候,都应当迅速准确地报警,并积极参加扑救。起火单位必须及时组织力量,扑救火灾。临近单位应当积极支援,消防队接到报警后,必须速到火场,及时扑救。通信机房、重要场地要安装火灾自动报警装置,同时,加强落实值班巡逻责任。

9.1.3.1 电器设备的防火安全措施

电器设备在通电使用时,人不能离开,电吹风、电熨斗等不能随手放置在台板、桌凳、沙发、床垫等可燃物上。电器使用完后切记要将电源线从电源插座上拔下来。遇到临时停电或出现故障,也要拔下插头,不要让电器处于待机状况。

9.1.3.2 家庭如何防范火灾

(1)家用电器长时间、超负荷使用时,极易引发火灾,为了防止火灾的发生,家用电器应摆放在防潮、防晒、通风处,周围不要存放易燃、易爆物品,各种插座应远离火源。

(2)液化气灶具要注重平时的保养,一旦发生管道破损、漏气,应及时维修。

(3)加强家人的防火意识教育,特别增强家中的老人和小孩的消防安全意识。

(4)不要在家中的楼梯口、阳台等通道堆放杂物,最好不要安装各种栅栏式封闭阳台和加装防盗窗,防止发生火灾事故后,难以逃生。若一定要安装,也要预留一个可上锁的小门作为逃生通道。

(5)家中最好配有报警器、灭火器、安全绳等设施,做到防患于未然。

9.1.3.3　公共场所如何防止火灾发生

(1)遵守消防安全制度,做到不携带汽油、酒精等易燃易爆品去公共场所。

(2)不吸烟或随地丢弃烟头、火种。

(3)不使用明火照明。

(4)不随便按触公共场所的电器设备开关,不玩弄电线,以免触电或引起短路。

9.1.4　火灾扑救与逃生方法

9.1.4.1　扑救火灾的方法

主要包括隔离灭火法、窒息灭火法、冷却灭火法、抑制灭火法。

隔离法　将可燃物与火隔离。燃烧必须具备可燃物,将已燃烧的物质与附近的可燃物隔离或疏散开,从而使燃烧停止。如关闭阀门、阻止可燃液体或气体流入燃烧区。

窒息法　将可燃物与空气隔离。燃烧需要足够的空气,采取适当的措施来防止空气流入燃烧区,使燃烧物缺乏或断绝空气从而使燃烧停止。如用泡沫灭油类火灾。

冷却法　降低燃烧物的温度。可燃物发生燃烧时必须达到一定温度,将灭火剂(如水)直接喷洒在燃烧表面上,使燃烧物质温度降低至燃点以下,从而使燃烧停止。

抑制灭火法(也称化学中断法)　就是使灭火剂参与到燃烧反应历程中,使燃烧过程中产生的游离基(自由基)消失,而形成稳定分子或低活性游离基,使燃烧反应停止。如用干粉灭火剂来灭气体类火灾。

起火的初期是扑灭火灾的最有利时机,及时扑救可以化险为夷,使灾害损失降到最小。

9.1.4.2　家庭失火扑救及逃生方法

(1)初起火最易扑灭,如能集中全力抢救,常能化险为夷,转危为安。

(2)要早报警,报警愈早,损失愈小。牢记"119"火警电话。

(3)衣服、织物及小家具着火时迅速拿到室外或卫生间等处用水浇灭,切记不要在家中乱扑乱打,以免引燃其他可燃物。

(4)失火时,要先救火,不宜先抢救财物。若火势大要尽快逃生,不能因抢救财物被咽呛窒息而死或失去逃生的时机。

(5)下楼通道被火封住,欲逃无路时,用救生绳逃生,没有救生绳将被单、衣服撕成布条,结成绳索,牢系窗槛,再用手套衣角护住手心,顺绳滑下。

(6)逃离火场时,不要贸然开门,用手背试一试门是否热,若门很烫可用水浇后再打开门。逃离要用湿毛巾掩住口鼻。带婴儿逃离时,可用湿布轻蒙在婴儿的脸上,一手抱着婴儿,一手着地爬行逃生。

(7)逃离前必须把有火房间的门关紧,使火焰、浓烟禁锢在一个房间之内,不致迅速蔓延,为家人和他人赢得宝贵时间。

9.1.4.3 人员密集场所火灾如何逃生

体育场馆、超市、酒店、影剧院、网吧、歌舞厅等人员密集场所一旦发生火灾,因人员慌乱、拥挤而阻塞通道,容易发生互相踩踏的惨剧,或由于逃生方法不当,造成人员伤亡。应注意以下几点:

(1)发生火灾后,不要惊慌失措、盲目乱跑,应按照疏散指示有序逃生,忌乘坐电梯逃生。

(2)穿过浓烟时,要用湿毛巾、手帕、衣物等捂住口鼻,尽量使身体贴近地面,弯腰或匍匐前进,不要大声呼喊,以免吸入有毒气体。

(3)利用自制绳索、牢固的落水管、避雷网等可利用的条件逃生。

(4)当无法逃生时,应退至阳台或屋顶等安全区域,发出呼救信号等待救援。

(5)逃生时应随手关闭身后房门,防止浓烟尾随进入。

(6)逃生时不可互相推挤,不要急于跳楼。只有在不跳楼就要被烧死的情况下才采取跳楼的方法。跳楼时应尽量往救生气垫中部跳或选择有水池、软雨篷、草地等方向跳;如有可能,要尽量抱些棉被、沙发垫等松软物品,以减缓冲击力。

(7)当进入各类人员密集场所时,应首先了解应急疏散通道的位置、灭火器的位置,以便发生意外时及时疏散出去和及时灭火。

9.1.4.4 高楼火灾时逃生方法

充分利用建筑物内的设施进行逃生,是争取逃生时间,提高逃生率的重要办法。

(1)发现初起火灾,如果火势不大,应利用楼层内的消防器材及时扑灭,并奋力将火控制、扑灭。

(2)发现火势蔓延时尽快逃生,逃生时应用湿毛巾、口罩蒙口鼻,匍匐贴近地面撤离。也可向头部、身上浇冷水或用湿毛巾、湿棉被、湿毯子等将头、身裹好,再冲出去。若房门已烫手,应关紧迎火的门窗,打开背火的门窗,用湿毛巾、湿布封堵门缝,或用水浸湿棉被蒙上门窗,然后不停地向房门淋水,防止烟火渗入,等待救援人员。

(3)被烟火围困不能逃生时,应尽量在阳台、窗口等易于被发现和避免烟火近身的地方。白天,可以向窗外晃动鲜艳衣物;夜晚,可以用手电筒等在窗口闪动或者敲击窗栏,发出求救信号。

(4)身上着火时,不要惊跑或用手拍打,应设法脱掉衣服、就地打滚灭火,也可以跳进水中或向身上浇水。

(5)若火势不大,可以将毛毯、衣物等淋湿后保护好身体,利用室内的防烟楼梯、普通楼梯、封闭楼梯、观光楼梯进行逃生；或者利用建筑物的阳台、通廊、避难层、室内设置的缓降器、救生袋、安全绳等进行逃生；也可利用墙边落水管进行逃生；如有消防电梯，可进行疏散逃生，但着火时千万不能乘坐普通电梯逃生。

(6)如果处于楼层较低(三层以下)的被困位置，当火势危及生命又无其他方法自救时，可将室内席梦思、被子等软物抛到楼底，将安全绳或被单衣物等相连接自制绳从窗口逃生或跳至软物上逃生。下滑时最好戴手套，以防止下滑时脱手或将手磨伤(图 9-4)。

图 9-4 火灾时逃生方法之一

(7)如果阳台外和隔壁距离不远，则可利用床板、茶几等木板、钢板搭在隔壁阳台与自家阳台之间，爬过去逃生(图 9-5)。

(8)当某一防火区着火，如楼房中的某一单元着火，楼层的大火已将楼梯封住，致使着火层以上楼层的人员无法从楼梯间向下疏散时，被困人员可先疏散到屋顶，再从相邻未着火的楼梯间往地面疏散。

图 9-5 火灾时逃生方法之二

9.1.4.5 汽车火灾

(1)如果汽车发生火灾，应尽快报警，并尽可能利用车载灭火器做初期扑救。

（2）扑救汽车火灾时，应利用掩蔽物体保护自己，防止因燃油箱爆炸而受伤。

（3）汽车猛烈燃烧时，轮胎很容易发生爆破，人体如果靠近轮胎，有可能被击伤，因此，应离开轮胎。

（4）汽车起火后，驾乘人员应将车停靠在路边，立即开启车门逃生。

（5）如果火焰小但封住了车门，可用衣物蒙住头部，从车门冲出。如果车门开启不了，应砸开车窗逃生。

9.1.4.6　电器类火灾

电器类引发的火灾出现频发态势。原因主要为：电器本身的质量不合格；没有正确的安装和使用电器；超负荷用电引起了电路短路而引发的火灾；电器老化等。

家用电器着火的应急处理方法：

①立即关机，拔下电源插头或拉下总闸，如只发现电器打火冒烟，断电后，火即自行熄灭。

②如果是导线绝缘和电器外壳等可燃材料着火时，可用湿棉被等覆盖压实着火物使其窒息以灭火。

③不得用水扑救，以防引起电器爆炸伤人。应选用二氧化碳灭火器、干粉灭火器或者干沙土进行扑救。

④未经修理，不得接通电源使用，以免触电再次发生火灾事故。

9.1.4.7　油类着火

（1）燃料油、油漆着火时，不能用水浇，应用干粉灭火器、沙土等进行扑救。

（2）油锅着火，不能用水浇，可迅速将切好的冷菜沿锅边倒入锅内，火就会自动熄灭。也可用锅盖、湿抹布遮盖，使燃烧的油火接触不到空气缺氧而熄灭。

9.1.4.8　液化气瓶的安全防火

液化气瓶在给人们的日常生活提供便捷的同时，也带来了一些火灾隐患。在使用中需要提高警惕。

（1）更换液化气钢瓶时，应按顺序先检查减压阀密封橡皮垫是否完好无损，再接上减压阀，并检查橡胶软管有否老化，然后连接灶具，再打开钢瓶角阀。

（2）使用液化气灶具时，应当按照先点火后开灶具开关的顺序操作。

（3）使用液化气时要有人照看，防止汤水沸溢，浇灭火焰，使液化气泄出，引起火灾爆炸事故。

（4）厨房灶台和液化气瓶之间要预留出安全距离，以防止液化气瓶的软管遇长时间的高温后变软、破裂，避免因高温造成液化气瓶爆炸引发火灾。

（5）闻到"臭味"时，说明液化气有泄漏现象，应立即关阀，迅速打开门窗，加强通风,千万不要用明火查漏。可用肥皂水涂抹各连接处查漏,见肥皂水起泡处即为漏气点,应修理更换后方可使用。

(6)因橡皮软管脱落或老化开裂而漏气引起燃烧时,应立即关掉阀门,切断气源,火就会熄灭。

(7)一旦阀门漏气着火,可用干粉灭火器对准起火处根部喷射,或用湿棉被、毛毯等覆盖,并立即用湿毛巾裹手关闭阀门。

(8)对液化气钢瓶,严禁用开水加热、火烤及太阳晒。不准横放,不准倒残液和剧烈摇晃。

9.1.4.9 森林火灾

森林火灾是指火情在林地内蔓延和扩展,失去人为控制,对森林、森林生态系统和人类造成危害和损失的林火灾害。

(1)发现森林火灾,应及时拨打报警电话,报告起火方位、面积及燃烧的植被种类。

(2)身处火场时,要判明火势大小、风向,用湿衣服包住头,逆风逃生。

(3)如果被大火包围,要迅速向火已经烧过或植被稀少、地形平坦开阔地段转移。如果被大火包围在半山腰,要往山下跑。发现自己处在森林火场中,快速逆风冲越火线。

(4)当无法脱险时要选择植被少的地方卧倒,扒开浮土直到见着湿土,把脸贴近坑底,用衣服包住头,全身尽量贴近地面,以避开火头。

9.1.5 应对火灾基本常识

9.1.5.1 火灾发生时"三"原则

火灾一旦发生,一定要牢记"三要"、"三救"、"三不"原则。

"三要":一要熟悉自己住所的环境;二要遇事保持沉着冷静;三要警惕烟毒的侵害。

"三救":一选择逃生通道"自救";二结绳下滑"自救";三向外界"求救"。

"三不":一不乘坐普通电梯;二不要轻易跳楼;三不要贪恋财物。

火灾现场的温度很高,而且烟雾会挡住视线。当我们在电影和电视里看到火的场面时,一切都非常清晰,那是在火场上的浓烟以外拍摄的。当处于火灾现场时,能见度非常低,甚至在你长期居住的房间里也搞不清楚窗户和门的位置,在这种情况下,更需要保持镇静,不能惊慌,利用一切可以利用的有利条件,选择正确的逃生方法。

9.1.5.2 拨打火警电话

报警电话号码:119。报警时说明姓名、单位、地址、电话号码、燃烧部位、燃烧物的性能,被困人员情况,被困房间窗户朝向等详细信息。能派人到路口迎接消防车更佳。

9.1.5.3 吸烟容易引起火灾的情况

(1)躺在床上或沙发上吸烟。

(2)不看场合地点,随手乱丢烟头和火柴梗,乱磕烟灰。

(3)在维修汽车和清洗机件时吸烟。

(4)叼着香烟寻物时烟灰掉落在可燃物上,引起火灾。

(5)把点燃的香烟随手放在可燃物上,如书桌、箱子上,引起火灾。

(6)使用打火机不当引起火灾。

(7)在严禁用火的地方吸烟而引起火灾和爆炸事故。

9.1.5.4 燃烧产生的烟雾对人体的危害

烟雾中有不少气体为毒性气体,如一氧化碳、二氧化碳、氰化氢等,对人体造成麻醉、窒息、刺激作用,妨碍人体正常呼吸,特别是一氧化碳、二氧化碳。一氧化碳无色、无味不易察觉,它能取代人体血液中的氧,使人缺氧产生昏迷。二氧化碳为窒息性气体,比空气重,它能迅速排挤掉空气,使昏迷的人窒息死亡,因此,火灾现场做好对烟雾的防护很重要。

9.1.5.5 火灾时为何不能乘一般电梯疏散逃生

(1)发生火灾后,往往容易断电而造成电梯故障,不仅会造成危害,也会给救援工作带来难度,影响及时疏散。

(2)电梯直通楼房各层,火场上烟气涌入电梯通道极易造成"烟囱效应",人在电梯里随时会被浓烟毒气熏呛而窒息死亡。

9.1.5.6 发生火灾时为何不能随便开启门窗

由于房间门窗紧闭时,空气不流畅,室内供氧不足,因此,火势发展缓慢,但一旦门窗被打开,新鲜空气大量涌入,火势就会迅速发展;同时大量烟气涌入,容易使人中毒、窒息而死亡。另外,由于空气的对流作用,火焰就会向外窜出,所以在发生火灾时,不能随便开启门窗。

9.1.5.7 在烟雾中如何行动

因为火在燃烧的过程中会产生一氧化碳等有毒气体,这些有毒气体和烟比空气轻,是向上飘的,在地面会有一段较干净的区域,如果前行中遇到浓烟,立即将身体屈伏以避开浓烟区域,低于浓烟区域就相对安全,越靠近地面浓烟越少,因此,必要时匍匐而行是逃生诀窍。

9.1.5.8　人触电后怎么办

(1)首先要赶快拉掉电源开关或拔掉电源插头,不可随便用手去拉触电者的身体。因触电者身上有电,一定要尽快先脱离电源,才能进行抢救。

(2)为了争取时间,可就地使用干燥的竹竿、扁担、木棍拨开触电者身上的电线或电器用具,绝不能使用铁器或潮湿的棍棒,以防触电。

(3)救护者可站在干燥的木板上或穿上不带钉子的胶底鞋,用一只手(千万不能同时用两只手)去拉触电者的干燥衣服,使触电者脱离电源。

(4)人在高处触电,要防止脱离电源后从高处跌下摔伤。

9.1.5.9　发生火灾烧伤的防护措施

(1)迅速灭火,立即脱离火源。衣服着火时,不要奔跑和呼叫,以免风助火势越烧越旺和引起呼吸道烧伤。脱掉着火的衣服或卧倒在地滚动,如果衣服与烧伤的皮肤粘在一起,切不可硬行撕拉,可用剪刀从未粘连部分剪开慢慢脱掉。

(2)镇痛。轻度烧伤者,可口服止痛片;重度烧伤者,可肌肉注射止痛药剂。

(3)保护创面,防止感染。对烧伤的创面一般不作特殊的处理。用清洁的布料或敷料包扎覆盖创面,防止损伤创面和再次污染。不要弄破水泡,局部忌涂药物或油膏,可以口服抗生素。

(4)护送去医院。烧伤严重者,应及时送医院治疗,但对呼吸和心跳停止者,要先就地进行心肺复苏急救,待呼吸和心跳恢复后,再送医院。

9.1.5.10　灭火器的分类及使用方法

常用的灭火器有:干粉灭火器、二氧化碳灭火器、泡沫灭火器。

(1)干粉灭火器

干粉灭火剂一般分为 BC 干粉(碳酸氢钠)和 ABC 干粉(磷酸铵盐)两大类。ABC 干粉用于扑灭 A 类、B 类、C 类初起火灾和电器火灾,即可燃固体、可燃液体、可燃气体及带电设备的火灾。但不能扑救金属燃烧火灾。是家庭、办公室、娱乐场所、商场、集市、汽车以及船舶等场所的最佳选择设备。

ABC 干粉灭火器是一种新型干粉灭火器,采用最新全硅化防潮工艺。具有流动性好、存储期长、不易受潮结块、绝缘性好等特点。能扑灭各种油类、易燃液体、可燃气体和电气设备的初起火灾。还能有效地扑救木材、纸张、纤维等 A 类固体物质火灾。是飞机、船舶、车辆、仓库、工厂、学校、商店、油库等场所必备的消防器材。

ABC 干粉灭火器使用方法:先提起灭火器,扯掉铅封、拔掉保险销,再将喷头对

准火焰根部按下压把,左右喷射,横切燃烧区,由近至远,喷射距离 1.5 m 左右使用
效果最好(图 9-6)。

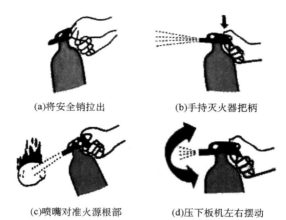

(a)将安全销拉出　　　　　(b)手持灭火器把柄

(c)喷嘴对准火源根部　　　　(d)压下板机左右摆动

图 9-6　ABC 干粉灭火器使用方法示意图

(2)泡沫灭火器适用范围及使用方法

适用范围:一般为 B 类火灾,如油制品、油脂等火灾,也可适用于 A 类火灾,但不
能扑救 B 类火灾中的水溶性可燃、易燃液体的火灾,如醇、酯、醚、酮等物质火灾;也
不能扑救带电设备及 C 类和 D 类火灾。

非适用范围:电器火灾;忌水性物品火灾;贵重物品、仪表火灾。因为泡沫中含
97%的水分,因此,不能扑救电器火灾;因为水有导电性,不能扑灭忌水物质火灾,也
不能扑灭贵重物品、仪表火灾。

使用方法:灭火时,一手握住提环,另一手握住筒身的底边,将灭火器颠倒过来,
喷嘴对准火源,用力摇晃几下,即可灭火。

注意事项:

①不要将灭火器的盖与底对着人体,防止盖、底弹出伤人。

②不要与水同时喷射在一起,以免影响灭火效果。

③扑灭电器火灾时,尽量先切断电源,防止人员触电。

④使用时,灭火器应始终保持倒置状态,否则会中断喷射。

(3)二氧化碳灭火器适用范围和使用方法

用来扑灭图书、档案、贵重设备、精密仪器、600 V 以下电气设备及油类的初起火
灾。其主要依据窒息作用和部分冷却作用灭火。灭火时,二氧化碳气体可以排除空
气而包围在燃烧物体的表面或分布于较密闭的空间中,降低可燃物周围或防护空间
内的氧浓度,产生窒息作用而灭火。在使用二氧化碳灭火器时,在室外应选择上风方
向喷射;在室内窄小空间使用的,灭火后操作者应迅速离开,以防窒息。使用二氧化

碳灭火器扑救电器火灾时,如果电压超过 600 V,应先断电后灭火。

二氧化碳灭火器使用方法:先拔出保险栓,再压下压把(或旋动阀门),将喷口对准火焰根部灭火。

9.1.5.11　用水灭火的范围

水能灭火,但也不是万能的。以下几种物质的火灾不能用水扑救。

(1)比水轻的易燃液体火灾,如汽油、煤油等火灾,不能用水扑灭,因为水比油的比重大,油浮于水面仍能继续燃烧。

(2)容易被破坏的物质,如图书、档案和精密仪器等不能用水扑救。

(3)对于高压电气火灾是不能用水扑救的,因为水具有一定的导电性。

(4)与水起化学反应,分解出可燃气体和产生大量热能的物质,如钾、钠、钙、镁等轻金属和电石等物质的火灾,禁止用水扑救。

(5)熔化的铁水、钢水不能用水扑救,因铁水、钢水温度约在 1600℃,水蒸气在 1000℃以上时能分解出氢和氧,有引起爆炸的危险。

(6)三酸(硫酸、硝酸、盐酸)不能用强大水流扑救,必要时,可用喷雾水流扑救。

9.1.6　火灾急救方法

火灾无处不在,发生几率很高。学会应急逃生方法和急救方法非常重要。

(1)烧伤的急救。主要包括降温及保护患处。

①如果烧伤后皮肤尚完整,应尽快使局部降温。如将皮肤置于水龙头下冲洗,这样会带走局部组织热量并减少进一步的损害。随后,用一块松软潮湿、最好是消毒的垫子包扎伤处,注意不要太紧。

②如果患者烧伤处已经起了水疱,应该保护局部或降温。用干净的水冲洗患处时,注意不要刺破或擦破水疱以防止感染。若伤处肿胀,应去掉饰物,连续用冷水冲洗伤处,然后用不带黏性的敷料或潮湿的、最好是消毒垫子轻覆水疱之上,除非水疱很小,否则一定要将患者送往医院。

③如果患者的衣服和患处有粘连时,应该用剪刀将患处周围的衣服剪开,尽可能让患处暴露出来,用清洁的纱布轻轻覆盖。

④在火场,对于烧伤创面一般可不做特殊处理,尽量不要弄破水泡,不能涂甲紫一类有色的外用药,以免影响烧伤面深度的判断。为防止创面继续污染,避免加重感染和加深创面,对创面应立即用三角巾、大纱布块、清洁的衣服和被单等给予简单的包扎。手足被烧伤时,应将各个手指、脚趾分开包扎,以防粘连。

(2)应急逃生工具

火灾事故如此多发,掌握火场逃生知识,配备应急逃生工具已属非常必要。家里预备消防装置,如消防安全绳、小型灭火器、应急照明手电筒、简易防烟面罩、火灾烟雾报警装置。旅行时不妨带一把小剪刀和一把微型手电筒,一旦遇上火灾,可用剪刀将床单或窗帘剪成能承受一定重量的布条来代替绳索逃离火灾区;微型手电筒可在没有照明的情况下发挥照明和报警等特殊作用。

9.2　交通事故

我国拥有全世界约 2.5％的汽车,引发的交通死亡事故却占了全球的 15％,成为交通事故多发国家之一。这样高的交通事故率,真正的原因是什么? 是道路原因吗? 我国大部分地区有宽敞的公路;是机械故障吗? 我国现在上市的新车基本上已经与世界接轨,可以说我们在享用着最先进的汽车技术。那么,交通事故的原因是什么,值得我们深思。

9.2.1　概述

广义的交通事故包括火车、轮船、飞机及汽车四种交通工具所造成的事故,其原因既有人为因素,也有自然因素。在交通事故中以汽车的道路交通事故最为严重。

狭义的道路交通事故是指车辆驾驶人员、行人、乘车人以及其他在道路上进行与交通有关活动的人员,因违反《中华人民共和国道路交通管理条例》和其他道路交通管理法规、规章的行为,造成人身伤亡或者财物损失的交通事故。表现形式为碰撞、碾压、刮擦、翻车、坠车、爆炸、起火等。

(1)公路交通事故

全球车祸死亡最多的国家是美国和中国。近年我国每年交通死亡人数高达6～10 万人,已成为交通事故多发国家。近年随着汽车保有量的增加,汽车交通事故也是层出不穷,特别是一些新手发生事故后,没有采取正确的处理方法,导致伤害或损失加重。发生车祸时,要立即熄火、排除发生火灾的一切诱因,如熄灭发动机、关闭电源、搬开易燃物品。

(2)铁路交通事故

铁路车祸发生的次数和总计损失大大低于公路车祸,但单个事故所造成的损失可能比较大。例如,2008 年 4 月 28 日,北京至青岛的 T195 客车脱线与 5034 次客车相撞,造成 72 人死亡,400 多人受伤(图 9-7)。又如,2010 年 5 月 23 日凌晨 02 时 10 分,由上海开往桂林的 K859 次旅客列车在江西境内发生脱轨事故,机车及机车后第 1～9 节车辆脱轨,中断上下行线路行车。致 19 人死亡,重伤 11 人,轻伤 60 余人。事故原因:由于事发地近日连降暴雨,造成山体突然滑坡,K859 次列车经过时,刚好在铁路上方发生山体坍塌,坍塌体约8000 m³,坍塌体落下,致使列车发生脱轨事故。

图 9-7　2008 年 4 月 28 日列车脱轨事故现场

（3）海上交通事故

海上交通事故灾害即通常所说的"海难"。20 世纪,发生死亡千人以上的沉船事件 17 起。例如,1912 年 4 月 15 日,英国豪华游轮"泰坦尼克"号首航美洲时遇冰山撞沉,死亡 1513 人。1917 年 12 月 6 日,比利时救生船"伊莫"号同法国军火船"蒙特·布朗克"号在加拿大哈利法克港内相撞,引燃甲板上的甲苯,继而又引发了 TNT 爆炸,造成 1600 人死亡、9000 人受伤及港口 160 幢建筑被毁坏。1944 年 4 月 14 日,印度孟买港一艘载有棉花、硫黄等易燃易爆物品的英国货轮首先起火爆炸,殃及港湾停泊的 13 艘轮船,总吨位 50000 t,造成 1500 人死亡、3000 人受伤。1987 年 12 月 20 日,菲律宾"多纳·帕斯"号渡轮在菲律宾附近海域同"维克托山"号油轮相撞,有 2000 多人遇难(也有报道说是 4300 多人),酿成国际海运史上和平时期的最大海难。

（4）空中交通事故

飞机是现代科技赐给人类最先进的交通工具,随着航空器的大型化、快速化、大众化的发展,空中交通事故发生的规模越来越大,次数越来越多。据不完全统计,世界民航业迄今为止发生各种恶性事故 1000 多起,死亡 5 万多人,年均约 700 多人。

据美国国家安全委员会统计,在美国,每 11 min 就有一人死于交通事故。每 18 min 就有一人伤于交通事故,每年约有 15 万人因交通事故而成为残废,有 10 万个家庭因交通事故而支离破碎。

9.2.2　我国道路交通事故多发原因

客观原因：诸如道路状况不好、道路环境、道路地形复杂、气候等因素。

主观原因：一些人交通安全意识和法制观念比较淡漠，违章现象比较普遍。如车辆驾驶人员闯红灯、超速、超载、疲劳驾驶、酒后驾车、无证驾驶、违章变更车道、与前车没有保持安全距离、车辆故障、违章超车、违章倒车、违章停车、违章掉头、驾驶员误操作等。电动自行车、自行车闯红灯、超速、违章带人等。行人闯红灯，不走人行横道、人行天桥，翻越隔离带，不注意观察，斜穿或突然猛跑、折返，造成车辆躲闪不及等。

按发生事故原因分析，我国驾驶员违章占 70%～80%，机动车机械故障原因小于 5%，道路及相关设施占 1%，行人违章占 15%。事故多发的主要原因是驾驶员的违章操作和行人违章，可见是人的问题。在我国开车十大不文明行为中，"拐弯不打转向灯"、"随手往车外扔东西或往外吐痰"、"抢行"、"动辄乱鸣笛"、"酒后开车"、"强行并线"、"开车打手机"、"雨天开快车，溅行人、骑车人一身泥水"等均榜上有名。这些行为在日常的行车过程中屡见不鲜。

法国汽车普及率很高，每年交通事故死亡人数却不足 5000 人。据说法国的经验就是，严格的驾照考试制度、良好的道路状况、完备的交通标志和交通信息提示、对酒后驾驶等违章行为的严厉惩处、对提高汽车安全性能的重视等。例如，时速超过 50 km/h 以上被视为犯罪行为，严重超速者将被判处 3 个月监禁及 3750 欧元罚款。

9.2.3　交通事故等级

交通事故等级分为轻微事故、一般事故、重大事故和特大事故。

（1）轻微事故：是指一次造成轻伤 1～2 人，或者财产损失机动车事故不足 1000 元，非机动车事故不足 200 元的事故。

（2）一般事故：是指一次造成重伤 1～2 人，或者轻伤 3 人以上，或者财产损失不足 3 万元的事故。

（3）重大事故：是指一次造成死亡 1～2 人，或者重伤 3 人以上 10 人以下，或者财产损失 3 万元以上不足 6 万元的事故。

（4）特大事故：是指一次造成死亡 3 人以上，或者重伤 11 人以上，或者死亡 1 人，同时重伤 8 人以上，或者死亡 2 人，同时重伤 5 人以上，或者财产损失 6 万元以上的事故。

9.2.4　交通事故预防措施

9.2.4.1　如何避免和减少交通事故

机动车驾驶员要做到以下几点：

(1)不要携带易燃、易爆、剧毒、腐蚀性物品上车。

(2)遵守交通规则，切忌超速、超载行驶。

(3)系上安全带。

(4)驾车文明，增强安全礼让等职业道德意识，规范超车并线等行为。

(5)不要酒后驾车。

(6)开车时不要使用手机。

(7)不要操作光碟机或频繁调整收音机频道。

(8)与前面的车始终保持一段距离。

(9)集中精力驾驶，切勿疲劳驾车。

(10)定期保养检查你的汽车。

9.2.4.2　减少交通事故的措施

(1)提高交通安全意识，"关爱生命，安全出行"不仅仅是口号，更是行动。

(2)严格遵守交通法规。

(3)主动遵守交通秩序，不违章、违法驾驶，保障安全行驶。

(4)排查隐患、强化路面监控、打击违法行为。

(5)采取科学配置警力等措施，加强事故多发区域和多发时段的管控。

(6)普及交通安全教育。

9.2.4.3　发生交通事故后如何应对

(1)发生交通事故后，在当事人不能自行协商解决的情况下，应拨 110 报警。

(2)遇到肇事者驾车或弃车逃逸的情况，应记下肇事车辆牌号、车型、颜色及其逃逸方向等情况，拨 110 报警，并提供以上信息给交警。

(3)视情况及时拨打 120、119。如起火拨 119；有重伤员拨 120。

9.2.4.4　恶劣天气如何避免交通事故

恶劣天气对驾驶人的视觉和车辆的稳定性会产生不利影响，应谨慎驾车。

(1)机动车遇雾、雨、雪、沙尘、冰雹等恶劣天气，能见度在 50 m 以下的道路上行驶时，最高行驶时速不得超过 30 km，拖拉机、电瓶车时速不得超过 15 km。

(2)遇恶劣天气时，机动车应与前车保持必要的安全距离，并注意避让非机动车、行人。

（3）在恶劣天气出车时，应先对车辆制动、轮胎、雨刷器、灯光等进行检查。

9.2.5　降低道路交通事故的措施

交通事故是造成我国死亡人口最多的一种灾害，因此，降低交通事故发生率和损失成为我国防灾减灾的一个重要因素。主要有以下几条途径。

（1）加大科技监管。科技是改善民生，改善交通安全的重要手段之一。交通管理部门应运用高科技手段及时查处违章车辆，排除事故隐患。在一些超速现象严重的路段定点设岗，运用酒精测试仪对酒后驾车的嫌疑对象进行测试。用雷达测速仪对超速车辆进行查处。提高道路交通安全性的技术方向之一是从提前告知驾驶人危险存在和提前自动启动安全措施方面入手，这就需要在车上和道路上引入更多的信息采集设备和通信设备，并将人、车、路通过信息技术集成为一个整体。根据美国的计算，采用智能汽车——高速公路系统（IVHS）后，如果驾驶员早 1 s 预知危险，就可减少正面碰撞 30%。

（2）紧急救援。在意外发生时，第一时间内现场死亡人数是最多的。据各类灾害事故的统计发现，创伤病员"第一死亡高峰"在 1 h 之内，此时，死亡的数量占创伤死亡的 50%，"第二死亡高峰"出现在伤后 2～4 h 之间，死亡数占创伤死亡的 30%。因此，对于现场急救来说，时间就是生命，越早实施救助对伤者的损伤越小。目前，医疗界为了体现院前急救在医疗救助中的重要程度，提出了白金 10 min、白金 30 min 等观点，而世界上公认的是急救黄金 1 h。因此，交通事故发生后，公安交警、卫生与事故救援部门及时赶赴事故现场进行紧急处置与救护，对减少人员伤亡和减轻损失是十分必要的。这方面的措施主要包括：事故的实时监测、事故发生地点的准确定位、报警系统的快捷便利、各部门的配套联动、交通事故现场快速救援、事故现场受伤人员的紧急救护、技术装备的合理配置，以及救护车在紧急情况下的畅通无阻等，采取上述措施，有利于事故现场的紧急救护和减少现场受伤人员的死亡。目前，我国道路交通应急处理能力和救护水平亟待加强。无论是应急机构、人员和体制机制健全建设、应急装备与物资保障、通信与信息保障、专业救援队伍建设、加强事故现场的交通管制手段、强化黄金 1 h 救护制、制定交通专项预案及道路应急处置指南和手册，宣传、培训和预案演习等方面，都仍需我们艰苦地努力工作。

（3）文化氛围。交通安全文化是人类文化的组成部分，它是从文化的角度来分析交通安全管理的运行过程，通过不断地丰富、发展来保障人的安全健康，并使其树立正确的交通安全价值观和交通安全行为准则，是治理交通事故的根本手段。在交通事故中，人是最活跃因素，提高他们的交通安全意识和安全文化素质，推动交通安全文化建设是做好交通安全工作的关键，也是搞好交通安全的根本保证。要创建与时俱进的交通安全文化,必须从教育、宣传、培训、考核等入手,在全社会建立良好的交通安全氛围,规范全面的安全交通行为,提高交通参与者的整体素质,从而确保交通系统的安全运行。这需要根据驾驶员、乘客、行人、中小学生等道路使用者群体的不同特点,分层次、分重点、分阶段地对所有道路使用者进行科学、合理的教育与培训,以避免和减少汽车和行人碰撞事故的发生。

9.2.6　重大交通事故后现场紧急救援

9.2.6.1　伤后急救措施

发生重大交通事故,有人员受重伤,应马上报警,呼叫 120 急救中心。车祸所致的伤害大多为各类骨折、软组织挫裂伤、脑外伤、各种内脏器官损伤,对事故伤员的现场急救,应从受伤部位、伤后不同姿势以及伤员的具体伤情出发,采取不同的急救措施。

(1)颅脑损伤

颅脑损伤一般占交通事故死亡率总数的 60%。颅脑损伤的症状是人伤后昏迷、失去知觉、瞳孔散大、呼吸鼾声、呕吐。颅脑损伤的人死亡率较高,因此,护送人员应将伤员放置车内呈半侧卧状,头部用衣物垫好略加固定,再解开衣领、腰带等紧缩物,便于呼吸通畅,并将口腔异物(泥土、血块)及呼吸道分泌物排出,以利维持机能,必要时可将舌尖拉出唇外,以免舌根后坐堵塞呼吸道造成窒息。若是口、鼻出血,可判断是颅底骨骨折,在救护时不得将伤员耳、鼻、口堵塞,防止血回流引起颅内感染。

(2)脑外伤救护法

①不要随便移动患者,注意固定其头、颈部,微向后仰,以保证呼吸道畅通。若受伤者呼吸停止,可进行人工呼吸。若脉搏消失,可进行心脏按压。

②如果有血液和脑脊液从鼻、耳流出,就一定要让受伤者向患侧侧卧,即左侧耳、鼻流出脑脊液时要向左侧卧,反之则右侧卧。注意不要用纱布、脱脂棉等塞在鼻腔或外耳道内,以防引起感染。

(3)胸外伤救护法

①对每当呼吸时伤口有响声(即开放性气胸)者,应立即用铝箔膜或塑料膜密封伤口,再用胶布固定,不让空气进入。一时找不到铝箔膜或塑料膜时,可立即用手捂住,取患部向下卧位,等待救护车到来。

②胸部发生骨折会出现各种各样的情形,如相连的几根肋骨同时骨折(浮动骨折,也叫连枷胸),这时也要尽快密封伤口,并让受伤者取患部向下的卧位。

(4)昏迷救护法

立即使病人取侧卧位,清除鼻咽部分泌物或异物,保持呼吸道通畅,防止痰液吸入。对躁动者应加强防护,防止坠地,并急送医院救治。对昏迷的伤员应注意开放气道,将伤员头略向一侧倾斜,有利于口鼻腔内的分泌物、血液、黏液和其他异物排出体外。当伤员心跳、呼吸停止时,在医生未到之前可使用人工胸外按摩以及人工呼吸等急救措施。

(5)扭伤救护法

身体某部扭伤后,首先是冷敷 30 min 左右,最好用冰,也可用冷水代替。冷敷后用纱布把手指或踝关节固定在舒服体位,抬高患肢。腰部扭伤后最好采取感觉比较舒服的体位,将下肢垫高。

(6)被挤压、夹嵌在事故车辆内情况下的救护

应尽量想办法让其脱身,脱不了时应等待救援人员到来,切忌强拖强拉造成二次损伤,甚至导致生命危险。最常见的是驾驶员被方向盘或变形的驾驶室撞伤,并被困在其内。无法撬开驾驶室门窗的,可以呼叫 119 救援。

(7)创伤出血

可临时采用包扎和指压止血法。如果是表面皮肤少量出血,可用布压迫止血后包扎;喷射状出血,说明大血管破裂,可临时压迫止血,如四肢出血,可用带子扎在近心端(伤口上端),扎 1 h 放松 5 min。

注意:

①原则上禁止给伤员服任何饮料和茶水。因为大多伤员须手术治疗,喝饮料和茶水会增加手术难度。

②对于重伤病人,转移到安全地带后,静等 120 急救车。

(8)眼睛损伤

让伤员闭上受伤的眼睛,轻轻盖上一块消毒纱布,再用绷带包扎或用橡皮膏固定。为防止受伤眼睛的眼球转动,可将未受伤的眼睛也蒙上或让伤员闭上未受伤的眼睛。如果眼睛中嵌入异物,不可擅自取出,必须尽快送往医院,由医务人员处理。

(9)脊椎损伤

处理颈椎损伤,首先应安放颈托,横绕几匝将头颈固定,并加以衬垫以保护颈部肌肉不被擦伤,但不得影响呼吸和血液循环。处理胸椎、腰椎损伤,应由 3 人在伤员的右侧,分别托住肩背部、臀腰部、双下肢,在一人口令下协同将其搬上或搬下硬质担架,让其呈现俯卧或躺卧,以保持正常姿态。

(10)断肢

首先用止血带止血,再用消毒或清洁的敷料包扎断肢创面,如断离不完全或并有多处骨折的要同时加以固定。将断肢装入塑料袋(膜)扎紧。有条件时,周围敷以冰块保存,但不能与冰块直接接触。断肢也不得用水或各种消毒液冲洗浸泡,创面不能涂抹任何药物。尽快将伤员及断肢送往医院。

9.2.6.2　车祸发生后要避免的一些错误做法

（1）在发生创伤时，用不洁物品捂伤口。可能导致二次感染，是很危险的。

（2）移动骨折伤员。伤员出现骨折时，不要轻易搬动，尤其是在颈椎骨折时，否则可能会导致瘫痪甚至生命危险。应该在急救之后等待医务人员前来处理。伤员必须从车内搬动、移出时，首先应放置颈托，或进行颈部固定，以防颈椎错位损伤脊髓，导致高位截瘫。无颈托时，可用硬纸板、硬橡皮、厚帆布，仿照颈托，剪成前后两片，用布条包扎固定。对昏倒在座椅上的伤员，安放颈托后，可以将其颈部及躯干一并固定在靠背上。如果要搬出，应拆卸座椅，与伤员一起搬出。

（3）拔出刺入身体的物品。当有物体刺入体腔或肢体时，不要将其拔出。因为有时戳入的物体正好刺破血管，物体能够暂时起填塞止血作用，拔除可能会导致大出血。

9.2.7　交通事故中的逃生方法

（1）车辆落水

如果车辆在行驶过程中不慎落入河流中，车内人员应迅速判断河流的水底状况、水流方向和河流的深浅程度：若水较浅，没有淹没全车时，应等汽车稳定以后，再设法安全离开车辆；如果汽车掉入落差比较大的河流中，车辆与水面发生猛烈撞击，此时正确的逃生方法是：不能急于打开车门，因为此种情况下水压很大根本无法将车门打开；车内人员应保持思维清晰，尽量抓住车厢内的固定物，以减少车厢入水时的碰撞力，待车辆在水中稳定后，用车厢内的安全锤或其他硬物将车窗玻璃敲碎后逃离车厢。

（2）翻车

遇翻车，车内人员应迅速蹲下身体，紧紧抓住车内的固定物体，如方向盘、汽车把手、前排座椅等，两脚紧蹬或钩住踏板、座椅底部等处，使身体固定并随车体翻转。

翻车过程中，也可以将身体蜷缩、双手抱头。因为蜷身后人体受力面积变小，可减少撞击面积，用手抱头，并用胳膊夹住两肋，可有效地保护头、内脏等人体主要器官。

如果车辆翻滚的速度比较慢，车内人员可以抓住时机跳出车厢，跳车时不可顺着翻车方向，以免被汽车压伤，而应向与翻车相反方向跳出，在落地瞬间，应双手抱头顺势向惯性的方向滚动或跑开一段距离，尽量躲开车身。

（3）车辆起火

在撞车、翻车、保修和加油等过程中造成车辆着火，驾驶员应沉着冷静，立即切断油源（关闭油箱开关，搬走车上的燃油），关闭点火开关，避免产生车辆爆炸等更严重的后果。

如果乘坐的汽车或火车起火,待司机将车辆停稳后,应迅速打开车门逃生,不要在车厢内停留,更不能与其他旅客挤作一团。如果车辆变形、车门无法打开时,可以敲碎前后挡风玻璃或车窗逃生。如果身上着火,应边滚动边脱去衣服,注意保护好露在外面的皮肤和头发。

(4)撞车

只有系好安全带才能在撞车过程中减少撞击力,将伤害程度减少到最轻。因为安全带能将车内人员的身体稳当地固定在座位上,发生碰撞时,车内人员不至于被甩出车厢。如果迎面碰撞的主要方位在靠近驾驶员座位时或者撞击力度大时,前排人员的身体右侧应迅速躲离方向盘,将两脚抬起,以免腿部被变形的车辆挤压住而无法逃生。

(5)轮胎爆炸

轮胎发生爆炸,车速越高,危险性越大,容易造成车掉沟、翻车等事故。因此,驾驶员在行车中遇到轮胎突然炸裂时,最好握稳方向盘,立即平稳停车。如果当时是在高速公路上,应尽量控制住车子,驶入安全地带后停车。后轮胎炸裂时,应以双手紧握方向盘,使汽车保持直线行驶,同时可反复踩踏制动踏板,使重心前移,以减轻后轮胎所承受的应力。前轮胎爆裂时,会影响对方向盘控制的能力,踩踏制动踏板时力量要轻,应尽可能避免车头部分承受太大的应力,甚至轮胎脱离轮圈,同时要用双手稳握方向盘,这样如汽车大幅度偏左或偏右行驶时,还可以立刻矫正。

9.3　踩踏事故

9.3.1　概述

近年来,踩踏事件在国内外屡见不鲜。人流量大的公共场所常常成为发生踩踏事件的高发地,如何杜绝此类事件的发生和人们如何进行自救已经成为我们必须关注的话题。

踩踏事故是指人潮拥挤时出现人踩人的现象,特别是在整个队伍产生拥挤移动时,有人意外跌倒后,后面不明真相的人群依然在前行,对跌倒的人产生踩踏,从而产生惊慌、加剧的拥挤和新的跌倒人数,造成恶性循环的群体伤害的意外事件。

踩踏事故的发生,很大程度上是因为大量人群向一个狭小的空间内聚集,从而导致这个空间的承载量超过极限。空间有限而人群又相对集中的场所,如球场、商场、狭窄的街道、室内通道或楼梯、影院、酒吧、夜总会、彩票销售点、超载的车辆、航行的船舱等都隐藏着危险。桥梁、楼道、隧道、建筑出入口等由宽阔地收窄的区域,是踩踏事故的多发地,也应是踩踏事故的重点防范区域。人群的情绪如果因为某种原因而变得过于激动,置身其中的人就可能受到伤害。此外,体育场、电影院、演出场地也是踩踏事故的高发区域。这些场所的建筑功能复杂、社会性强、人员集中,具备了群体性挤踏事件发生的客观条件,如果没有科学完善的管理措施,极有可能造成严重后果。据国际足联统计,1902—2000 年,世界各地的球迷伤亡事件共导致至少 1380 人死亡,其中大多是因为踩踏事故死亡。最悲惨的踩踏事故于 1990 年发生在沙特阿拉伯的麦加,1426 名朝觐者被踩死或窒息而死。

随着城市人口密度的急剧增大和人类群体活动的经常化,群体性挤踏事件频繁发生,引起了世界各国的关注。因此,我们很有必要了解避免踩踏事故的相关知识,来保护自己和他人。

9.3.2　导致踩踏事故的原因

9.3.2.1　造成群体性挤踏事件的原因

从已发生的诸多事故中我们可以看出,踩踏事故多发生在宗教活动、庆典仪式、比赛赛场等场所,部分商场搞促销时也发生过踩踏事故。毋庸置疑,发生踩踏事故,人员密集是必不可少的原因,主要原因如下:

(1)群集现象是群体性挤踏事件发生的直接原因

人群密度较大时会产生群集现象,即人员聚集成群的现象。产生群集现象是群体性挤踏事件发生的直接原因。群体动力学的研究表明,人群的行进速度并不是决定于个体的平均行进速度,而是决定于人群的密度。人群密度越大,群体的行进速度越低,当人群密度达到一定极限时,就会由于拥挤过度而不能前进,进而发生挤踏事件。常见的群集现象有:

成拱现象　人群从宽敞的空间拥向较狭窄的出入口或楼梯口时,会在出入口处形成拱形的人群,所有人挤在一起无法通过。这种成拱是一种不稳平衡,构成拱形的各个方面的力量相互推挤,很快就会打破这种暂时的平衡,发生"拱崩溃",此时大部分人由于突然失去平衡而被挤倒,并被急于出去或者不明真相的后来者踩踏。

异向群集　异向群集是指来自不同方向的人群相遇时产生的群集现象。紧急情况下人群总是选择走最短路径达到自己认为最安全的目标,当人群行进的路线发生交叉时,来自不同方向的人群相互冲突、相互阻塞,互不相让,形成对抗,很容易由于拥挤和践踏而造成大量伤亡。华山多次发生的群体性挤踏事件就是由于在狭窄的山路上,上下两方向的人流发生异向群集现象造成的。

异质群集　人群中每个个体的行进速度和承受拥挤的能力并不相同。紧急情况下,人们都希望以最快速度到达自己的目的地,急于超过那些走得太慢阻挡自己行进的人。行进速度明显低于群体平均行进速度的人就成为群体中的"异质"。在人群密度不太大的情况下,行进速度较慢的人的周围会由于停滞形成一个漩涡,后面的人从两侧赶超绕行;随着人群密度的增大,走得慢的人有可能被后面的人推倒或绊倒,进而产生连锁反应,造成严重后果。群体性挤踏事件的伤亡者多为老人、小孩儿和妇女,就是由于这些人最容易成为群体中的"异质"。此外,人群中某些人由于物品失落,停下来弯腰拾物也会成为引发群体性挤踏事件的"异质"。

(2)硬件设施设计、使用不合理是造成群体性挤踏事件的客观原因

群体性踩踏事件一般发生在出入口、狭窄的过道、桥梁、看台、楼梯等处。这就要求在设计公共场所时要根据可容纳的人员数量,对这些重点区域进行科学规划。因此,各种公众聚集场所出入口不仅要有足够的数量并保证其畅行无阻,而且出入口的宽度也要满足人员快速通行的需要。在人员疏散走道上要尽量避免宽度的突然变化。

此外,公众聚集场所疏散走道的采光、照明不良以及路面不平、易滑或有台阶、斜坡等,不仅会降低人群行进的速度,而且有可能引发踩踏事件。

(3)应急准备不足是造成群体性挤踏事件的管理方面的原因

为避免群体性挤踏事件的发生,在公众聚集场所和各类大型活动举办前必须进行应急准备,制定出科学合理的应急预案,对现场情况、可能发生的危险状况、应采取的应急措施、应急人员组织指挥等方面的问题做出周密的安排。现场必须安排必要的指挥疏导力量,为现场人员提供准确的信息,避免人群由于信息的缺乏而产生不安情绪。如果现场确实有危险存在,也可通过正确的指挥疏导将人群带到安全区域,并防止恐慌情绪的产生和扩散。

研究表明,紧急情况下,人的从众心理更加明显,指挥疏导人员稳定的情绪、镇静的行为可以有效地对抗人群的不安和恐慌。但是在已有的惨痛事件中,组织管理者往往应急准备不足,对现场指挥疏导未做安排。

(4)恐慌心理的出现和扩散是灾难的放大器

当公众聚集场所秩序失控时,由于对周围的环境情况缺乏全面的了解,人们只能自行进行评估、判断和决策。面对可能或确实存在的危险,人会感到不安,甚至绝望,本能的求生欲望驱使人采取措施迅速离开危险场所,导致拥挤情况的加剧。人群中的某些个体会由于过分不安而失去理智或感情用事,出现狂躁和冲动性行为,成为群体恐慌的导火索和爆发点。随后,少数人的恐慌心理迅速蔓延扩散为整个群体的恐慌。

(5)公众安全素质有待提高是群体性挤踏事件发生的根本原因

公众的安全素质包括两个方面的内容:一方面是安全意识,就是人们对周围可能存在的危险的正确估计和判断,安全意识可以使人们尽量远离危险;另一方面是安全知识和技能,就是当人们面对危险时,能够了解危险的性质和等级,并采取正确的措施保护自己和他人。

目前,公众的安全素质低不仅是引发事故的重要原因,也是造成损失扩大的主要

影响因素。一旦发生危险,很多人由于缺乏安全知识和技能,不知所措,盲目恐慌,仓皇逃生,反而造成了更大的伤亡。

9.3.2.2　造成校园拥挤踩踏事故的原因和特点

学校中的拥挤踩踏事故是导致学生群死群伤的恶性事故,一旦事故发生,往往会造成多名人员的死伤。

(1)易发生事故时间:事故多在下晚自习、下课、上操、就餐和集会时,学生集中上下楼梯,且心情急切。

(2)易发生事故地点:事故多发生在教学楼一、二层之间的楼梯转角处。上面几层的学生下到此处相对集中,形成拥挤。

(3)易发生事故的学生群体:事故发生主要集中在小学生和初中生。他们年龄较小,自我控制和自我保护能力较差,遇事容易慌乱,使场面失控,造成伤亡。

(4)易发生事故的设施设备因素:一是通道狭窄,楼梯,特别是楼梯拐角处狭窄,不能满足学生集中上下的需要;二是建筑不符合标准,一栋楼只有一个楼梯,不易疏散;三是照明不足,晚上突然停电或楼道灯光昏暗,没有及时更换损坏的照明设备,也容易造成恐慌和拥挤。

(5)易发生事故的管理因素:一是学生在集中上下楼梯时,没有老师组织和维持秩序;二是学生上晚自习时没有老师值班,下课时无人疏导;三是个别学生搞恶作剧,在混乱情况下狂呼乱叫,推搡拥挤,致使惨剧发生;四是没有对学生和教师进行事故防范教育和训练,无应急措施。

延伸阅读

历史上发生的重大踩踏事件

1. 典型案例

金边踩踏事件

2010 年 11 月 22 日,柬埔寨发生严重的踩踏事件,造成 456 人死亡,700 多人受伤。11 月 22 日是柬埔寨为期三天“送水节”的最后一天。“送水节”是柬埔寨的传统节日,它标志着一年中雨季的结束和捕鱼季节的到来。节日期间,王宫周围、湄公河畔张灯结彩,金边市民放假 3 天,大家愉快地享受一年的劳动成果,迎接下一个耕种季节的到来。在王宫广场前的湄公河上举行的龙舟大赛是送水节最热闹的庆祝活动,来自全国各地的划船能手在此大显身手,一比高低。当天大约 300 万人观看赛龙舟和其他庆祝活动。由于游人太多,金边市区连接钻石岛的一座桥产生晃动,引起人们的恐慌,导致相互拥挤踩踏。死者大多因窒息或内伤而亡(图 9-8)。

图 9-8　金边踩踏事件现场（来源：新华网）

美国芝加哥夜总会踩踏事件

2003 年 2 月 17 日凌晨 03 时，美国芝加哥密歇根大街一家挤满顾客的夜总会因为发生打架引发混乱局面，大批顾客拥往出口处发生人群互相挤压，造成踩踏事件，至少导致 21 人死亡，19 人重伤，多人受轻伤。当时有 1500 多人在里面狂欢，03 时左右，三名妇女因琐事打起架来，保安为禁止事态发展，向她们喷射胡椒喷雾，结果引来一阵惨烈的惊叫声，异样的声音引发人群一片恐慌，惊慌失措的人们纷纷向外拥去，由于出口狭小，恐慌逃命的人们互相推挤，造成多人伤亡。

印度灾民争抢食品券踩踏事故

2005 年 12 月 18 日，印度灾民在南部泰米尔纳德邦首府金奈市南部一个水灾救助中心领取食品券时发生踩踏事件，造成至少 43 人死亡，另有 50 人受伤。由于听说这是最后一天发放食品券，因此，凌晨 04 时 30 分左右，约 3000 名灾民聚集在这个救助中心领取食品券。人们拥挤争抢，造成了踩踏事故。

2. 著名足球踩踏事件

足球以其速度、节奏、动感、力量以及舒展的线条给人一种美的魅力，它独特的体能、速度、团结、拼搏的竞技精神和魅力让无数球迷为之倾倒。球员们顽强不息、勇于拼抢、团结协作的精神让球迷为之兴奋，其跌宕起伏、排山倒海的气势，变化无穷的场面，使人眼花缭乱，心神为之激荡。足球赛的结局，在比赛结束前总是难以预料的。在它的感召下，我们看到激情和技术随心所欲地挥洒，看到球迷为之癫狂,为之忘我的沉醉状态。在足球比赛中,我们见过太多的群情激昂,但在足球场上也曾见证了太多悲剧的上演,数以千计的无辜球迷长眠在他们热爱的这块绿茵场上。仅国际足联有记载的就达到了 20 多起。其中在 20 世纪,从 1902 年 4 月 5 日到 2000 年 7 月 9 日近 100 年间,世界各地共发生了 23 起球迷伤亡事件,死亡的总人数至少有 1380 人。

海瑟尔惨案

1985 年 5 月 29 日,利物浦队与尤文图斯队在布鲁塞尔海瑟尔体育场的欧洲冠军杯足球赛决赛中相遇,欧足联赛前把一个球门后的看台分配给利物浦球迷,但是却有不少尤文图斯的球迷从比利时人手中买到该看台的球票。看台上,也没有足够的警察和工作人员将两队球迷分开。在比赛中,不断有双方球迷的辱骂和投掷行为。混在利物浦球迷里的足球流氓与尤文图斯的球迷大打出手,导致看台倒塌,当场压死 39 名尤文图斯球迷,并有 300 多人受伤。而利物浦队也输掉了冠军杯,赛后所有的英国球队被禁止参加欧洲的赛事长达五年之久,利物浦队则达七年。

莫斯科惨案

1982 年 10 月 20 日,莫斯科列宁体育场举行欧洲冠军杯足球赛的一场比赛,由莫斯科斯巴达克队迎战荷兰哈勒姆队。由于当时天气非常寒冷,来现场观看比赛的球迷异乎寻常地少,可容纳 10 万人的体育场只售出 1 万张票。体育场管理部门为了省事,将所有的观众都集中到 C 区看台,而球场工作人员又严重违反体育场安全规定,仅仅打开 C 区看台的一个出入口,将其他看台的出入口全部锁上。

比赛接近尾声时,在主队已经攻入一球、胜局已定的情况下,现场球迷估计比赛将就此结束,于是纷纷起身准备提前退场,朝着唯一开放的出口走去。但在终场前 1 分钟,比赛突然又起高潮,主队乘胜追击,攻入一球,看台上立刻爆发出一阵欢呼声。许多已经走下看台和走到出口的观众被欢呼声吸引,立刻返身回转往回拥去,想看看到底是怎么回事。而正在这时,终场哨声响了,看台上兴奋的观众也开始离场往外拥。两股人流就像两股汹涌的潮水一样在狭窄的出口处交汇,猛烈地冲撞起来。由于人多拥挤,谁也控制不住相互推搡的人流。后面不明真相的人只顾挤前面的人,而前面的人在拥挤的情况下退场得又很慢。这样,出口被堵住了。随着退场的人越来越多,一些人无法控制自己的身体,受不住巨大压力而窒息晕倒,一些被推倒的人,就再也无法站立起来,千百只脚从他们身上踏过,哭喊声、叫骂声、呻吟声交织在一起,场面之悲惨令人目不忍睹。最终导致 340 多人罹难。

南非惨案

2001 年 4 月 16 日,在南非首都约翰内斯堡的埃利斯足球场,南非足球甲级联赛两支夺冠球队的比赛中,比赛组织者在能够容纳 7 万名观众的球场中出售了 12

万张球票,距离比赛尚有一个半小时,7万人的体育场已经座无虚席。但球迷仍然像潮水般地涌向体育场,执勤警察随即将入口处高高的铁门锁住,致使大量球迷滞留在入口的铁门处,情绪激动。比赛开始后,主队进球的消息通过扩音喇叭传到体育场外,在场外的主队球迷立刻沸腾了,他们像疯了一样向各个入口挤去。西看台入口处的球迷最多,有几万人,他们立即汇成一股巨大的力量,冲击球场的铁门,有的球迷甚至爬上了铁门,准备跳进体育场。警察为了驱散球迷,控制局势,便违规施放了催泪弹。在球迷的推挤下,球场铁门被挤倒,冲在最前面的球迷猝不及防,随之倒在铁门上,被后面大量涌入的球迷踩在脚下,而人们明明知道有人倒在地上,但根本无法停住脚步,只能踏着前面的人继续往体育场里涌。这起事故总共造成了47人丧生,160多人受伤。4月16日也成为南非足球史上最黑暗的一天。

3. 宗教活动踩踏事故

最为频繁、严重的踩踏事故发生在宗教活动中,如沙特阿拉伯的麦加就一度因频频发生踩踏事故而震惊世界。从1989—2006年,该地就因为朝圣而发生7次大型踩踏事故,导致近3000名朝圣者死亡。

2011年1月14日晚,印度西南喀拉拉邦发生重大踩踏事件,至少造成100人死亡和数十人受伤。事发前,当地印度教徒正在庆祝宗教节日。14日是本次为期两个月的宗教节日最后一天,当天共有15万人前往山顶朝拜。当数千人在喀拉拉邦伊杜基地区一座山顶庙宇参加完宗教活动后,沿着一条狭窄的森林小路返回时,一辆吉普车从人群中强行通过时突然翻车,惊慌失措的人群立即开始四散奔逃,结果引发本次严重踩踏事故。

2008年8月3日,印度北部喜马偕尔邦南部地区一座庙宇内发生踩踏事故。事发时,位于山顶的这座印度教庙宇挤满了上万名教徒,他们前来参加一个为期10天的宗教活动。由于拥挤,庙宇外一个栏杆突然塌落,有人坠下山谷,惊恐的人群在逃散时发生了踩踏事故。至少150人死亡,50人受伤。

2006年1月12日,沙特阿拉伯伊斯兰教圣地麦加发生朝觐者拥挤踩踏事件,造成至少345人死亡,289人受伤。当天中午大量朝觐者从麦加圣地投石驱邪桥东面的入口处涌进投石驱邪桥地带,急于赶到投石驱邪桥,进行投石驱邪的宗教仪式,同时还有许多运送朝觐者行李的大型运输车也跟随而进。行进途中,行李车上的大量行李从车上翻落到道路上,造成道路堵塞,后面成千上万的朝觐者不知前面发生的情况,继续向前涌动,于是发生拥挤踩踏事件。

2005年8月31日,伊拉克约100万穆斯林聚集在伊玛目穆萨·卡齐姆清真寺附近举行纪念活动时发生灾难性踩踏事件。这次事件发生在伊拉克首都巴格达一座桥梁上,造成至少 1005 人死亡,465 人受伤。事故发生时正有数千人途经底格里斯河上的阿扎米亚桥时,忽然听到有自杀式炸弹袭击,引发恐慌。导致桥上数千人顿时一片混乱,人们纷纷跳入河中,绝大多数死者都是溺水身亡的。这是自美国发动伊拉克战争以来,伊拉克发生的最惨重的单起事件。

4. 我国近年校园发生的踩踏事件

校园内是发生踩踏事故频繁的场所,特别是楼梯间,成为学校发生踩踏事故的危险区。2009 年 12 月 7 日晚,湖南省湘乡市私立育才中学发生踩踏事故,发生点即在该校教学楼的楼梯拐角处。当时,由于下雨,52 个班的学生大都选择从离宿舍比较近的一号楼梯下楼,有一个女生滑倒,导致发生踩踏。8 人罹难,26 人受伤。

2009 年 11 月 25 日,重庆彭水县桑柘镇中心校下午放学时,学生流在一楼、二楼楼梯口发生拥堵、踩踏,造成 5 名学生严重受伤,数十人轻伤。

2009 年 11 月 3 日,衡阳常宁西江小学在准备做课间操时,由于人多拥挤,学生下楼时发生严重的踩踏事故,6 人受伤。

2003 年 1 月 5 日下午 6 时许,陕西省宝鸡县虢镇初级中学发生一起由于楼道停电、下楼学生相互拥挤而导致的踩踏事故,一名学生不慎踩空,撞倒前面同学,后继学生发生拥挤踩踏,造成 3 名学生死亡,6 名学生重伤,13 名学生轻伤。事发时正值放学时间,学校突然发生停电,教学楼二、三、四层的学生正通过楼梯往下走,停电后,学生们刚开始还摸黑走了几分钟,突然,部分下楼的学生在一个楼梯拐弯处发生拥挤骚乱,黑暗的楼道里有学生被踩得放声大哭。一些不知发生何事的学生被吓得从教室里直往外跑,结果十多名学生被踩倒在地,酿成惨剧。

2002 年 9 月 23 日,内蒙古自治区丰镇市第二中学教学楼发生楼梯护栏坍塌事故,造成 21 名学生死亡,47 名学生受伤。死亡学生中年龄最大的 15 岁,最小的13 岁。

2005 年 12 月 8 日,教育部向全国发出题为《预防学生拥挤踩踏事故,进一步加强校园安全工作》的通知,要求各地中小学校尽快健全校内各项安全管理制度,将安全工作的各项职责层层进行分解,落实到人,每个班主任、任课教师都要担负起对学生进行安全管理和教育的责任。要专门针对预防学生拥挤踩踏事故建立制度,提出要求,采取措施。要从学生实际出发,在上操、集合等上下楼梯的活动中,不强调快速、整齐,适当错开时间,分年级、分班级逐次下楼,并安排教职工在楼梯间负责维持秩序。

踩踏事件在全球频频发生,给人们带来了很多伤痛和恐惧,在人员密集场所要特别防范踩踏事件,养成良好的有序排队习惯是防止踩踏事件的最好方法。

9.3.3　踩踏事件防范常识

9.3.3.1　如何预防公共场所发生人群拥挤踩踏事件

(1)发觉拥挤的人群向着自己行走的方向拥来时,应该马上避到一旁,但是不要奔跑,以免摔倒。

(2)应顺着人流走,切记不要逆着人流前进,那样非常容易被推倒在地。

(3)若身不由己陷入人群之中,一定要先稳住双脚。切记远离玻璃窗,以免因玻璃破碎而被扎伤。

(4)遭遇拥挤的人流时,一定不要采用体位前倾或者低重心的姿势,即便鞋子被踩掉,也不要贸然弯腰提鞋或系鞋带。

(5)如有可能,抓住一样坚固牢靠的东西,待人群过去后,迅速而镇静地离开现场。

(6)在拥挤的人群中,要时刻保持警惕,当发现有人情绪不对或人群开始骚动时,就要做好准备,保护自己和他人。

(7)在拥挤的人群中,千万不能被绊倒,避免自己成为拥挤踩踏事件的诱发因素。

(8)在拥挤的人群中,一定要时时保持警惕,不要总是被好奇心理所驱使。当面对惊慌失措的人群时,要保持自己情绪稳定,不要被别人感染,惊慌只会使情况更糟。惊慌可以,万万不可失措。

(9)已被裹挟至人群中时,要切记和大多数人的前进方向保持一致,不要试图超过别人,更不能逆行,要听从指挥人员口令。同时发扬团队精神,因为组织纪律性在灾难面前非常重要,专家指出,心理镇静是个人逃生的前提,服从大局是集体逃生的关键。

(10)如果出现拥挤踩踏的现象,应及时联系外援,寻求帮助。赶快拨打110或120等。

(11)举止文明,人多的时候不拥挤、不起哄、不制造紧张或恐慌气氛。

(12)发现不文明的行为要敢于劝阻和制止。

(13)尽量避免到拥挤的人群中,不得已时,尽量走在人流的边缘。

(14)在人群中走动,遇到台阶或楼梯时,尽量抓住扶手,防止摔倒。

(15)当发现自己前面有人突然摔倒时,要马上停下脚步,同时大声呼喊,告知后面的人不要向前靠近。

(16)若被推倒,要设法靠近墙壁。面向墙壁,身体蜷成球状,双手在颈后紧扣,以保护身体最脆弱的部位。

(17)拥挤踩踏事故发生后,一方面赶快报警,等待救援;另一方面,在医务人员到达现场前,要抓紧时间用科学的方法开展自救和互救。

(18)在救治中,要遵循先救重伤者的原则。判断伤势的依据有:神志不清、呼之不应者伤势较重;脉搏急促而乏力者伤势较重;血压下降、瞳孔放大者伤势较重;有明显外伤、血流不止者伤势较重。

(19)当发现伤者呼吸、心跳停止时,要赶快做人工呼吸,辅之以胸外按压。

9.3.3.2　学校预防拥挤踩踏常识

(1)上下楼梯要相互礼让,靠右行走,遵守秩序,注意安全。

(2)在上操、集合等上下楼活动中,不求快,要求稳。

(3)不准在楼梯间打闹、搞恶作剧等。

(4)各班主任要经常对学生进行文明礼仪教育,教育学生上下楼梯靠右行,不拥挤,防止踩踏积压等不安全事故的发生。

(5)上下楼梯的教师要对学生上下楼梯故意打闹等不良现象给予制止,防止拥挤堵塞现象的发生。

(6)上课期间,教学大楼的所有大小门都要打开,一旦发生拥挤踩踏或者火灾等问题,便于及时有效地疏散。

(7)楼梯发生踩踏等安全事故时,教师要及时组织疏导,防止事态进一步扩大。

(8)一旦发生踩踏等安全事故,在现场的教师要马上报告学校领导。

(9)教师有责任教育学生遵守学校规定,特别是上下楼道应该注意安全的问题要经常讲,以引起学生的高度重视。

9.3.3.3　有序的组织、良好的秩序可以有效防止踩踏事故的发生

2005 年 12 月 13 日,西班牙皇家马德里队著名的主场地伯纳乌体育场,由于一个匿名电话称赛场放有炸弹,一场精彩的足球赛被迫中止,7 万球迷竟在不到 15 分钟的时间内平静地撤离球场。

2006 年 8 月 2 日,法航一架空中客车在加拿大多伦多皮尔逊机场降落时冲出跑道,并立即燃起大火,机上共有 297 名乘客和 12 名机组人员,结果,只有 14 人受了轻伤,其余人员全部有序逃生。据说,事后保险公司的人到场,看到飞机残骸,估计机上人员已经全部遇难。如果没有良好的秩序,没有逃生的训练,没有临危不乱、不惧、不抢的素质,这些奇迹不会发生。

9.3.3.4　开车时遇到拥挤人群时如何应对

(1)切忌驾车穿越人群,尤其是群众情绪愤怒、激动或满怀敌意时。因为如果人群发动袭击,打破窗门,翻转汽车,自己可能受重伤。

(2)倘若自己的汽车正与人群同一方向前进,不要停车观看,应马上转入小路、倒

车或掉头,迅速驶离现场。

(3)倘若根本无法冲出重围,应将车停好,锁好车门,然后离开,躲入小巷、商店或民居。如果来不及找停车处,也要立刻停车,锁好车门,静静地留在车内,直至人群拥过。

9.3.3.5　紧急情况下如何进行自救互救

止血　目的是降低血流速度,防止大量血液流失,导致休克昏迷。具体方法:①先转移到安全或安静的地方,检查伤势,判断清楚出血性质,如动脉出血、静脉出血、毛细血管出血;②可采取直接用手指压住出血伤口或出血的供血动脉上进行止血;③对四肢受伤出血的,使用腰带、领带、证件带、粗布条、丝巾,也可将自己衣服撕成条状代替,在大臂上 1/3 处和大腿中间处进行绑扎止血。

固定　对骨折、关节受伤的进行固定,目的是避免骨折端对人体造成新的伤害,减轻疼痛和便于搬运抢救。具体方法:①开放性伤口先包扎伤口再固定,不要送回刺出的骨折端;②垫高或抬高受伤部分,以减慢流血及减少肿胀;③对脊柱或怀疑有脊柱损伤的不要移动;④固定时必须将骨折端上下两个关节一起固定,如小腿骨折应将踝、膝两个关节固定。

烧伤急救　①用大量洁净的水清洗伤口,除非伤口烧黑、变白或太深;②不要直接用冰敷在伤口;③不要刺破水泡;④轻轻取下伤者的戒指、手表、皮带或者紧身衣服;⑤用干净、无黏性的布盖住伤口。

休克急救　①避免伤者过冷或过热,利用毛毯或大衣保暖;②若无骨折,伤者双脚抬高 30 cm 左右;③不要给伤者饮水或者喂食;④留意伤者的清醒程度;⑤向救护人员报告。

呼吸受阻的急救　如果您胸部受伤出现呼吸障碍,维护胸腔压力与外界大气压的压力差,是保障呼吸能够顺畅的关键。具体方法:①可使用身份证或其他非吸水性卡片贴住身体压住伤口;②也可以使用保鲜膜类的薄膜,撕下约 20 cm×20 cm 大小,贴住伤口,用胶带固定住上、左、右三个边,留出下方,以便让伤口流出的血水排出;③也可以张开手掌紧贴身体压住伤口。

腹部受伤的急救　①止血。如果是闭合性伤口,应及时压住伤口,进行止血;②保鲜。如果是开放性伤口,小肠外露时,应用水打湿上衣,包住小肠,不使其外露于空气中,避免细菌感染,失水干燥坏死。千万不要把沾染污物的内脏回填腹腔,这样会使内脏在腹内相互感染,产生粘连,加速内脏坏死;③等待救援。受伤后尽量不移动,采取卧或平躺姿势等待救援。

心肺复苏　①一拍、二按、三呼叫。抢救者将伤员仰卧,立即拍打其双肩并呼叫,也可以同时压人中穴并呼叫。如没有反应,判定此人神志丧失;②人工呼吸。抬下颌角使呼吸道畅通无阻;如果受伤者仍不能呼吸,进行口对口的人工呼吸。如果上述人工呼吸不能起作用,要检查嘴和咽喉是否有异物,并设法排除,继续进行人工呼吸。常用的人工呼吸方法主要有:口对口人工呼吸、口对鼻人工呼吸、仰卧压胸法或俯卧压胸法人工呼吸等。其中以口对口人工呼吸最有效。口诀是:头部后仰向后推,紧托下颌向上提。深吸口气嘴对嘴,有时需嘴对鼻,捏鼻把气吹,每分钟 16～18 次;③心脏按压。一旦发现病人心脏停搏,立即在患者心前区胸骨体上急速叩击 2～3 次,若无效,则立即进行胸外心脏按压。方法是:先让患者仰卧,背部垫上一块硬木板,或者将患者连同床褥移到地上,操作者跪在患者身旁,用手掌根部放在患者胸骨体的中、下 1/3 交界处,另一手重叠于前手的手背上,两肘伸直,借操作者体重,急促向下压迫胸骨,使其下陷 3 cm(对于儿童患者所施力量要适当减少)然后放松,使胸骨复位,如此反复进行,每分钟约 70～80 次。按摩时不可用力过大或部位不当,以免引起肋骨骨折。胸外心脏按压如不能有效进行气体交换,则要同时配合人工呼吸。

9.3.4　踩踏事件预防措施

9.3.4.1　公共场所群体性挤踏事件预防措施

群体性挤踏事件的原因复杂,必须从人、场地、管理等方面研究预防此类事故的措施。

(1)改进公众聚集场所的硬件设施,避免群集现象

增加安全出口的数量　通过增加出口的数量可以达到分流人群的目的,避免在出口处形成群集现象。安全出口的数量应根据场所的最大容纳人数确定。根据建筑防火设计规范的要求,民用建筑应设置两个或两个以上的安全出口。

设计合理的安全出口的宽度　安全出口的宽度如果不足,会延长人群通过的时间,增加成拱现象出现的可能性。安全出口的宽度可按使用人数和百人宽度指标计算确定。不同场所有不同的百人宽度指标。

保证安全出口的畅通　在大多数案例中,安全出口处存在的最大问题是安全出口被堵。几乎所有的建筑物都不同程度地存在安全出口被上锁、遮挡、封闭和占用的现象。由此酿成的悲剧也一次次重复上演。

利用栅栏、路障等固定物对大面积的开阔地进行分割　将拥挤的人群利用各种可能的手段进行分区是减少挤踏事件发生的有效手段之一。分区后应对每个区域的人群数量有严格的控制,并保证各区有相对独立的行进路线,避免路线的交叉。很多体育场都采用铁栅栏对看台进行分隔,不同区域的人通过不同的路线进出看台。但在实践中一定要保证分隔物的可靠性,分隔物固定不良、强度不够有可能引发更大的

灾难。

路线设计　事先设计人群的进出场路线和行进路线,控制人群的行进方向,尽量保证单向行进。单向行进不仅可以保证人群的行进速度不受其他方向人群的影响,避免异向群集,而且在发生紧急情况时更容易进行有效的疏导控制。

增设紧急照明设备,保证场所的亮度　照明不足不仅影响人群的疏散逃生速度,而且会造成人群的恐慌心理。

建立现场信息传播系统　信息不充分是所有危机事件的共同特征。在群体性挤踏事件中,人群往往是由于不知道前面发生了什么事情,出于好奇而盲目地相互拥挤,一旦发现危险,或感知到危险,又会慌不择路地逃离。如果能在出现意外情况时通过适当的途径及时告知相应范围的人,就可以大大地减少人群的盲目行动。因此,建立现场的信息传播系统,可以有效地防止危害后果的蔓延扩大。信息传播可以利用已有的广播系统、扩音设备、对讲系统等。

(2)组织训练能够在紧急情况下快速、科学反应的疏散引导人员队伍

训练有素的疏散引导人员可以在人群初现群集现象时及时加以控制,是预防群体性挤踏事件的最后一道防线。这些人员可以通过适度反应遏制群体性挤踏事件的发生苗头。适度反应包括对人群中刚刚出现的骚动现象加以控制,用镇定的语言安抚人群的恐慌情绪,指挥疏散路线和方向,对人群中行进较慢的个体予以协助等。

(3)在大型活动前制定科学的应急预案并进行演练

对公众聚集场所或大型活动可能存在的危险,管理者和组织者都应慎重对待。通过分析活动现场的环境条件,科学预测到场人员的最大数量,充分考虑各种可能的偶然因素和情况变化,制定科学的应急预案。应急预案的制定要结合具体情况,充分考虑可能出现的各种危险。应急预案的内容应包括:

①现场图,包括可能发生拥堵的地点和紧急情况下的疏散路线和方案;

②应急指挥控制的组织、实施方法以及实施力量;

③通过出入口控制进入现场的人员数量;

④秩序的维护和控制;

⑤现场信息的发布方式和途径;

⑥报警、处置的程序;

⑦医疗救护等。

应急预案不应仅仅写成文件,必须进行必要的演练,使有关人员充分熟悉预案的内容,管理者也可以通过演练,发现预案中可能存在的不足并不断加以完善。

(4)开展安全教育,普及安全文化

公众的安全素质问题是导致挤踏事件发生并造成巨大伤亡的根本原因。提高公众的安全素质必须依靠安全教育的普及。安全教育的远期目标是在全社会普及安全

文化,使公众树立正确的安全价值观,提倡安全道德。针对安全素质的两个方面,安全教育也可分为安全意识教育和安全知识、技能教育。安全意识教育引导公众正确评估周围环境的危险性,树立科学的安全态度,提高对危险的警惕性;安全知识和技能教育传播各种安全知识,为公众提供正确处置危险的各种基础知识和技能。安全教育的这两个方面相辅相成,缺一不可。通过安全教育,公众会自觉分析大型活动存在的危险,理智地参加各种大型活动,并对如何应对危险有了一定的心理和行动准备。在紧急情况下可以冷静处理,采取正确措施自救,并且能够自觉地相互救助,对行动缓慢或被挤到的人予以扶助。

在学校开展预防拥挤踩踏的安全教育非常重要。让学生充分认识发生拥挤踩踏事故的主要原因、严重后果,掌握基本防范措施。教育学生在上下楼梯的时候要相互谦让、有序、相互照顾,不要追逐、打闹、推搡,不要争着上下楼,不要快速奔跑、不能途中停离,更不能开玩笑故意用脚去绊同学,不骑跨栏杆、扶手,不将身体探出栏杆,在上下楼时一旦有人摔倒,不要拥挤和惊慌失措,要听从现场老师指挥。通过教育,使学生养成文明有序上下楼、轻声慢步靠右行的良好行为习惯。

四川省绵阳市安县桑枣中学校长叶志平在学校倡导安全训练,每学期组织一两次紧急疏散演习。在汶川大地震中,桑枣中学全校 2200 多名师生,在 1 分 36 秒内全部安全撤离现场。他也因此被誉为"最牛的中学校长"。

9.3.4.2　如何避免校园踩踏事件

我们在学校学了不少东西,为什么就没有学会怎么走楼梯?学校为学生开了不少课,为什么就没有一课教他们如何避免拥挤,如何避免踩踏,如何在遭遇拥挤、踩踏的时候自救与救人?

加强对学生的安全教育,教会学生自我保护和逃生的基本技能非常必要。在独生子女普遍的中国,一旦孩子遭遇不测,给一个家庭造成的悲恸有多大,显然不是用计量单位可以测算的。这些血淋淋的教训告诉我们,安全教育,要从孩子开始。要避免悲剧的发生,提高人们遵守公共秩序和安全逃生的素质,尤须成为学校教育的重要组成部分,我们应当怎样做呢?

尽量避免大型聚会活动;集体活动要有组织;学校开展公共活动时,同学们要听从老师指挥,有序排队,有序开展活动。

(1)加强内部安全管理

①制定预案:要制定《校园拥挤踩踏事故应急预案》,预案要有针对性和可操作性,并根据学校的发展不断完善。

②明确责任:学校要健全预防拥挤踩踏的各项安全管理制度,层层分解,落实到人。

③落实措施:加强值班,建立教师在学生集中上下楼梯时的值班制度。在学生集中上下楼梯时,要有值班老师组织疏导。倡导错开时间,分年级、分班级逐次下楼,强调安全第一,不强调整齐快速。强化学校对晚自习的管理。学生晚间自习,必须有教师值班、干部带班;当停电或照明设施损坏时,要及时开启应急照明设备,同时带班干部和值班教师要立即到现场疏导。学校要合理安排班级教室,尽可能将班数大、年龄小的学生班级安排在底楼或较低楼层教室。

(2)开展安全防范、意外事故自救教育

①安全意识的教育:学校要通过惨痛的拥挤踩踏事故的案例,采用多种形式和途径,对学生开展预防拥挤踩踏事故的专题教育,提高学生安全意识。让学生充分认识发生拥挤踩踏事故的主要原因和严重后果,掌握防范措施。

②安全行为的培养:培养学生上下楼梯轻声慢步并靠右行走的习惯,禁止追逐打闹。发现学生行为具有危险性时,应当及时告诫、制止,与学生的监护人沟通。同时,学校要定期组织学生开展应对拥挤踩踏事故的训练,提高学生防范能力。

③如何应对拥挤踩踏事故:心理镇静是个人逃生的前提,服从大局是集体逃生的关键。当出现拥挤踩踏时,应保持情绪稳定,切忌惊慌失措。要听从现场老师的指挥,服从大局。当发现自己前面有人突然摔倒时,要马上停下脚步,同时大声呼救。若被推倒,要设法靠近墙壁,身体蜷成球状,双手在颈后紧扣,以保护身体最脆弱的部位,同时尽量露出口鼻,保持呼吸通畅。

(3)加强检查,完善设施设备

定期检查 学校要对楼梯通道、照明设施等定期检查,及时修理更换,消除安全隐患。对不符合国家有关规定的校舍、设施设备,及时报告当地政府和教育行政部门给予解决。

确保通畅 学校应在楼道里安装应急灯,及时清理楼道、楼梯间等通道的堆积物,确保楼道、楼梯通畅。

标志明显 学校要在楼梯台阶上画中间标识线及行进方向指示标志,在楼梯迎面墙壁上悬挂提醒学生上下楼梯注意安全的标志牌,楼道和楼梯的墙壁要有标明逃生方向的灯箱。

延伸阅读

北京市崇文区景泰小学校园安全管理巧安排

为了确保学生课间活动不出现安全事故,多年来该校始终坚持的"教师课间安全岗"和学生的"文明礼仪小天使"发挥了很好的作用。现在每到课间,在楼道、楼梯口、操场和校园的每一个角落,都有佩带红色"安全员"袖标的教师和佩带"文明礼仪小天使"绶带的同学在巡视,经常可以听到他们对同学的提示,"慢慢走不要跑!""上下楼靠右行!"等。自从实行"教师课间安全岗"后,学校课间活动变得井然有序了,在楼内追跑的同学明显减少了,操场上打闹的同学没有了,取而代之的是随处可见做游戏的同学们。

（原载《中国教育报》2005 年 12 月 10 日）

9.4 溺水事故

9.4.1 概述

溺水是指人淹没于水中,由于呼吸道被水、污泥、杂草等杂质阻塞,喉头、气管发生后射性痉挛,引起窒息和缺氧的现象。

溺水致死的原因主要是气管内吸入大量水分阻碍呼吸,或因喉头强烈痉挛,引起呼吸道关闭、窒息死亡。

近几年来,在全球范围内溺水死亡的人数不断增加。根据世界卫生组织估算的数字,2000 年以来,全球每年约有 50 万人死于溺水,占全部意外死亡人数的 9％以上,是继道路交通事故后,意外死亡的重要因素之一。据我国卫生部统计,全国每年约有 5.7 万人死于溺水,每年儿童溺水死亡人数占总溺水死亡人数的 56.04％。另外,溺水死亡的男性高于女性,农村高于城市。溺水已经成为我国儿童意外伤害最主要的死亡原因。因此,提高溺水安全意识,加强溺水宣传和教育工作已经非常迫切。政府相关部门要加强对预防溺水的管理和宣传,在比较危险的河道设立警示牌,学校要加强对中小学生进行安全知识教育和演练。《中华人民共和国河道管理条例》规定了河道的范围,堤防以内的河道功能是行洪输水,并非依法设立的供人们游泳、玩耍、休闲的公共场所。

每年进入夏季以后,青少年溺水的悲剧都会在全国各地上演。据统计显示:溺水已成为青少年非正常死亡的主要"杀手"。青少年防止溺水事件发生应做到:不擅自与同学结伴游泳;不到无安全设施、无安全保障的水域游泳;不要私自在海边、河边、湖边、江边、水库边、池塘边玩耍、追赶,以防滑入水中。

在溺水事故中,存在"三多"现象:节假日多于平时;外地农民工子女多于本地学童;农村孩子多于城市孩子。

相关部门应积极开展隐患排查活动,消除可能造成学生安全事故的隐患。对可能发生溺水事故的水塘、水渠、河流等危险地段,一定要设立防范警示牌。

　　不会游泳是造成溺水死亡的主要原因,学会游泳是减少溺水事件发生的有效途径。因此,学生溺水死亡事故频发催生上海"人人学会游泳"计划。据报道,2009 年,上海市教委推出新政策,即每个学生学会游泳。游泳不仅是一项有利于学生体质健康的体育项目,也是保证学生安全、提高生存技能的重要内容。2009 年,上海市教委将在前几年开展暑期游泳推广项目的基础上,实施从幼儿园到小学中学和大学生"人人学会游泳"计划,计划用 3～5 年的时间,整合资源,形成合力,使上海的每个学生学会游泳。

9.4.2　预防溺水常识

9.4.2.1　游泳安全要点

　　(1)下水时切勿太饿、太饱。饭后 1 h 才能下水。

　　(2)下水前试试水温,若水太冷,就不要下水。

　　(3)在江、河、海游泳,须有伴相陪,不可单独游泳。

　　(4)下水前观察游泳环境,若有危险警告,则不能游泳。

　　(5)不要在地理环境不清楚的地方游泳。水深浅不一,水中可能有伤人的障碍物,很不安全。

　　(6)在海中游泳,要沿着海岸线平行方向而游,游泳技术不精良或体力不充沛者,不要涉水至深处。在海岸做一标记,留意自己是否被冲出太远,及时调整方向,确保安全。

　　游泳大忌:

　　忌饭前饭后游泳　空腹游泳会影响食欲和消化功能,也会在游泳中发生头昏乏力等意外情况;饱腹游泳亦会影响消化功能,还会产生胃痉挛,甚至出现呕吐、腹痛现象。

　　忌剧烈运动后游泳　剧烈运动后马上游泳,会使心脏加重负担;体温的急剧下降,会使抵抗力减弱,引起感冒、咽喉炎等。

　　忌酒后游泳　酒后游泳会使体内储备的葡萄糖大量消耗出现低血糖,从而发生意外。这是因为酒精能抑制肝脏正常生理功能,妨碍体内葡萄糖转化及储备。

　　忌在不熟悉的水域游泳　在天然水域游泳时,切忌贸然下水。凡水域周围和水下情况复杂的都不宜下水游泳,以免发生意外。

　　忌不做准备活动即游泳　水温通常总比体温低,因此,下水前必须做准备活动,否则易导致身体不适感。

　　忌游泳后马上进食　游泳后宜休息片刻再进食,否则会突然增加胃肠的负担,久之容易引起胃肠道疾病。

忌游泳时间过久　游泳持续时间一般不应超过 1.5～2 h。

忌长时间暴晒游泳　长时间暴晒会产生晒斑,或引起急性皮炎,亦称日光灼伤。为防止晒斑的发生,上岸后最好用伞遮阳,或到有树荫的地方休息,或用浴巾在身上保护皮肤,或在身体裸露处涂防晒霜。

忌有癫痫史游泳　癫痫无论是大发作型或小发作型,在发作时都会有一瞬间的意识失控,如果在游泳中突然诱发,就非常危险。

忌高血压患者游泳　特别是顽固性的高血压,药物难于控制,游泳有诱发中风的潜在危险,应绝对避免。

忌心脏病者游泳　如先天性心脏病、严重冠心病、风湿性瓣膜病、较严重的心律失常等患者,对游泳应"敬而远之"。

忌患中耳炎游泳　不论是慢性还是急性中耳炎,因水进入发炎的中耳,等于"雪上加霜",都会使病情加重,甚至可使颅内感染等。

忌患急性眼结膜炎、皮肤病患者游泳　该病病毒在游泳池里传染速度之快、范围之广令人吃惊,在该病流行季节即使是健康人,也应避免到游泳池内游泳。

9.4.2.2　如何预防游泳时抽筋

游泳前一定要做好暖身运动。

游泳前应考虑身体状况,如果太饱、太饿或过度疲劳时,不要游泳。

游泳前先在四肢撩些水,然后再跳入水中。不要立刻跳入水中。

遇到抽筋时如何应对:

(1)若是手指抽筋,则可将手握拳,然后用力张开,迅速反复多做几次,直到抽筋消除为止。

(2)若是小腿或脚趾抽筋,先吸一口气仰浮水上,用抽筋肢体对侧的手握住抽筋肢体的脚趾,并用力向身体方向拉,同时用同侧的手掌压在抽筋肢体的膝盖上,帮助抽筋腿伸直。

(3)若是大腿抽筋的话,可同样采用拉长抽筋肌肉的办法解决。

9.4.3　溺水的施救

在我们的日常生活中,溺水事故时有发生,如果一旦遇到溺水者,我们在营救时应该怎么办呢?当发现有人落水时,救助者不要贸然去救人,因为一旦被落水者抓住将十分危险。在水中与落水者纠缠不但会消耗救助者的大量体力,有时甚至会导致救助者体力耗尽最终丧命。另外,不会游泳的人下到深水区或危险水域救溺水者是非常危险的,采取其他方式救人可能是更安全的方法。

当遭遇溺水时,2 min 后便会失去意识,4～7 min 内身体便遭受不可逆转的伤害以致死亡,因而及时的施救和专业的急救对于挽救溺水者的性命尤为重要。

9.4.3.1　正确的施救方法

(1)看到有人溺水,尽快呼救、报警。

(2)可将救生圈、竹竿、树干、木板等物抛给溺水者,再将其拖至岸边。

(3)如若没有救护器材,可以入水直接救护。可以让水性好的人迅速地从背后接近溺水者,托住其腋窝或两腮,使其头部位于水面之上,然后侧泳或者反蛙泳游回岸边。这样,溺水者碰不到身后的人。在救助过程中,一定要使落水者的头面部露出水面,可以保证其顺利呼吸,还可以减轻落水者的危机感和恐惧感,减少挣扎,使救助者能够节省体力,顺利地脱离险境。要大声告知溺水者,只有放弃挣扎听从指挥才能获救。

(4)溺水者被救助上岸后,救援人员应当及时采取有效的现场急救措施,挽救其生命。首先,应清除溺水者口中、鼻内的污泥、杂草等异物,取下活动的义齿,以免坠入气管。保持呼吸道通畅。解开紧裹的内衣、腰带等,使呼吸运动不受外力束缚。

(5)对于尚有心跳呼吸,但有明显呼吸道阻塞的溺水者,先行排水处理,方法是:救助人员单腿跪地,另一条腿屈膝,将溺水者腹部置于屈膝的大腿上,使身体其余部位下垂,然后拍背部,使口腔咽部及气管内的水排出(图9-9)。排水处理应尽可能缩短时间,动作要敏捷,如果排出的水不多,绝不可为此多耽误时间而影响其他抢救措施。在农村可将溺水者俯卧在牛背上,头脚下悬,赶牛行走,这样既可排水,又起到人工呼吸的作用。

(6)如果判断溺水者呼吸、心跳已停止,在保持呼吸道通畅的条件下,立刻进行口对口人工呼吸和胸外心脏按压。在最初向溺水者肺内吹气时必须用大力,以便使气体加压进入灌水萎缩的肺内,尽早改善窒息状态(图9-10)。在现场抢救的同时应迅速请医务人员到场参与抢救。经现场初步急救后,应迅速转送附近医院继续心肺复苏治疗。在转送途中,口对口人工呼吸和胸外心脏按压应间歇进行。

(7)经现场急救溺水者心跳呼吸恢复以后,可脱去湿冷的衣物以干爽的毛毯包裹全身保暖;如果在寒冷的天气或长时间的水中浸泡,在保暖的同时还应给予加温处理,将热水袋放入毛毯中,注意防止发生烫伤。

(8)若小腿或脚部抽筋,千万不要惊慌,可用力蹬腿或做跳跃动作,或用力按摩、拉扯抽筋部位,同时呼叫同伴救助。如果发生溺水时,则可采取自救法:除呼救外,取仰卧位,头部向后,使脸部、鼻部可露出水面呼吸。呼气要浅,吸气要深。因为深吸气时,人体比重降到0.967,比水略轻,可浮出水面(呼气时人体比重为1.057,比水略重),此时千万不要慌张,然后慢慢游向岸边或者由岸上人员通过安全绳拉上岸,不要将手臂乱举乱扑而加快身体下沉。

9.4.3.2　溺水自救

如果自己不熟悉水性意外落水,附近又无人救助时,首先应保持镇静,千万不要手脚乱蹬挣扎,这样只能使体力过早耗尽、身体更快地下沉。正确的自救方法是:落水后立即屏住呼吸,踢掉双鞋,然后放松肢体等待浮出水面。当你感觉开始上浮时,应尽可能地保持仰位,使头部后仰。只要不胡乱挣扎,人体在水中就不会失去平衡。这样你的口鼻将最先浮出水面呼吸和呼救。呼吸时尽量用嘴吸气、用鼻呼气,以防呛水。

当救助者出现时,落水者绝不可惊慌失措去抱救助者的手、腿、腰等部位,一定要听从救助者的指挥,让救助者带着游上岸。否则不仅自己不能获救,还可能搭上救助者的性命。

图 9-9　对溺水者进行控水处理示意图

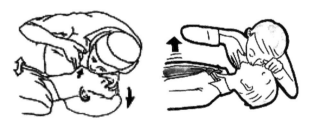

图 9-10　对溺水者进行人工呼吸示意图

思 考 题

1. 如何有效地减少人为灾害?
2. 引起火灾的火源有哪些?

3. 试述消防安全管理。

4. 各类型灭火器的原理和使用方法有哪些？

5. 论述交通出行安全的重要性。

6. 为什么我国的人为灾害会如此频发和严重？

附　录

一、防灾减灾或与防灾减灾密切相关的法律、法规

《中华人民共和国突发事件应对法》自 2007 年 11 月 1 日起施行。

《中华人民共和国水土保持法》自 2011 年 3 月 1 日起施行。

《中华人民共和国水法》自 2002 年 10 月 1 日起施行。

《中华人民共和国森林法》自 1985 年 1 月 1 日起施行。

《中华人民共和国草原法》自 2003 年 3 月 1 日起施行。

《中华人民共和国水污染防治法》自 1984 年 11 月 1 日起施行。

《中华人民共和国环境噪声污染防治法》自 1997 年 3 月 1 日起施行。

《中华人民共和国固体废物污染环境防治法》自 1996 年 4 月 1 日起施行。

《中华人民共和国海洋环境保护法》自 2000 年 4 月 1 日起施行。

《中华人民共和国消防法》自 2009 年 5 月 1 日起施行。

《中华人民共和国防洪法》自 1998 年 1 月 1 日起施行。

《中华人民共和国防震减灾法》自 1998 年 3 月 1 日起施行。

《中华人民共和国气象法》自 2000 年 1 月 1 日起施行。

《中华人民共和国防沙治沙法》自 2002 年 1 月 1 日起施行。

《中华人民共和国抗旱条例》自 2009 年 2 月 26 日起施行。

《中华人民共和国水文条例》自 2002 年 1 月 1 日起施行。

《重大动物疫情应急条例》自 2005 年 11 月 18 日起施行。

《森林病虫害防治条例》自 1989 年 12 月 18 日起施行。

《地质灾害防治条例》自 2004 年 3 月 1 日起施行。

《破坏性地震应急条例》自 1995 年 4 月 1 日起施行。

《地震预报管理条例》自 1998 年 12 月 17 日起施行。

《地震安全性评价管理条例》自 2002 年 1 月 1 日起施行。

《地震监测管理条例》自 2004 年 9 月 1 日起施行。

《水库大坝安全管理条例》自 1991 年 3 月 22 日起施行。

《人工影响天气管理条例》自 2002 年 5 月 1 日起施行。

《蓄滞洪区运用补偿暂行办法》自 2000 年 5 月 27 日起施行。

《汶川地震灾后恢复重建条例》自 2008 年 6 月 4 日起施行。

《中华人民共和国地质灾害防治条例》自 2004 年 3 月 1 日起施行。

《中华人民共和国防汛条例》自 1991 年 7 月 2 日起施行。

《中华人民共和国草原防火条例》自 1993 年 10 月 5 日起施行。

《中华人民共和国森林防火条例》自 1988 年 3 月 15 日起施行。

《中华人民共和国消防条例》自 1984 年 10 月 1 日起施行。

《气象灾害预警信号发布与传播办法》自 2007 年 6 月 11 日发布之日起施行。

《森林病虫害防治条例》自 1989 年 12 月 18 日公布之日起施行。

《防雷减灾管理办法》自 2005 年 2 月 1 日起施行。

二、灾害相关纪念日

纪念日名称	时　间	备　注
国际湿地日	2 月 2 日	
中国植树节	3 月 12 日	1979 年 2 月 17—23 日五届人大常委会 6 次会议定
世界林业节	3 月 21 日	
世界水日	3 月 22 日	1993 年 1 月 18 日 47 届联合国大会定
中国水周	3 月 22—28 日	
世界气象日①	3 月 23 日	1960 年 6 月世界气象组织定
世界地球日②	4 月 22 日	1990 年 4 月 22 日由"地球日"演变为"世界地球日"
中国防灾减灾日③	5 月 12 日	
世界环境日	6 月 5 日	
世界防治荒漠化和干旱日	6 月 17 日	1994 年 12 月联合国大会定
中国土地日	6 月 25 日	1991 年 5 月 24 日国务院 83 次常务会议定
国际保护臭氧层日	9 月 16 日	1995 年 1 月 23 日联合国大会定
世界动物日	10 月 4 日	
国际减灾日④	10 月的第 2 个星期三	
国际生物多样性日	12 月 29 日	1994 年 12 月 19 联合国大会定

①3 月 23 日是世界气象日。1947 年 9—10 月,国际气象组织(IMO)在美国华盛顿召开了 45 国气象局长会议,决定成立世界气象组织(World Meteorological Organization,WMO),并通过了世界气象组织公约。公约规定,当第 30 份批准书提交后的第 30 天,即为世界气象组织公约正式生效之日。1950 年 2 月 21 日,伊拉克政府提交了第 30 份批准书,3 月 23 日世界气象组织公约正式生效,标志着世界气象组织正式诞生。为纪念这一特

殊的日子,1960 年 6 月,世界气象组织执委会第 20 届会议决定,把 3 月 23 日定为"世界气象日",并从 1961 年开始,每年的这一天,世界各国的气象工作者都要围绕一个由 WMO 选定的主题进行纪念和庆祝。

②"世界地球日"的发起者和组织者是现任美国布利特基金会主席丹尼斯·海斯。1970 年 4 月 22 日,在丹尼斯·海斯的热情倡导下,2000 多万美国民众走上街头,举行声势浩大的"地球日"活动。此后,海斯把"地球日"活动推向了全世界,并于 1990 年组织了第一次全球范围内的"地球日"活动,141 个国家的 2 亿民众自愿加入到拯救"地球母亲"的伟大事业中。

③2008 年 5 月 12 日,我国四川汶川发生 8.0 级特大地震,损失影响之大,举世震惊。我国设立"中国防灾减灾日",一方面是顺应社会各界对我国防灾减灾关注的诉求,另一方面也是提醒国民前事不忘、后事之师,更加重视防灾减灾,努力减少灾害损失。国家设立"防灾减灾日",将使我国的防灾减灾工作更有针对性,更加有效地开展防灾减灾工作。

经中华人民共和国国务院批准,自 2009 年起,每年 5 月 12 日为"中国防灾减灾日",图标以彩虹、伞、人为基本构图元素(见右图)。表达的意思是中国人民手携手,同心协力抵制灾难。

我国"防灾减灾日"图标

④1989 年,联合国经济及社会理事会将每年 10 月的第 2 个星期三确定为"国际减灾日",旨在唤起国际社会对防灾减灾工作的重视,敦促各国政府把减轻自然灾害列入经济社会发展规划。

在设立"国际减灾日"的同时,世界上许多国家也都设立了本国的防灾减灾主题日,有针对性地推进本国的防灾减灾宣传教育工作。例如,日本政府将每年的 9 月 1 日定为"防灾日",8 月 30 日到 9 月 5 日定为"防灾周";韩国政府自 1994 年起将每年的 5 月 25 日定为"防灾日";印度洋海啸以后,泰国和马来西亚政府将每年的 12 月 26 日确定为"国家防灾日";2005 年 10 月 8 日,巴基斯坦发生 7.6 级地震后,巴基斯坦政府将每年 10 月 8 日定为"地震纪念日"等。

参考文献

陈颙,史培军. 自然灾害. 北京:北京师范大学出版社,2007.

云南省气象局网

张伟超. 科技与防灾减灾. 太原:山西教育出版社,2008.

中国灾害防御协会网

中国地震信息网

中国民政部网

中国地质环境信息网

中国灾害科普网

中国科学院、水利部成都山地灾害与环境研究所网

http://bbs2. news. 163. com/bbs/dezhen/76132871. html(地震避险知识视频)

http://news. 163. com/08/0513/02/4BPQK9JC0001124J. html(地震逃生知识视频)

http://v. youku. com/v_show/id_co00XMTQyODk4NTY=. html

http://tv. mofile. com/6D9JSQJ4(地震逃生知识视频)

http://www. hbwt. com. cn/newsInfo. aspx? pkId=5947(地震避险)

http://news. sina. com. cn/z/sumatraearthquake/index. shtml(2004 年印度洋海啸照片)

http://www. yndlr. gov. cn(云南省国土资源厅网站)

http://www. mlr. gov. cn(中华人民共和国国土资源部)

http://www. zaihai. cn(中国灾害综合信息网)

http://www. cma. gov. cn(中国气象局网站)

http://www. nmc. gov. cn(中国气象台网站)

http://www. drought. unl. edu

http://www. cssar. ac. cn(中国科学院空间科学与应用研究中心)

致　谢

　　本书的编写得到北京师范大学刘素红副教授和云南大学资源环境与地球科学学院领导的大力支持。作者表示最诚挚的感谢！

　　本书的出版得到遥感科学国家重点实验室项目"基于时间序列遥感影像的紫茎泽兰入侵强度与分布研究"的资助。

　　云南大学资源环境与地球科学学院对本书前期编写给予了一定的经费支持。

　　气象出版社的吴晓鹏编辑为本书的出版给予了很多帮助，在此，作者表示最诚挚的感谢！

　　本书作为教材，是在参考了许多书籍、网站信息的基础上编写完成的，一些参考资料可能书中没有注明出处，如有遗漏之处，敬请谅解。作者在此特别向这些参考资料的作者致谢。

作者

2012 年 2 月